内蒙古自治区湖长制考核指标体系研究

龙胤慧　张燕飞　廖梓龙　魏永富 等　著

·北京·

内 容 提 要

本书在遥感解译与现场复核的基础上，构建了适用于不同类型湖泊的湖长制考核指标体系，并展开实践应用，为构筑我国北方绿色生态屏障和量水发展提供了理论依据与实践经验。

本书反映了当前内蒙古自治区湖泊水面面积变化情况，对我国湖泊学研究、湖泊保护具有重要的基础数据和支撑价值，适用于水利（水务）、农业、城市建设、环境保护、国土资源、规划设计与相关科研部门的科技工作者和有关部门的规划管理人员，以及大专院校等有关专业师生借鉴和参考。

图书在版编目（CIP）数据

内蒙古自治区湖长制考核指标体系研究 / 龙胤慧等著. -- 北京 : 中国水利水电出版社, 2021.6
ISBN 978-7-5170-9527-9

Ⅰ. ①内… Ⅱ. ①龙… Ⅲ. ①河道整治－责任制－研究－内蒙古 Ⅳ. ①TV882.826

中国版本图书馆CIP数据核字(2021)第060489号

书　　名	**内蒙古自治区湖长制考核指标体系研究** NEIMENGGU ZIZHIQU HUZHANGZHI KAOHE ZHIBIAO TIXI YANJIU
作　　者	龙胤慧　张燕飞　廖梓龙　魏永富　等 著
出版发行	中国水利水电出版社 （北京市海淀区玉渊潭南路 1 号 D 座　100038） 网址：www.waterpub.com.cn E-mail：sales@waterpub.com.cn 电话：（010）68367658（营销中心）
经　　售	北京科水图书销售中心（零售） 电话：（010）88383994、63202643、68545874 全国各地新华书店和相关出版物销售网点
排　　版	中国水利水电出版社微机排版中心
印　　刷	清淞永业（天津）印刷有限公司
规　　格	170mm×240mm　16 开本　15 印张　294 千字
版　　次	2021 年 6 月第 1 版　2021 年 6 月第 1 次印刷
定　　价	**78.00** 元

凡购买我社图书，如有缺页、倒页、脱页的，本社营销中心负责调换

前　言

水是生命之源、生产之要、生态之基。经济社会发展和生态环境改善都离不开水资源的支撑和保障。

内蒙古自治区地域辽阔，地跨黄河、辽河、松花江、海河、西北诸河等流域，共有湖泊655个。湖泊类型多样，水资源短缺。湖泊治理必须立足内蒙古自治区的水情。实行湖长制考核，就是要进一步引导和督促地方各级党委和政府自觉推进生态文明建设，坚持“绿水青山就是金山银山”，在发展中保护、在保护中发展，改变“重发展、轻保护”或把发展与保护对立起来的倾向和现象，推动河湖长制从“有名”向“有实”转变，健全完善责任体系和制度体系。

2017年以来，内蒙古自治区各地区、各有关部门和单位认真学习贯彻习近平生态文明思想，以中央环境保护督察为契机，以实施湖长制为依托，以打好污染防治攻坚战为抓手，全力推进“一湖两海”生态治理、流域不达标水体整治、地下水超采、水源地保护、黑臭水体治理、河湖“清四乱”专项行动等重点工作。内蒙古自治区水生态环境质量持续改善，河湖治理取得显著成效。但是，由于自然和历史原因，部分湖泊水质变差、水量减少、生态退化等问题日益突出，水体使用功能逐步减退或丧失。这已经影响到经济社会持续健康发展。

内蒙古自治区人民政府高度重视河湖治理与湖长制考核工作。为贯彻落实《关于在湖泊实施湖长制的指导意见》（厅字〔2017〕51号）及《内蒙古自治区实施湖长制的工作方案》（厅发〔2018〕4号）及《内蒙古自治区人民政府办公厅关于加强重点湖泊生态环境保护工作的指导意见》（内政办发〔2019〕29号）精神，内蒙古自治区水利厅开展“内蒙古自治区湖长制考核指标体系研究”工作，以落实河（湖）长制为主要抓手，最大限度减少人为因素的不利影响，进一步加强内蒙古自治区湖泊管理保护，促进湖长制考核制度与考核方法的规范性、科学性和可持续性。

针对这一重大需求，本书项目组开展内蒙古自治区湖泊现状摸底调查及湖长制考核指标体系研究。以内蒙古自治区655个湖泊为研究对象，基于流域三级区嵌套旗县区，将资料收集、现场调查、遥感解译等技术手段相结合，进行湖泊水域面积演变历史与现状调查评价，摸清内蒙古自治区湖泊家底现状；结合气象数据、水资源开发利用数据和社会经济统计数据，分析各流域和各盟市湖泊面积变化的自然影响因素和人为影响因素；依据湖泊水面面积年际变化特征，将内蒙古自治区655个湖泊划分为干涸湖泊、季节性湖泊和常年有水湖泊，形成分类考核名录；结合已有的、成熟的考核指标，构建"定性考核+定量考核"相结合的湖长制考核指标体系，并制定赋分标准；针对内蒙古湖泊分布广泛、年际变化大等特点，提出适用于不同类型湖泊的考核方案；根据资料收集情况，在不同流域选取典型湖泊开展湖长制考核指标体系实践应用。考虑到湖面积变化是湖长制实施效果的最直观体现，本次工作重点评价内蒙古自治区655个湖泊水域面积定量考核情况。

本书编写人员有龙胤慧、张燕飞、廖梓龙、魏永富、梁文涛、刘华琳、韩振华、宋一凡、崔英杰、纪刚、徐晓民、焦瑞。本书共分为6章，第1章由龙胤慧、魏永富、崔英杰撰写；第2章由张燕飞、龙胤慧、刘华琳撰写；第3章由廖梓龙、宋一凡、纪刚撰写；第4章由廖梓龙、焦瑞撰写；第5章由韩振华、徐晓民、刘华琳撰写；第6章由徐晓民、梁文涛撰写。全书由龙胤慧、廖梓龙统稿，魏永富、张燕飞审定。

本书的出版得到了国家自然科学基金青年基金项目（51609153、41807215）和内蒙古自治区科技重大专项（ZDZX2018054、2019ZD007）联合资助。本书在编写过程中得到了内蒙古自治区河长办、内蒙古自治区水利厅河湖处、内蒙古自治区水文总局、内蒙古自治区水利水电勘测设计院的大力支持，得到了呼和浩特市河长办、包头市河长办、鄂尔多斯市河长办、呼伦贝尔市河长办、兴安盟河长办、赤峰市河长办、通辽市河长办、乌兰察布市河长办、锡林郭勒盟河长办、巴彦淖尔市河长办、阿拉善盟河长办等的大力帮助，得到了马桂芬教授级高级工程师、王立新教授、魏敬铤教授级高级工程师等相关专家的专业指导和热情帮助，在此表示诚挚谢意。在本书正式出版之际，特向支持、帮助过本书撰写与出版工作的有关单位领导和专家一并致以衷心的感谢！

湖泊生态保护和管理实践探索是一个极其复杂的系统工程，涉及的理论内涵和实践领域非常广泛。由于时间和作者水平有限，书中错误和纰漏在所难免，恳请各位读者对本书的不足之处给予批评指正。

作　者

2021年2月于呼和浩特

目　录

第1章 绪 论

1.1 总体要求

本书深刻吸取“一湖两海”生态环境治理的经验教训，进一步树牢“绿水青山就是金山银山”的发展理念，更加坚定“把内蒙古建成我国北方重要生态安全屏障”的战略定位，坚持“生态优先、绿色发展，严格保护、强化管控，预防为主、防治结合，一湖一策、综合治理”的原则，以改善湖泊水环境质量为主要目标，以建设山水林田湖草生命共同体为主要任务，以落实河（湖）长制为主要抓手，最大限度减少人为因素的不利影响，从根本上解决湖泊水环境突出问题，实现高质量发展与高水平保护协同共进。

1.2 研究目的和意义

湖泊是陆地水资源的重要组成部分，具有不可替代的资源功能、生态环境功能、洪旱减灾功能、沟通航运功能以及社会经济功能等。位于祖国北疆的内蒙古自治区，分布着数量众多、形态各异的湖泊。从东部相对湿润的呼伦贝尔大草原，到西部干旱的巴丹吉林沙漠，都有湖泊分布。当前，与全国其他地区的湖泊一样，内蒙古地区的湖泊也面临着严重的水量萎缩、水质恶化、水生生物物种锐减等问题。在全面梳理中央和水利部关于湖长制工作的总体部署、相关要求，分析总结内蒙古自治区湖泊管理实践及探索的基础上，结合内蒙古自治区湖泊及其所在流域特点，制定科学合理、切实可行的考核指标体系。这对进一步加强内蒙古自治区湖泊管理保护、改善湖泊生态环境、维护湖泊生命健康和实现湖泊功能的永续利用等方面意义重大。

1.3 国内外研究进展

1.3.1 湖泊观测与评价

传统的湖泊水体信息（湖泊水体边界、面积、水位等）提取方法包括实地测量、手工勾绘和实验室分析，具有较高的精度，但工作量大、耗时长、范围小，只能应用于小规模的水域信息提取，很难对大型湖泊以及年内和年际间变化较大的湖泊进行高密度监测。遥感技术具有覆盖面广、获取数据时间短、信息丰富、同步显示地物特征等特点，已经成为提取湖泊水体边界、面积、水位的一种有效手段。湖泊水体信息遥感监测具有宏观、动态、成本低等显著特点，既可以满足大范围多时空尺度的水量和水质监测的需要，也可以动态跟踪污染事件的发生、发展，有着常规监测不可替代的优点。

湖泊水体信息遥感监测的数据源主要有多光谱、高光谱和微波遥感数据。其中以多光谱遥感卫星数据应用最广（于欢 等，2008）。不同分辨率的遥感影像对于湖泊水体的信息提取具有很大影响（杜云燕 等，1998；都金康 等，2001）。空间分辨率的遥感影像在湖泊水体的提取中具有较高的精度（田光进 等，2002；周艺 等，2014）。例如，用 SPOT 系列影像和 Landsat 影像提取湖泊水体信息的精度明显高于用 MODIS 影像的精度，但它们不能监测湖泊连续变化。而高时间分辨率的遥感影像（如 MODIS 影像）在提取湖泊水体信息时，可以监测湖泊水体每日的变化情况，但其空间分辨率较低（Tulbure et al.，2013；Mueller et al.，2016）。Landsat 系列卫星自 1972 年首发以来，已发射 8 颗卫星。连续提供 40 多年的中等分辨率多光谱遥感数据，被大量应用于水土资源以及生态环境等方面的调查研究中，是迄今为止在全球应用最为广泛、成效最为显著的地球资源卫星遥感信息源（朱长明 等，2010；张志杰 等，2015）。基于光学数据的水体信息提取方法主要包括单波段阈值法、水体指数法、谱间关系法等。单波段阈值法是指选择某一波段，设定合适的阈值来提取水体信息（刘建波 等，1996；朱宝山 等，2013；傅娇琪 等，2019）。水体指数法和谱间关系法主要是根据水体波谱曲线的特征，通过多个波段之间的运算或者建立逻辑关系式，抑制与水体无关的背景信息（徐涵秋 等，2005；孙佩 等，2018；张磊 等，2019）。

1.3.2 湖泊演变规律研究

湖泊是在自然界的各种内外应力长期相互作用下形成的。在内蒙古地区，湖泊演化历史的长短和形成时代，同湖泊的成因有密切关系（王苏民，1998）。一般来说，在没有人类过度干扰影响下，构造成因的断陷湖泊，形成时代久远，演化历史漫长；火山熔岩堰塞湖泊的形成时代和演化进程都与火山喷发时期、期次难以分开；牛轭湖水域面积扩大或缩小，则与水系变迁有关；风蚀地积水面形成的湖泊以及沙丘丘间洼地的小型湖泊，与当地的风蚀和风沙堆积演变相一致。内蒙古地域辽阔，自然地理环境复杂多样。处于不断变化过程中的湖泊，或因成因和发展阶段的不同，或因区域自然地理环境的差异，其物理、化学和生物过程显示出不同的区域性特点，表现出湖泊的空间分布多样性（闫丽娟 等，2014；Ma et al.，2010）。

在历史时期，内蒙古自治区所在流域地广人稀，尽管有人类活动的影响，湖泊演化影响因素以地质历史演变、气候环境变化、河流水系变迁等为主，无论经历了怎样的扩张收缩、游移变迁，湖泊始终顽强地度过了漫长岁月。越靠近现代，人类活动对水系演变、湖泊变迁的干扰影响就越强烈，且湖泊的演变加速偏离自然周期过程（牧寒，1989；郑喜玉 等，2002）。

20世纪以来，在干旱区流域范围内，气温、降水、河流出山径流量等自然环境因素均保持着相对的稳定，而湖泊的剧烈变化远远偏离其自然演化轨迹。这是人类活动强烈干扰的结果。如20世纪50年代以来，干旱区流域普遍在出山峡谷地带建设水库，改变了原来的水文过程（Zhang et al.，2019；Tao et al.，2020）。

要想延续湖泊的生命周期，关键是保障湖泊补给水源的稳定，湖泊的补给源包括雨水、融雪水、河流来水、地下水、人工调水、补水等（Ma et al.，2010）。

在人工干预下，尾闾湖水面的恢复并非气候变化主导，而是人工向尾闾湖下泄生态用水所导致。若无人工输水活动，已经干涸的湖泊将持久干涸，而面积萎缩的湖泊将持续萎缩直至水面消失，如居延海。人工干扰控制下的干旱区湖泊演变，是湖泊生命周期和演变过程的新阶段。人类活动不仅可以使湖泊消失，也可以让湖泊重新出现（Ma et al.，2011；Yang et al.，2014）。

从较长历史时间尺度来看，湖泊的演变是一个周期性动态演替过程。在天然状态下，一些湖泊也会经历“干涸～重现”的周期规律（Tao et al.，2014）。

1.3.3 湖泊管理与湖长制考核指标研究进展

1. 湖泊管理思路

湖泊具有为人类提供自然资源和生存环境两个方面的多种服务功能，在水资源供给、径流调节、生态保护等方面起着不可替代的作用，是人类生存和发展的重要基础之一。随着全球气候变化和人类活动的加剧，湖泊生态系统的健康将进一步受到威胁，这迫使人们重新审视现存的湖泊生态系统的管理策略和模式，重视湖长制考核下湖泊生态系统的生态保护和修复工作。因此，湖长制考核不仅为湖泊生态系统科学管理和生态修复提供理论基础，也有利于比较不同环境管理措施对湖泊健康的影响。

在“山水林田湖草是生命共同体”的系统思想中，山川、林草、湖沼等存在着无数相互依存、紧密联系的有机链条。它们牵一发而动全身，治水和治山、治水和治林、治水和治田、治山和治林等应该统筹规划设计。此外，湖泊生态系统本身也是一个动态变化的复杂系统，一旦超过该条件，生态系统就会发生量、质或现象的突然急剧变化。在湖泊考核指标制定过程中，有些关键性指标对生态系统健康状况和现状治理效果具有决定性作用，必须着重考虑。该关键性指标可以是综合性指标，也可以是指示性指标，其特点是可单独用来粗略评价湖泊生态系统。当该指标超过一定阈值时，其对生态系统健康评价结果是一票否决的。

2. 国外湖泊管理模式

美国针对湖泊治理提出了不同评价体系，使维持及恢复河湖健康逐步成为河湖管理的重要任务，并纳入河湖保护管理实践中。

1972年美国《清洁水法》指出评价维持及恢复水体的物理、化学及生物的完整性。美国环境保护署在1989年提出了旨在为全美国水质管理提供基础水生物数据的快速生物监测协议，在2006年提出相应的生物评价概念及方法，以及大型河流生态系统的环境监测与评价计划。2007年发布美国湖泊调查现场操作手册。

欧盟2000年颁布《水框架指令》提出2015年前所有水体达到良好生态状况，使欧洲所有的水体具有良好的生态状况或潜力，并完成了多项相关研究计划。

3. 我国湖长制实施过程及先进经验做法

近几年，在推行湖长制以前，国务院和水利部相继出台多项指导意见，进一步规范湖泊管理和保障湖泊生态安全，如《中共中央国务院关于加快水利改革发展的决定》（中发〔2011〕1号）提出“到2020年，基本建成水资源保护和河湖健康保障体系”。《国务院关于做好严格水资源管理制度的意见》（国发〔2012〕3号）提出：“（十五）推进水生态系统修复与保护……维护河湖健康生态……定期组织开展全国重要河湖健康评估”。《水利部关于加快推进水生态文明建设工作的意见》（水资源〔2013〕1号）指出：“（五）推进水生态系统保护与修复，定期开展河湖健康评估……（六）加强水利建设中的生态保护，着力维护河湖健康”。《关于全面推行河长制的意见》（中共中央办公厅、国务院办公厅，2016）指出“（九）加强水生态修复，开展河湖健康评估”等。

（1）全国强制性考核指标。这一类指标包括最严格水资源管理“三条红线”考核指标、国民经济五年规划资源与环境约束指标等，还包括水利部指定约束指标。如2019年水利部出台关于河道采砂管理工作的指导意见，将采砂管理成效纳入河（湖）长制考核体系。

（2）流域尺度考核指标制定经验。在流域上，2018年9月，太湖流域管理局率先研究制定出台《太湖流域片河长制湖长制考核评价指标体系指南（试行）》，主要从技术指导角度，立足太湖流域管理局作为流域管理机构在河长制湖长制工作中的定位，提出了考核评价指标体系的总体思路、基本原则和体系框架，重点围绕长效机制、主要任务、公众参与、激励约束等4方面构建了河长制湖长制考核评价指标体系，共建立了三层次83项指标。同时提出了千分制考核评价方法、赋分说明、等级划分以及4级考核评价结果应用等内容，为其他流域和各省（自治区、直辖市）做好河长制湖长制考核评价等工作提供了参考和借鉴（彭欢 等，2019）。

（3）省市级行政区考核指标尺度制定经验。

1）安徽省。安徽省考核内容主要包括各市年度的河长制湖长制体系建设和能力建设、水资源保护、河湖水域岸线管护、水污染防治、水环境治理、水生态修复、执法监管等7个方面，细分为28个指标。

2）吉林省。吉林省为便于考核实施，提升考核准确性，对应湖长制的六大任务，将考核指标精简为50项。

3）宁夏回族自治区。宁夏回族自治区构建了两层次考核指标体系，第一层次分别为基础工作、重点任务、河湖长履职和创新工作，第二层次中基础工作又细分为组织体系、年度计划、能力建设、“一湖一策”一档、信息平台、培训宣传、信息报送公开、河湖保洁、督导检查和问题整改10项指标；重点任务对应于水资源管理保护、水域岸线管理保护、水污染防治、水环境治理、水生态修复、保障6个方面；河（湖）长履职又细分为计划制定、工作部署、工作督查、工作考核等4项内容；创新工作主要为典型经验受到表彰和认定。

4）江西省。江西省构建了“基础指标＋加分/扣分”的考核指标体系，基础指标中与其他省（自治区、直辖市）不同的指标有：全面推进自然资源资产离任审计、工矿企业及工业聚集区水污染防治、农药减量化治理、船舶港口污染防治、非法采砂专项整治、渔业资源保护专项整治等，并将完善法规建设、管护市场化建设和宣传建设作为加分项，将发生重大水环境损害事件、暗访发现问题和整改不到位作为扣分项。

5）浙江省。浙江省构建了安全流畅、生态健康、文化融入、管护高效、人水和谐等5个方面、24项指标的考核，同时还在安全流畅、生态健康、人水和谐等3个方面设置了总分10分的加分项，在河湖水体环境质量标准、涉水违法事件等方面设置了扣分项，得分达到90分即可通过验收。

6）江苏省。江苏省将生态水位作为河长制和湖长制量化考核内容之一。

7）湖北省。湖北在全省考核项目大幅度精简压缩的背景下，列入考核范围的有4个考核项目的16项具体目标，分别如下。

a. 水环境质量达标率（%）。考核目标包括地表水优良水体比例（%）、劣Ⅴ类水质体比例（%）、跨市（州）界断面水环境质量综合达标率（%）、县级以上集中式饮用水源地水质达标率（%）、水功能水质达标率（%）等5项。

b. 城市管理工作成效。考核目标包括城市（建成区）生活垃圾无害化处理率（%）、公共机构及相关企业强制垃圾分类覆盖率（%）、居民区生活垃圾分类示范社区数量（个）、生活垃圾回收利用率（%）等5项。

c. 森林覆盖率增速（%）、森林蓄积量增速（%）等2项目标。

d. 生态文明体制改革。考核目标包括深入开展生态环境损害赔偿制度改革，建立市场化、多元化生态保护补偿机制，划定生态保护红线，开展农村人居环境整治行动等4项。

8）甘肃省。甘肃省设定了组织推动情况、工作任务完成情况、鼓励加分项、扣分项、群众满意程度调查项（不计入总分）5个方面考核项目，16个子项目共62个考核指标，总分值100分。

（4）现有指标体系的特征。综上所述，现有指标体系的基本特征是：不同于以往环境业绩考核轻现状重变化（即只考虑对比基准年的变化）的现象，而是以变化情况作为考核结果，且指标更全面、定量与定性相结合。这为内蒙古自治区湖长制考核指标的制定提供了良好的经验依据。

1.3.4 存在的问题

（1）各省（自治区、直辖市）湖泊考核管理缺乏统一的标准和统一的认识。目前，对湖泊生态系统健康的定义及内涵，国内外许多专家学者都给出了不同的描述和解释，至今未形成统一的认识。学术界以及各国政府水行政主管部门在确定湖泊生态系统健康评价标准时，也存在很大差异。目前研究表明，一些情况下传统的湖泊考核指标已经不能准确反映湖泊系统的整体健康水平。此外，一些研究者把未经人类干扰的生态系统的原始状态作为健康的参考状态，还有一些研究者则建议采用生态系统的演替顶级状态作为生态系统健康的参考状态。不同的湖泊类型、不同环境背景的湖泊，其生态系统健康的标准都不尽相同。

（2）现有其他省（自治区、直辖市）湖泊考核方法难以完全适用于内蒙古自治区湖泊管理需求。虽然水利部水资源司已组织编制《河湖健康评估技术导则》，但也尚未基于此形成统一的考核标准，考核指标和考核方案过程过于简单，对许多关键性问题，如时空尺度的结合、指标阈值和数据精炼等，考虑不足。

目前国内外现存的考核方法还有许多不足。在国内，许多学者尝试利用多级模糊模式识别方法、人工神经网络方法、灰色关联度模型、模糊数学方法、基于支持向量机（Support Vector Machine）的分类算法等进行湖泊指标体系构建与考核，取得了一定成果。但内蒙古地区气候、水文、地理以及地质条件复杂多样，湖泊众多、各具特色且散布在各类地貌单元上。在许多关键性问题上还存在不可操作性，如干湖和季节性湖泊怎么考核，水面萎缩型和水质降级型湖泊如何制定适宜的考核指标等。

（3）现有的湖泊监测和管理技术手段单一。随着遥感技术的迅猛发展，卫星和航拍影像解译已经成为目前国内外湖泊监测和管理的有效手段。然而一些时间分辨率相对较高的卫星影像（如 SeaWiFS 和 MODIS 影像），其空间分辨率较低，因此湖泊面积较小或者面积年际变化较大的湖泊并不适合利用这类影像进行监管。一些空间分辨率较高的遥感影像（如 Landsat、GF 影像等），其时间分辨率往往较差，不利于湖泊长期动态监管。如何根据监管湖泊形态特征等，选取光谱、时间和空间分辨率合适的遥感影像，或者通过多源影像融合技术，实现对内蒙古地区不同类型湖泊的动态监管，这面临着不小的挑战。

1.4 研究内容

1.4.1 内蒙古自治区湖泊水面面积演变规律调查

湖泊水面面积是反应湖泊水资源量以及湖泊演变过程的重要指标。过去传统的方法是通过水下测绘等手段，建立湖泊容积、水位、水面面积之间的相关关系，然后通过水位监测数据，计算湖泊面积和水量。内蒙古自治区境内开展这类调查工作或者长时间监测水位工作的湖泊，少之又少。随着遥感技术的快速发展，利用不同时空分辨率的卫星影像提取并计算湖面面积，成为当前经济且高效的湖泊监测手段。项目组结合此次项目的需求，对国内外多个遥感卫星数据的时间、空间和光谱分辨率，重访周期以及数据的时间分布范围等进行综合评价。最后选择 Sentinel－2 和 Landsat－5、Landsat－8 系列卫星数据，通过水体指数和自适应阈值算法提取 1987—2019 年内蒙古自治区湖泊水体并计算水面面积、周长、几何中心位置等重要参数。相关研究成果是内蒙古自治区湖泊演变规律研究的主要依据和湖长制指标体系构建的重要基础。

1.4.2 湖泊分类与湖长制考核指标体系构建

根据湖泊类型、地形地貌、降水量、人类开发利用与保护现状等因素，将湖泊分为干涸湖泊、季节性湖泊和常年有水湖泊。并结合流域分区与行政分区，选取代表性典型湖泊进行监测分析。揭示各流域二级区湖泊水面面积的时空演变规律。以问题为导向，构建分别适用于干涸湖泊、季节性湖泊和常年有水湖泊的湖长制“定量指标＋定性指标”两层次考核指标体系，并以岱海等6个湖泊进行考核实践应用。最后给出内蒙古自治区季节性湖泊和常年有水湖泊水面面积定量考核结果。

1.5　技术路线

本研究将资料收集、现场调查、遥感技术等相结合，进行湖泊水域面积演变历史与现状调查评价，摸清内蒙古自治区湖泊家底现状。以流域进行分区，对不同类型湖泊，在气候变化和人类活动影响下湖泊系统演变规律研究；在演变规律分析的基础上，划分干涸湖泊、季节性湖泊和常年有水湖泊，构建三类湖长制考核指标体系，结合生态环境保护目标和湖泊现状存在的主要问题，制定适用于内蒙古自治区不同类型湖泊的湖长制考核指标体系及考核方案，并进行实践应用。技术路线详见图1-5-1。

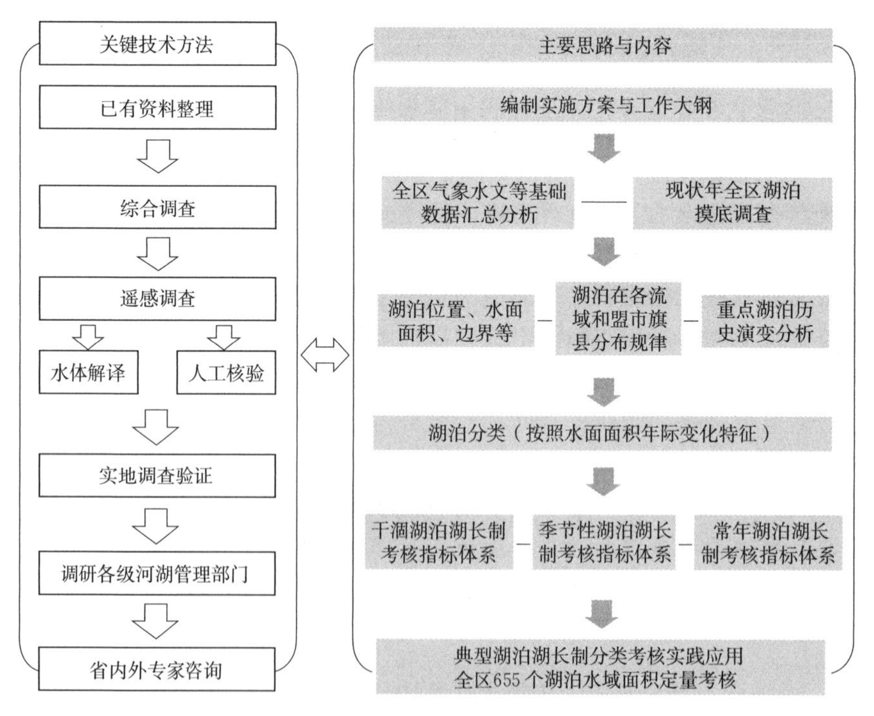

图1-5-1　技术路线图

1.6 研究过程

1.6.1 内蒙古自治区基础数据收集整理

(1) 已收集内蒙古自治区50个国家基本气象站点的历史气象数据，具体包括降水、风速、气温、日照、相对湿度等气象指标的日累计值、最大值、最小值和平均值等。

(2) 内蒙古自治区市县行政区划及主要河流、公路、铁路数据集。

(3) 覆盖内蒙古自治区的ASTER GDEM 30m分辨率数字高程影像192幅，SRTMDEM 90m分辨率数字高程影像17幅，坡度数字影像17幅。

(4) 呼伦湖、达里湖、岱海、哈素海、乌梁素海、红碱淖、腾格尔淖尔及东居延海等主要湖泊所在区域近40年来历史遥感影像573景，其中，Landsat TM、ETM+、OLI影像512景，高分1号影像61景。

(5) 2017年覆盖内蒙古自治区受调查湖泊的Sentinel-2 10m空间分辨率遥感卫星影像285景(部分由于缺失或者云层较厚的影像由2018年晴空条件下影像替代)。

(6) 1987—2019年间覆盖内蒙古自治区受调查湖泊的Landsat-5 TM和Landsat-8 OLI 30m空间分辨率遥感卫星影像2244景。

(7) 2000—2018年期间内蒙古自治区MODIS NDVI及EVI合成产品340幅。

(8) 已收集《内蒙古自治区图集》《内蒙古盐湖资源》《内蒙古盐湖》《内蒙古湖泊》《中国湖泊志》《中国湖泊调查报告》等珍贵历史文献，以及美国、德国、法国、波兰等国外河湖水化学、水生态评价体系文献。

(9) 收集了岱海、红碱淖、居延海、乌梁素海、达里湖、哈素海、呼伦湖等重点湖泊的水量、水位、水质、降水、蒸发及地下水位数据和相关资料、已有规划成果等。

(10) 收集了12个盟市的湖长制工作方案、“一河一策”与“一湖一策”、岸线规划报告、采砂规划报告、水质报告等100多份。

1.6.2 数据处理及GIS基础平台搭建

完成内蒙古自治区41个站点的气象统计分析，明确了降水、气温等关键气象指标的年际和年内变化规律。根据30m和90m分辨率的数字高程影像，完成了内蒙古自治区地貌分类和典型湖泊流域(区域)流域提取工作。将盟市旗县行政区划、流域范围、地形地貌、流网、道路、气象站点、蒸散发、ND-

VI 等数据进行矫正、投影转化，并整合于项目组 GIS 数据库中，形成了内蒙古自治区湖长制考核评价的基础信息数据库与湖泊各类属性集综合平台。本书采用的气象站信息见表 1-6-1。

表 1-6-1　　本书采用的气象站信息

一级区	二级区	三级区	站　名	高程/m	年均气温/℃	年均降水量/mm	水面蒸发量/mm
松花江	额尔古纳河	呼伦湖水系	阿尔山站	1027.4	−2.3	460.9	605
			新巴尔虎右旗站	561.6	1.1	243.8	1031
		海拉尔河	海拉尔站	610.2	−0.5	356.9	758
			博克图站	739.7	−0.1	492.9	616.4
		额尔古纳河	图里河站	732.6	−4.1	457.5	500.9
	嫩江	尼尔基至江桥	扎兰屯站	306.5	3.6	522.1	682.3
		江桥以下	乌兰浩特站	274.7	5.5	432.7	975
			索伦站	499.7	2.9	474.4	839.4
			突泉站	305.3	5.7	398.7	1115.1
辽河	西辽河	西拉木伦河及老哈河	赤峰站	568	7.7	370.5	1072.6
			巴林左旗站	484.4	6	372.1	947
			林西站	799	5.1	366.3	1037
		乌力吉木仁河	扎鲁特旗站	265	7.1	368.8	1131.7
		西辽河苏家铺以下	通辽站	178.5	7.1	365.3	1122.6
	辽河干流	柳河口以上	科左后旗	251.8	5.8	388	1124
海河	滦河及冀东沿海	滦河山区	多伦站	1245.4	2.8	375.8	955
	海河北系	永定河册田水库至三家店区间	兴和站	1297.4	4.2	369	1169
黄河	兰州至河口镇	石嘴山至河口镇北岸	呼和浩特站	1063	7.3	399.4	1179
			包头站	1067.2	7.8	301.7	1193.9
			乌海站	1091.6	10.1	151.3	1836
			临河站	1039.3	8.6	144.4	1424.9
			乌拉特中旗站	1288	5.9	204.3	1404.2
		石嘴山至河口镇南岸	东胜站	1460.4	6.8	376.8	1296.3
		下河沿至石嘴山	鄂托克旗站	1380.3	7.5	261.6	1431.8

续表

一级区	二级区	三级区	站名	高程/m	年均气温/℃	年均降水量/mm	水面蒸发量/mm
黄河	河口镇至龙门	吴家堡以上右岸	伊金霍洛旗	1478.6	6.2	347	1339
		吴家堡以下右岸	乌审旗站	1329.5	7.9	353	1372
	内流区	内流区	鄂托克前旗站	1325.2	7.1	264	1546
西北诸河	内蒙古高原内陆河	内蒙古高原内陆区东部	锡林浩特站	989.5	3	271.4	1151.5
			东乌珠穆沁旗站	838.7	2	253.1	966.2
			二连浩特站	964.7	4.7	134	1508.2
			阿巴嘎旗站	1126.1	2	242.1	1233.8
			西乌珠穆旗站	1000.6	2	329.4	1035.9
		内蒙古高原内陆区西部	达茂旗站	1376.6	4.8	253.7	1383.9
			集宁站	1419.3	4.7	356.3	990.5
			朱日和站	1150.8	5.5	200.5	1696
			化德站	1482.7	3.3	314.7	1054.6
	河西走廊内陆区	黑河	额济纳旗站	940.5	9.5	33.7	1984.3
		河西荒漠区	巴彦浩特站	1561.4	8.5	210.5	1412.2
			吉兰泰站	1031.8	9.5	100.8	1684.4
			巴彦诺尔站	1323.9	7.7	107.7	1920.6
			阿右旗站	1510.1	9.2	118.5	2048.8

1.6.3 遥感影像选取及湖泊水体解译

本次研究用于湖面监测的遥感影像分为两类：一类为分别于 2015 年 6 月和 2017 年 3 月发射的两颗 Sentinel－2A 和 Sentinel－2B 高分辨率多光谱成像卫星拍摄的 10～60m 空间分辨率影像；另一类为美国陆地卫星系列的 Landsat－5（1984 年 3 月发射，2013 年 6 月退役）和 Landsat－8（2013 年 2 月发射）拍摄的影像。Sentinel－2 遥感影像的波段信息见表 1－6－2。用于水体提取的主要是空间分辨率为 10m 的绿波段（B3）与近红外波段（B8），重访周期仅 5 天。

本次研究利用 Sentinel－2 空间分辨率高且重访周期短的优点，开展内蒙古自治区湖泊现状摸底调查。选取 Sentinel－2 影像时，首选 7—9 月无云或低云覆盖度影像为首选，缺少相关影像时，再选择其他月份晴空条件影像。利用 Sentinel－2 影像提取并计算湖泊面积，主要流程包括：下载 Level－2A 影像，计算归一化差异水体指数（NDWI），最后利用 OTSU 算法求解每幅 NDWI 影像水体和地面的阈值，进而提取湖体水面并计算面积。

表1-6-2　　Sentinel-2影像波段信息表

Sentinel-2波段	中心波长/nm	波段宽/nm	空间分辨率/m
Band1-Coastalaerosol	442.7	21	60
Band2-Blue	492.4	66	10
Band3-Green	559.8	36	10
Band4-Red	664.6	31	10
Band5-Vegetationrededge	704.1	15	20
Band6-Vegetationrededge	740.5	15	20
Band7-Vegetationrededge	782.8	20	20
Band8-NIR	832.8	106	10
Band8A-NarrowNIR	864.7	21	20
Band9-Watervapour	945.1	20	60
Band10-SWIR-Cirrus	1373.5	31	60
Band11-SWIR	1613.7	91	20
Band12-SWIR	2202.4	175	20

Landsat-5和Landsat-8卫星影像具有35年左右的对地观测影像（表1-6-3）。因此，本研究选择Landsat系列卫星影像用于监测典型湖泊的历史演变特征。Landsat影像优先选取拍摄于9月的无云或者少云影像，当缺少符合条件的影像时，选择其他月份无云、未结冰期影像。利用Landsat影像提取并计算湖泊面积的主要流程包括：下载已地形矫正的Level-1 TP影像，进行辐射定标、大气校正和影像剪切，然后计算改进的归一化差异水体指数(MNDWI)，最后利用OTSU算法求解每幅MNDWI影像水体和地面的阈值，进而提取湖体水面并计算面积。

表1-6-3　　Landsat-5和Landsat-8影像波段信息对照表

Landsat-8				Landsat-5		
波　段		波长范围/μm	分辨率/m	波段	波长范围/μm	分辨率/m
Band1	Coastalaerosol	0.433～0.453	30			
Band2	Visible blue	0.450～0.515	30	Band1	0.45～0.52	30
Band3	Visible green	0.525～0.600	30	Band2	0.52～0.60	30
Band4	Visible red	0.630～0.680	30	Band3	0.63～0.69	30
Band5	Nearinfrared	0.845～0.885	30	Band4	0.76～0.90	30

续表

Landsat-8				Landsat-5		
波　段		波长范围/μm	分辨率/m	波段	波长范围/μm	分辨率/m
Band6	SWI	1.56～1.66	30	Band5	1.55～1.75	30
Band7	SWI	2.10～2.30	60	Band7	2.08～2.35	30
Band8	Panchromatic	0.50～0.68	15			
Band9	Cirrus	1.36～1.39	30			
Band10	LWI	10.3～11.3	100	Band6	10.40～12.50	120
Band11	LWI	11.5～12.5	100			

注　SWI：Short wavelength infrared；LWI：Long wavelength infrared。

本研究利用Landsat系列卫星及Sentinel-2卫星遥感影像，通过自适应阈值算法，完成了1987—2019年间所有设立湖长的湖泊的水体提取工作，并计算出了各湖泊的面积及湖岸线长度等物理指标。以流域、行政区划为单元对各单元湖泊水面面积在近33年的演变规律进行了分析总结，并结合单元气候变化（降水、气温、风速、水面蒸发等）趋势以及水资源开发利用情况，分析了湖泊面积演变的关键影响因子。

本书遥感解译过程见图1-6-1。

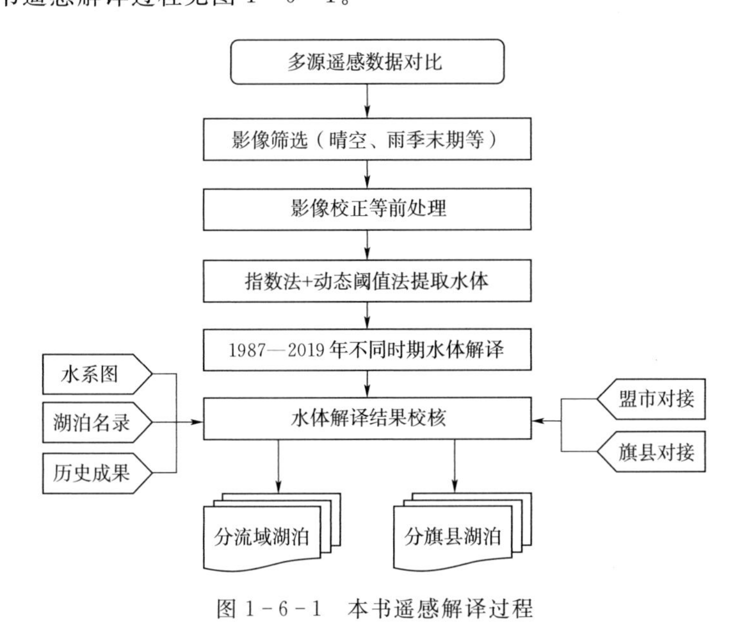

图1-6-1　本书遥感解译过程

1.6.4　野外调查及样品采集

(1) 2019年4月：完成乌兰察布市四子王旗、凉城县、商都县、察右后旗等地的湖泊现场调查。取湖泊水质水样9个、地下水质水样6个、测量湖泊周边地下水位12处。收集湖泊所在区域水文地质报告、一湖一策编制方案、水资源公报、水利年报等基础资料15份。

(2) 2019年5月：完成包头市达茂旗腾格尔淖尔水质取样1个、周边地下水样3个、测量湖泊周边地下水位5处。完成锡林郭勒盟锡林浩特市、西乌珠穆沁旗、东乌珠穆沁旗、阿巴嘎旗、苏尼特左旗、苏尼特右旗等地的现场调查，取湖泊水质水样8个、地下水质水样12个、测量湖泊周边地下水位19处。收集湖泊所在区域水文地质报告、一湖一策编制方案、水资源公报、水利年报等基础资料24份。

(3) 2019年6—7月：完成了呼伦湖等地的调查和取样，完成了达里湖及其周边的现场调查和取样工作。

(4) 2019年8—9月：完成了红碱淖、乌梁素海的现场调查、取水样和收集资料。

(5) 2019年10月：完成了阿拉善盟湖泊资料收集、居延海调查取样、包头南海子调查取样和哈素海调查取样。

(6) 2020年6月：完成了鄂尔多斯湖泊现场调查和湖水取样。

(7) 2020年7月：完成了赤峰市湖泊现场调查和湖水取样。

(8) 2020年8月：完成了通辽市湖泊现场调查和湖水取样。

第 2 章　内蒙古自治区湖泊摸底调查

2.1　湖泊的定义与特点

2.1.1　湖泊的定义

从 1901 年第一本《湖沼学》（*Francois Alphonse Forel*）问世以来，许多专家学者从成因、结构和功能等方面对湖泊的定义进行了论述，他们将湖沼定义为“四周陆地所围之洼地，与海洋不发生直接联系的静止之水体”，并指出“不受沿岸植物之侵入而中央部分蓄水较深者”称为湖泊（Jacob Kalff，2011）。

我国湖泊学奠基者施成熙教授认为湖泊是自然综合体，即湖泊是湖盆、湖水、水体中所含物质（水体性质和水生生态）三部分共同组成（施成熙，1989）。

我国 2005 年出版的地质大辞典将湖泊定义为“陆地上比较宽广的天然积水凹地，它由贮水的湖盆和湖水两部分组成”，并明确指出包括一年中湿季积水、旱季干涸的湖泊（地质矿产部地质辞典办公室，2005）。

2.1.2　内蒙古自治区湖泊特点

湖泊的形成与演变，以及湖泊的物理性质、化学性质和生物特征，均受区域自然地理环境的约束。内蒙古自治区疆域辽阔，东北、西北两个方向的地理环境差异显著，区域自然地理特色鲜明，导致湖泊的空间分布也呈现出一些显著的区域特点（牧寒，1989、2003；郑喜玉，1992；中国科学院南京地理与湖泊研究所，2019；张燕飞 等，2020）。

（1）湖泊分布广泛，但相对集中。从降雨丰沛的东北部大兴安岭地区到极度干旱的巴丹吉林、腾格里和毛乌素等沙漠（沙地）腹地，无论是黄河流域、海河流域、松花江流域、辽河流域还是西北诸河，均分布有不同类型的湖泊。然而湖泊的区域分布极不均衡，内蒙古自治区湖泊主要分布在内蒙古自治区的呼伦贝尔、锡林郭勒盟、鄂尔多斯和通辽境内，其他盟市湖泊数量和规模均较小。

(2) 湖泊类型多样，地域差异显著。内蒙古自治区境内既有浅水湖泊，也有诸多深水湖泊；既有淡水湖，也有咸水湖和盐湖；既有吞吐湖，也有闭流湖。另外从成因角度来看，构造湖、火山口湖、河成湖、风成湖等在区内均有分布。大兴安岭西麓—内蒙古高原南缘—阴山山脉—贺兰山一线成为内蒙古自治区内外流的分界线。此线以东，除毛乌素沙地内流区外，均属于外流区。该区域降水充沛，水系发育较好，矿化度相对较低，以淡水吞吐型湖泊为主。此线以西的内流区湖泊，气候干旱，水系不发育，补给水量小，丰枯季变化明显，矿化度高，以咸水闭流湖和盐湖为主。

(3) 湖泊分布受气候地形等因素控制，地带性鲜明。内蒙古自治区地貌以波状起伏的高原或山地与盆地相间分布为主，形成巨大的地形阶梯，河流和地下水潜水向洼地中心汇聚，从而形成众多的内陆湖泊。这些占据着构造洼地最低部分的湖泊往往成为内陆盆地水系的尾闾或最后的归属地。当汇入湖泊的河流上、中游层层拦截时，势必减少入湖河流的水量，使湖泊水量入不敷出，导致湖泊日渐萎缩，甚至消亡。这种地貌特征也表现出大陆腹地非季风气候区的环境特点。气候干旱，降水不丰且年际变化大，造成汇入湖泊河流的水量不稳定，随着补给量的增减，水面时大时小，湖形多变。

2.2　湖泊分布特征摸底调查

2.2.1　湖泊普查统计情况

根据2012年版1∶25万地形图，并结合DEM、部分1∶5万和1∶10万地形图，结合《内蒙古自治区第三次全国水资源调查评价技术报告》等成果，确定流域界限并嵌套行政分区，并以此作为内蒙古自治区湖泊分区调查研究的基础。

根据《内蒙古自治区湖泊名录》(内蒙古自治区河长制办公室，2018)，内蒙古自治区设立湖长的湖泊有655个。下面分别按流域和行政区域对湖泊分布和变化情况进行调查分析。

2.2.2　各流域湖泊分布情况调查

内蒙古自治区水资源分区共划分为5个一级区、13个二级区和26个三级区。项目组基于1987至今的卫星影像对设立湖长的655个湖泊逐一进行了遥感调查，并对部分湖泊进行了地面验证调查。本次设立湖长的655个湖泊涉及5个一级区、11个二级区和21个三级区。5个一级区分别是松花江区、辽河区、海河区、黄河区和西北诸河区。从湖泊数量来看，这655个湖泊中有256

个湖泊分布在西北诸河流域，约占受调查湖泊总数的39%；其次为黄河流域，分布有湖泊163个，占比25%。海河流域湖泊分布最少，仅为5个，占比不足1%。内蒙古五大一级区湖泊分布情况见图2-2-1。从湖泊密度来看，黄河流域密度最大，其次为辽河流域，海河流域密度最小。

内蒙古自治区各流域湖泊分布情况见表2-2-1。

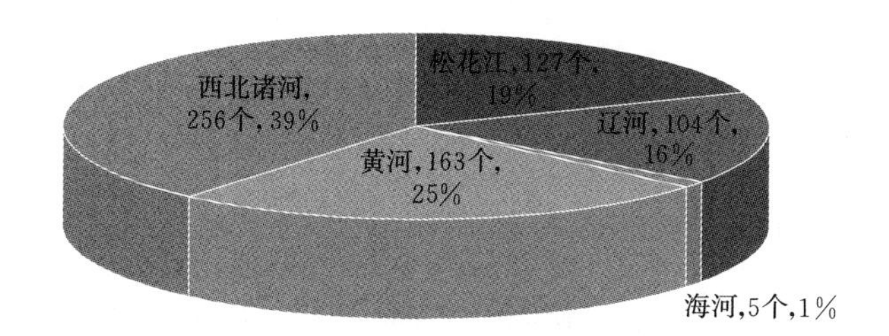

图2-2-1 内蒙古五大一级区湖泊分布统计图

表2-2-1 内蒙古自治区各流域湖泊分布表 单位：个

流域			湖泊数量		
一级区	二级区	三级区			
松花江	额尔古纳河	额尔古纳河	12	100	127
		海拉尔河	45		
		呼伦湖水系	51		
	嫩江	江桥以下	23	27	
		尼尔基至江桥	4		
辽河	辽河干流	柳河口以上	7	7	104
	西辽河	乌力吉木仁河	48	97	
		西拉木伦河及老哈河	15		
		西辽河（苏家铺以下）	34		
海河	海河北系	永定河册田水库至三家店区间	2	2	5
	滦河及冀东沿海	滦河山区	3	3	
黄河	河口镇至龙门	吴家堡以上右岸	5	10	163
		吴家堡以下右岸	5		
	兰州至河口镇	石嘴山至河口镇北岸	75	85	
		石嘴山至河口镇南岸	5		
		下河沿至石嘴山	5		
	内流区	内流区	68	68	

续表

流域			湖泊数量		
一级区	二级区	三级区			
西北诸河	河西走廊内陆区	河西荒漠区	78	86	256
		黑河	8		
	内蒙古高原内陆河	内蒙古高原内陆区东部	135	170	
		内蒙古高原内陆区西部	35		
总计			655		

2.2.3　各盟市湖泊分布情况调查

从湖泊分布的盟市来看，锡林郭勒盟湖泊分布最多，其次为呼伦贝尔市、鄂尔多斯市以及阿拉善盟。湖泊分布数量最少的是呼和浩特市和包头市（图 2-2-2）。各盟市旗县湖泊分布情况见表 2-2-2。

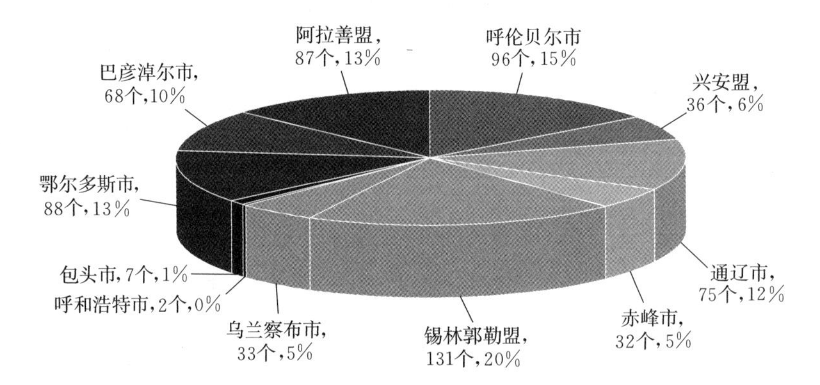

图 2-2-2　内蒙古自治区各盟市湖泊数量统计图

表 2-2-2　　内蒙古自治区各盟市旗县湖泊分布情况统计表　　单位：个

盟市	旗县	湖泊数量	
呼伦贝尔市	陈巴尔虎旗	16	96
	鄂伦春自治旗	1	
	鄂温克族自治旗	6	
	海拉尔区	4	
	满洲里市	2	
	新巴尔虎右旗	23	
	新巴尔虎左旗	40	
	扎赉诺尔区	1	

续表

盟市	旗　县	湖泊数量	
呼伦贝尔市	扎兰屯市	1	96
	跨 2 区（新巴尔虎左旗、陈巴尔虎旗）	1	
	跨 3 区（新巴尔虎左旗、新巴尔虎右旗、扎赉诺尔区）	1	
兴安盟	阿尔山市	6	36
	科右中旗	21	
	突泉县	1	
	乌兰浩特市	1	
	扎赉特旗	7	
通辽市	科左后旗	28	75
	科左中旗	6	
	开鲁县	7	
	扎鲁特旗	34	
赤峰市	阿鲁科尔沁旗	9	32
	巴林右旗	6	
	克什克腾旗	11	
	翁牛特旗	6	
锡林郭勒盟	阿巴嘎旗	10	131
	东乌珠穆沁旗	44	
	太仆寺旗	7	
	西乌珠穆沁旗	5	
	锡林浩特市	5	
	正蓝旗	29	
	正镶白旗	9	
	苏尼特右旗	10	
	苏尼特左旗	10	
	跨 2 区（东乌珠穆沁旗、乌拉盖管理区）	1	
	跨 2 区（东乌珠穆沁旗、西乌珠穆沁旗）	1	
乌兰察布市	察右后旗	7	33
	察右前旗	2	
	凉城县	1	
	商都县	14	
	四子王旗	8	
	兴和县	1	

续表

盟市	旗　县	湖泊数量	
呼和浩特市	土默特左旗	1	2
	托克托县	1	
包头市	达茂旗	3	7
	土右旗	1	
	九原区	2	
	东河区	1	
鄂尔多斯市	东胜区	2	88
	鄂托克旗	22	
	鄂托克前旗	6	
	杭锦旗	12	
	乌审旗	29	
	伊金霍洛旗	13	
	跨 2 区（鄂托克旗、乌审旗）	1	
	跨 2 区（东胜区、伊金霍洛旗）	1	
	跨 2 区（乌审旗、伊金霍洛旗）	2	
巴彦淖尔市	磴口县	23	68
	杭锦后旗	5	
	临河区	11	
	乌拉特前旗	2	
	乌拉特中旗	6	
	五原县	21	
阿拉善盟	阿拉善右旗	12	87
	阿拉善左旗	63	
	额济纳旗	8	
	腾格里经济技术开发区	4	
总　计		655	655

从湖泊密度来看，通辽市、巴彦淖尔市和鄂尔多斯市的湖泊密度均达到或者高于 10 个/万 km^2，呼和浩特市和包头市湖泊密度是各盟市中最小的，详见图 2-2-3。

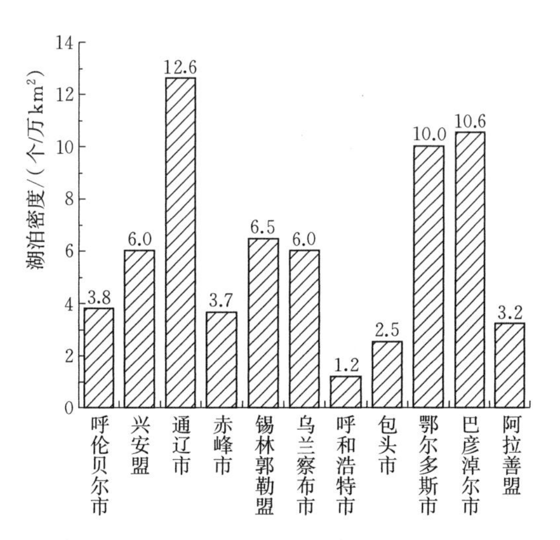

图 2-2-3 内蒙古各盟市湖泊分布密度图

第3章　湖泊分类及湖长制考核名录

3.1　按湖泊属性分类

3.1.1　湖泊咸淡水特征调查

本书按照湖泊水体矿化度特征，将湖泊划分为淡水湖、咸水湖和盐湖，水质资料以《中国湖泊志》《中国湖泊概论》《中国湖泊资源》《中国湖泊调查报告》《内蒙古自治区河流特征手册》和《内蒙古自治区第三次全国水资源调查评价技术报告》等成果为基础，结合野外调查和检测最终确定现状湖泊咸淡水特征。

统计结果表明，内蒙古自治区设立湖长的655个湖泊中，淡水湖泊有240个，咸水湖泊有379个，盐湖有36个，详见表3-1-1。

淡水湖泊主要分布在黄河流域和松花江流域，分别有86个和70个，其次是辽河流域和西北诸河，分别有34个和45个，海河流域5个设立湖长的湖泊全部为淡水湖。水域面积较大的淡水湖有松花江流域呼伦湖、黄河流域乌梁素海、哈素海等。

咸水湖主要分布在西北诸河，有182个，其次是为黄河流域、辽河流域和松花江流域，分别有76个、70个和51个。水域面积较大的咸水湖有松花江流域百灵湖、黄河流域红碱淖、西北诸河达里湖、居延海、岱海、察汗淖等。

盐湖主要分布在西北诸河，有29个，其次是松花江海拉尔河流域和黄河流域内流区，分别有6个和1个。西北诸河区29个盐湖也是盐矿主要分布区，规模较大的盐湖有西北诸河区吉兰泰盐湖（阿拉善盟）和额吉淖日（锡林郭勒盟）。

3.1.2　湖泊与河流的关系调查

按照有无河流进出湖泊为标准，将既有河流流入、也有河流流出的湖泊划分为吞吐湖，将只有河流流入没有河流流出的湖泊划分为闭流湖。吞吐湖和闭流湖的划分以《内蒙古自治区河流特征手册》中的水系图为基础，结合DEM河流提取及遥感人工解译进行校正，最终确定现状湖泊与河流关系。

表 3-1-1　不同流域分区湖泊基本特征分类统计　单位：个

水资源分区			咸淡水特征			水流特征		成因类型				人为影响
一级区	二级区	三级区	淡水湖	咸水湖	盐湖	吞吐湖	闭流湖	构造湖	火山湖	河成湖	风成湖	人工湖
松花江	额尔古纳河	呼伦湖水系	29	14		12	31	29	2	12		
		海拉尔河	16	23	6	24	21	21		24		
		额尔古纳河	6	6		11	1	11		1		
		二级小计	51	43	6	47	53	61	2	37	0	0
	嫩江	尼尔基以上										
		尼尔基至江桥	4			4	0	1	0	2		1
		江桥以下	15	8		6	17	16		4		3
		二级小计	19	8	0	10	17	17	0	6	0	4
	一级小计		70	51	6	57	70	78	2	43	0	4
辽河	西辽河	西拉木伦河及老哈河	11	4		1	14	12		0		3
		乌力吉木仁河	16	32		3	45	45		2		1
		西辽河苏家铺以下	6	28		9	25	25		9		
		二级小计	33	64	0	13	84	82	0	11	0	4
	东辽河	东辽河										
	辽河干流	柳河口以上	1	6		4	3	3		4		
	东北沿黄渤海诸河	沿渤海西部诸河										
	一级小计		34	70	0	17	87	85	0	15	0	4

续表

水资源分区			咸淡水特征			水流特征		成因类型				人为影响
一级区	二级区	三级区	淡水湖	咸水湖	盐湖	吞吐湖	闭流湖	构造湖	火山湖	河成湖	风成湖	人工湖
海河	滦河及冀东沿海	滦河山区	3				3	3				
	海河北系	永定河册田水库以上										
		永定河册田水库至三家店区间	2				2	2				
		二级小计	2	0	0	0	2	2	0	0	0	0
	一级小计		5	0	0	0	5	5	0	0	0	0
黄河	兰州至河口镇	下河沿至石嘴山		5		2	3	3		2		
		石嘴山至河口镇北岸	63	12		5	70	52		5	8	10
		石嘴山至河口镇南岸	2	3		1	4	4		1		
		二级小计	65	20	0	8	77	59	0	8	8	10
	河口镇至龙门	河口镇至龙门左岸										
		吴堡以上右岸		5		1	4	4		1		
		吴堡以下右岸	1	3	1		5	3		2		
		二级小计	1	8	1	1	9	7	0	3	0	0
	内流区	内流区	20	48		8	60	44		8	16	
	一级小计		86	76	1	17	146	110	0	19	24	10
西北诸河	内蒙古高原内陆河	内蒙古高原东部	29	104	3	17	119	119		15	1	1
		内蒙古高原西部	10	19	5	7	27	27	3	4		
		二级小计	39	123	8	24	146	146	3	19	1	1
	河西走廊内陆区	黑河	1	7			8	8				
		河西荒漠区	5	52	21	3	75	13		21	44	
		二级小计	6	59	21	3	83	21	0	21	44	0
	一级小计		45	182	29	27	229	167	3	40	45	1
总计			240	379	36	118	537	445	5	117	69	19

统计结果表明，内蒙古自治区设立湖长的655个湖泊中，吞吐型湖泊有118个，闭流型有537个，详见表3-1-1。

吞吐型湖泊主要分布在松花江流域，有57个，其次是西北诸河、辽河流域和黄河流域，分别有27个、17个和17个。其中松花江流域的吞吐型湖泊常年有水，而其他区域除少数面积较大的湖泊外（如乌梁素海、哈素海）。其余吞吐型湖泊以季节性河流为主，其中面积较大的有乌拉盖高壁。

闭流型湖泊主要分布在西北诸河和黄河流域，分别有229个和146个，其次是辽河流域和松花江流域，分别有87个和70个，海河流域5个设立湖长的湖泊全部为闭流型湖泊。

3.1.3 湖泊成因调查

为与前期成果保持一致，以《中国湖泊志》《中国湖泊概论》《中国湖泊资源》《中国湖泊调查报告》等为基础，结合内蒙古自治区地貌分区图、地质构造图、河流水系图等，按照湖泊成因，将湖泊划分为构造湖、火山湖、河成湖、风成湖四类，参考《内蒙古自治区河流特征手册》中的湖泊成因描述，最终确定本次工作所涉及湖泊成因类型。

统计结果表明，内蒙古自治区设立湖长的655个湖泊中自然成因的湖泊有636个，其中构造湖有445个，火山湖有5个，河成湖有117个，风成湖有69个，详见表3-1-1。

构造湖主要分布在西北诸河和黄河流域，分别有167个和110个，其次是辽河流域和松花江流域，分别有87个和70个，海河流域5个设立湖长的湖泊全部为构造湖。从地理特征来看，这些构造湖大多分布在断裂挠曲变形基础上形成的宽浅盆地，如海拉尔多字型构造作用形成的呼伦湖、乌兰盖盆地的乌拉盖戈壁湖、浑善达克断陷盆地的达里诺尔、巴音乌拉山和贺兰山断裂控制形成的吉兰泰盐湖、构造断陷形成的黄旗海等。

火山湖仅分布在西北诸河和松花江流域，分别有3个和2个，火山湖系岩浆喷发休眠后，一部分由火山口积水形成，如阿尔山天池；另一部分受玄武岩岩流堰塞而形成，如位于察哈尔乌兰哈达火山群的白音淖尔、莫石盖海子和乌兰忽少，位于大兴安岭西麓的杜鹃湖。

河成湖主要分布在松花江流域，有43个，其次是西北诸河、辽河流域和黄河流域，分别有40个、15个和19个。河成湖形成与河流发育变迁关系密切，如因河道横向摆动，在海拉尔河废弃的古河道上形成的湖泊伊和沙日乌苏；也有因河流截弯取直，在原来弯曲的河道上形成牛轭湖的乌梁素海；新生代陶赖沟古河谷侵蚀洼地形成的昌汉淖、海拉尔河与莫尔格勒河交汇处侵蚀发育形成的呼和诺尔等。

风成湖主要分布在西北诸河，有 45 个，其次是黄河流域，有 24 个，其他流域均无该类型湖泊。风成湖因沙漠中的丘间洼地低于潜水面，由四周沙丘渗流汇集形成。这类湖泊面积小不流动，水浅无出口，夏季干涸，主要分布在沙漠和沙地中，如乌兰布和沙漠的古尔班扎干柴达木湖、腾格里沙漠东缘的巴彦达来湖、毛乌素沙地的巴音淖、浑善达克沙地的浩勒图音淖日等。

此外，有一些湖泊是复合成因形成的，如达里诺尔形成于 69 万年前。它是在地壳下陷形成构造湖的基础上，又受到玄武岩流堰塞形成的，属于构造型火山堰塞湖。对于这类湖泊，本书参考《内蒙古自治区河流特征手册》等已有成果资料，按照其第一成因归类，即达里湖属于构造湖。

3.1.4　人工湖

根据《内蒙古自治区河流特征手册》中的湖泊形成描述及前期收集成果资料，结合现场实际调查，按照受人类影响的程度，将景区湖、水库等划分为人工湖。

统计结果表明，内蒙古自治区设立湖长的 655 个湖泊中人为形成的湖泊有 19 个。从流域分区来看，主要分布在黄河流域，有 10 个，其次是辽河和松花江流域，各有 4 个，最后是西北诸河，有 1 个，详见表 3－1－1。从用途来看，有 10 个湖泊为公园湿地景观湖，均位于巴彦淖尔市，分别是奈伦湖、金马湖、南湖、北海、西翠湖、镜湖、多蓝湖、青春湖、新华南海子和乌兰布和沙漠旅游区湖；有 1 个湖泊为灌渠发展形成，为巴彦淖尔市磴口县的响壕海子；有 9 个湖泊为水库，其中 4 座水库位于嫩江流域，分别是图牧吉水库泡子（图牧吉水库）、种里泡子（绰勒水库）、龙王湖（老母山水库）和多兰湖（察尔森水库），4 座水库位于西辽河，分别是白音泡子（白音水库）、益和诺尔（益和诺尔水库）、达林台诺尔（达林台水库）和塔林湖（德日苏宝冷水库），1 座位于内蒙古高原内陆区东部巴音河上的查干水库。与自然形成的湖泊相比，上述人工湖有着明显区别，天然湖泊主要以圆形或椭圆形为主，景观湖或水库以三角形或卵形为主，景观湖水面面积年际变化较稳定，而水库水面面积在泄洪期变化较大。

3.2　按湖泊水面面积大小分类

项目组根据遥感影像的空间分辨率以及所调查湖泊的面积的分布范围等因素，以湖长制实施起始年（2018 年）内蒙古自治区纳入湖长制的 655 个湖泊为分析对象，将水面面积划分为 0、小于 $1km^2$ 和大于 $1km^2$ 的湖泊。

3.2.1　水面面积为 0 的湖泊

湖长制实施起始年（2018 年），纳入湖长制考核的 655 个湖泊中，水面面积为 0 的湖泊为 265 个。从流域分布来看，西北诸河流域共有湖泊 256 个，其中约 59%（151 个）的湖泊 2018 年水面面积为 0，是内蒙古自治区五大一级区中干涸湖泊数量和占比均最高的流域。海河流域湖泊共有 5 个，水面面积为 0 的湖泊数量为 2 个，占比约 40%。辽河流域湖泊有 104 个，其中约 41%（43 个）的湖泊处于干涸状态，是内蒙古自治区水面面积为 0 的湖泊数量第二高的流域。松花江流域和黄河流域水面面积为 0 的湖泊数量分别为 39 个和 30 个，占流域调查湖泊数量的比例分别为 31%和 18%（图 3-2-1）。

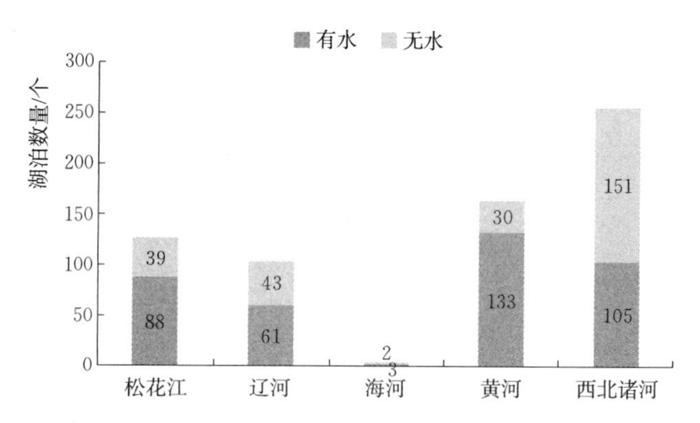

图 3-2-1　内蒙古自治区一级区干涸湖泊分布情况统计图

从干涸湖泊分布的盟市来看，湖长制实施起始年（2018 年），阿拉善盟水面面积为 0 的湖泊数量为 44 个，占全盟调查湖泊总数的 51%，是内蒙古自治区水面面积为 0 的湖泊数量最多的盟市。锡林郭勒盟、呼伦贝尔市和通辽市水面面积为 0 的湖泊数量分别为 80 个、35 个、33 个，其他盟市水面面积为 0 的湖泊数量小于 25 个（图 3-2-2）。

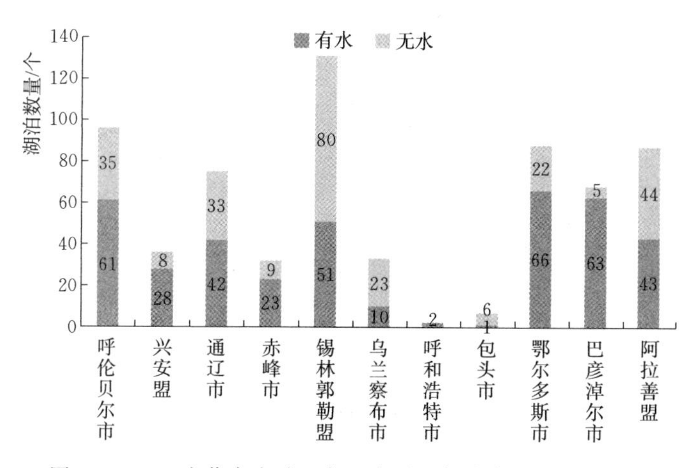

图 3-2-2　内蒙古自治区各盟市干涸湖泊分布情况统计图

3.2.2 水面面积小于 $1km^2$ 的湖泊

湖长制实施起始年（2018年），内蒙古自治区纳入湖长制考核的655个湖泊中，水面面积小于 $1km^2$ 的湖泊共有208个。从流域来看，水面面积小于 $1km^2$ 的湖泊主要分布在黄河流域（88个），其次为西北诸河流域（53个）和松花江流域（36个），见图3-2-3；从盟市来看，水面面积小于 $1km^2$ 的湖泊主要分布在巴彦淖尔市（50个），其次为鄂尔多斯市（37个）和阿拉善盟（31个），见图3-2-4。

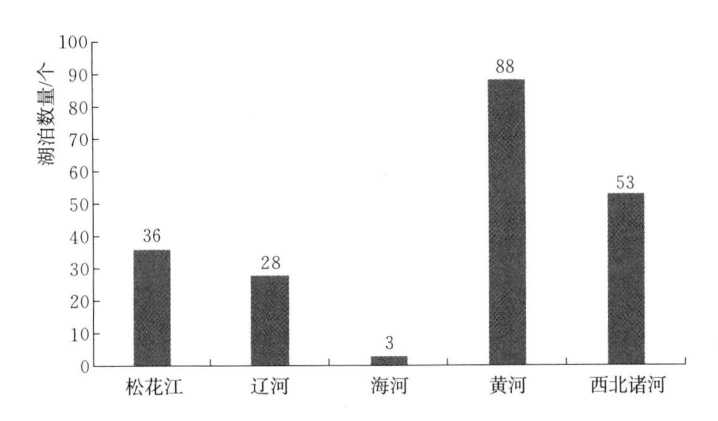

图3-2-3 各流域水面面积小于 $1km^2$ 的湖泊分布情况统计图

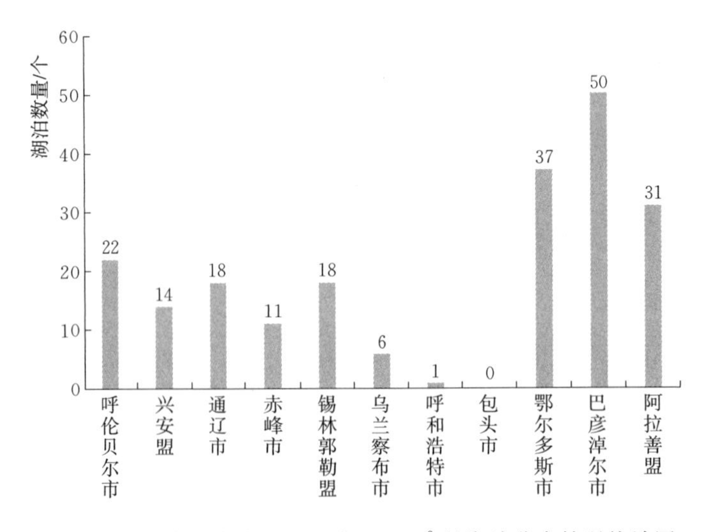

图3-2-4 各盟市水面面积小于 $1km^2$ 的湖泊分布情况统计图

3.2.3 水面面积大于 1km² 的湖泊

湖长制实施起始年（2018 年），内蒙古自治区纳入湖长制考核的 655 个湖泊中，水面面积大于 1km² 的湖泊共有 182 个。其中，松花江流域和西北诸河流域数量最多，均为 52 个，其次为黄河流域 45 个和辽河流域 33 个，海河流域为 0 个（图 3-2-5）。从盟市来看，呼伦贝尔市和锡林郭勒盟水面面积大于 1km² 的湖泊数量最多，分别为 39 个和 33 个，其次为鄂尔多斯市和通辽市，分别为 29 个和 24 个，其他盟市在 20 个以下（图 3-2-6）。

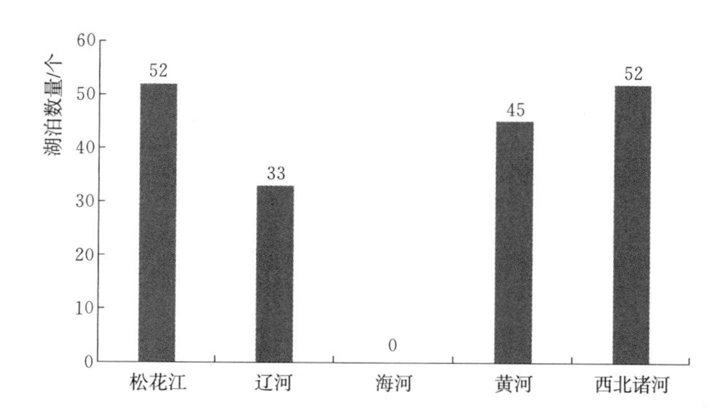

图 3-2-5　各流域水面面积大于 1km² 的湖泊分布情况统计图

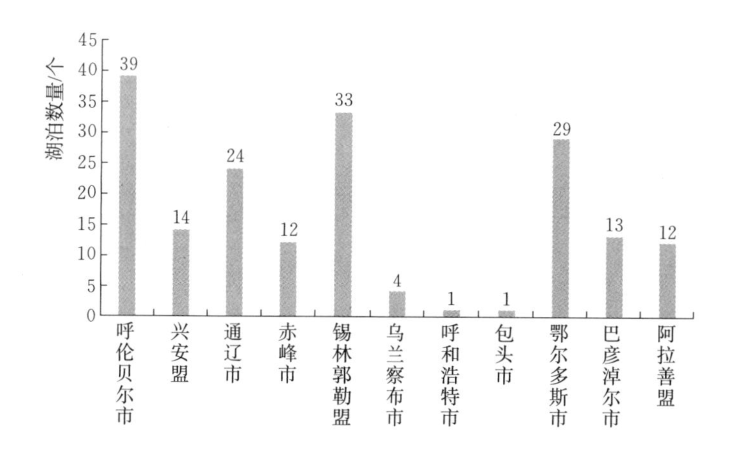

图 3-2-6　各盟市水面面积大于 1km² 的湖泊分布情况统计图

内蒙古自治区各流域湖泊统计见表 3-2-1，各盟市湖泊统计见表 3-2-2。

表 3-2-1　　　　内蒙古自治区各流域湖泊统计表

流域			湖泊数量					
一级	二级	三级	>1000km^2	100～1000km^2	10～100km^2	1～10km^2	<1km^2	0
松花江	额尔古纳河	呼伦湖水系	1	1	0	7	7	27
		海拉尔河	0	0	3	22	15	5
		额尔古纳河	0	0	1	6	2	3
	二级小计		1	1	4	35	24	35
	嫩江	尼尔基以上					0	0
		尼尔基至江桥	0	0	1	1	2	0
		江桥以下	0	0	3	6	10	4
	二级小计		0	0	4	8	12	4
	一级小计		1	1	8	42	36	39
辽河	西辽河	西拉木伦河及老哈河	0	0	1	5	7	2
		乌力吉木仁河	0	0	0	7	13	28
		西辽河（苏家铺以下）	0	0	0	15	7	12
	二级小计		0	0	1	27	27	42
	东辽河	东辽河						0
	辽河干流	柳河口以上	0	0	0	5	1	1
	东北沿黄渤海诸河	沿渤海西部诸河						0
	一级小计		0	0	1	32	28	43
海河	滦河及冀东沿海	滦河山区	0	0	0	0	2	1
	海河北系	永定河册田水库以上						0
		永定河册田水库至三家店区间	0	0	0	0	1	1
		二级小计	0	0	0	0	1	1
	一级小计		0	0	0	0	3	2
黄河	兰州至河口镇	下河沿至石嘴山	0	0	0	1	4	0
		石嘴山至河口镇北岸	0	0	3	13	51	8
		石嘴山至河口镇南岸	0	0	0	1	2	2
	二级小计		0	0	3	15	57	10

续表

流域			湖泊数量					
一级	二级	三级	>1000km^2	100～1000km^2	10～100km^2	1～10km^2	<1km^2	0
黄河	河口镇至龙门	河口镇至龙门左岸						0
		吴家堡以上右岸	0	0	0	3	2	0
		吴家堡以下右岸	0	0	0	0	3	2
	二级小计		0	0	0	3	5	2
	内流区		0	0	3	21	26	18
	一级小计		0	0	6	39	88	30
西北诸河	内蒙古高原内陆河	内蒙古高原内陆区东部	0	1	3	33	17	82
		内蒙古高原内陆区西部	0	0	1	3	5	25
	二级小计		0	1	4	36	22	107
	河西走廊内陆区	黑河	0	0	2	1	1	4
		河西荒漠区	0	0	0	8	30	40
	二级小计		0	0	2	9	31	44
	一级小计		0	1	6	45	53	151
总计			1	2	21	158	208	265

表 3-2-2　内蒙古自治区各盟市湖泊统计表

盟市	湖泊数量					
	>1000km^2	100～1000km^2	10～100km^2	1～10km^2	<1km^2	0
呼伦贝尔市	1	1	4	33	22	35
兴安盟	0	0	4	10	14	8
通辽市	0	0	0	24	18	33
赤峰市	0	1	2	9	11	9
锡林郭勒盟	0	0	2	31	18	80
乌兰察布市	0	0	1	3	6	23
呼和浩特市	0	0	1	0	1	0
包头市	0	0	0	1	0	6
鄂尔多斯市	0	0	3	26	37	22
巴彦淖尔市	0	0	2	11	50	5
阿拉善盟	0	0	2	10	31	44
总计	1	2	21	158	208	265

3.3　按湖泊水面面积年际变化特征分类

3.3.1　分类依据和方法

根据不同时期湖泊水体解译成果，分成两个时间尺度。长时间尺度为 1987—2019 年的 32 年系列（其中 2012 年 Landsat 卫星故障，解译数据不可靠，本次研究不考虑），短时间尺度为 2015—2019 年的 5 年系列。Landsat 卫星遥感影像的空间精度为 30m×30m，至少 3 个像元才能组成水体，因此解译的最小精度为 $0.0081km^2$。按湖泊水面面积年际变化特征分类的依据为：当历年水面面积均大于 $0.0081km^2$ 时，划分为常年有水湖泊；当历年或连续 5 年（包含 5 年）水面面积均小于 $0.0081km^2$，划分为干湖；其余划分为季节性湖泊。分类依据与方法详见图 3-3-1。

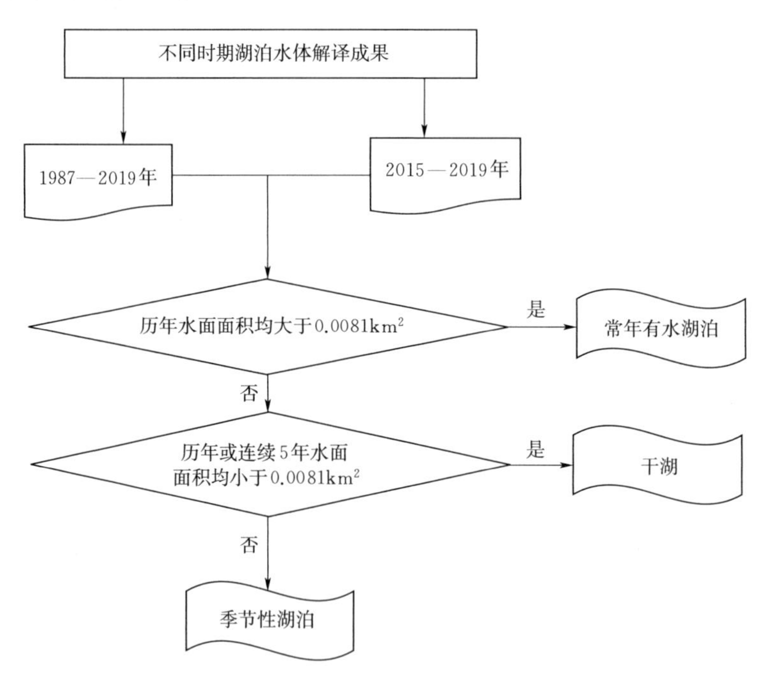

图 3-3-1　按湖泊水面年际变化特征分类技术路线图

3.3.2　常年有水湖泊

按湖泊水面年际变化特征分类结果表明，内蒙古自治区 1987—2019 年的 32 年系列长时间尺度共有常年有水湖泊 205 个，其中松花江流域 76 个、辽河流域 12 个、海河流域 1 个、黄河流域 48 个、西北诸河 68 个。2015—2019 年的 5 年系列短时间尺度共有常年有水湖泊 377 个，其中松花江流域 89 个、辽河流域 59 个、海河流域 3 个、黄河流域 101 个、西北诸河 125 个。详见图 3-3-2 和表 3-3-1。

从空间分布来看，常年有水湖泊主要集中在西北诸河一级区，其次是黄河流域和松花江流域，辽河流域较少，海河流域最少。对比 32 年尺度和 5 年尺度可以看出，近 5 年常年有水湖泊数量有所增加，其中辽河流域增幅最明显，增加了 4 倍，其次是黄河流域与西北诸河，增幅都在 2 倍以上。常年性有水湖泊增加的原因是，近 5 年内蒙古自治区处于降水偏丰时段，大部分季节性河流处于水面面积稳定变化期，大部分季节性湖泊转变为常年有水湖泊。

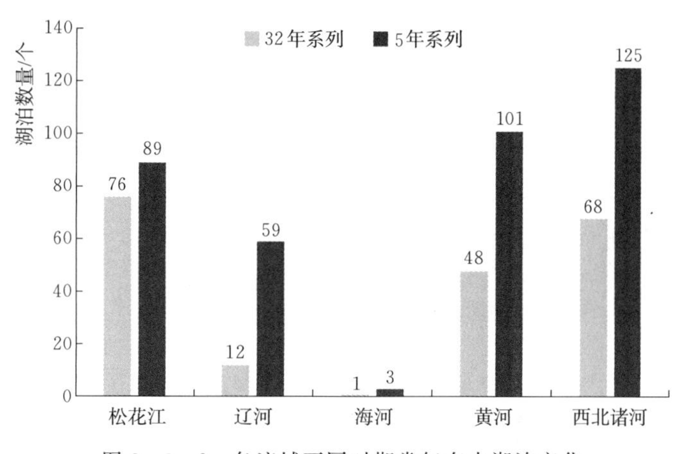

图 3-3-2 各流域不同时期常年有水湖泊变化

3.3.3 季节性湖泊

按湖泊水面年际变化特征分类结果表明，内蒙古自治区 1987—2019 年的 32 年系列长时间尺度共有季节性湖泊 305 个，其中松花江流域 35 个、辽河流域 84 个、海河流域 2 个、黄河流域 81 个、西北诸河 103 个；2015—2019 年的 5 年系列短时间尺度共有季节性湖泊 186 个，其中松花江流域 29 个、辽河流域 20 个、海河流域 1 个、黄河流域 38 个、西北诸河 98 个。详见图 3-3-3 和表 3-3-1。

从空间分布来看，季节性湖泊主要集中在西北诸河一级区，其次是黄河流域和辽河流域。对比 32 年尺度和 5 年尺度可以看出，近 5 年季节性湖泊数量明显减少。原因是近 5 年内蒙古自治区处于降水偏丰时段，大部分季节性湖泊向常年有水湖泊转化。

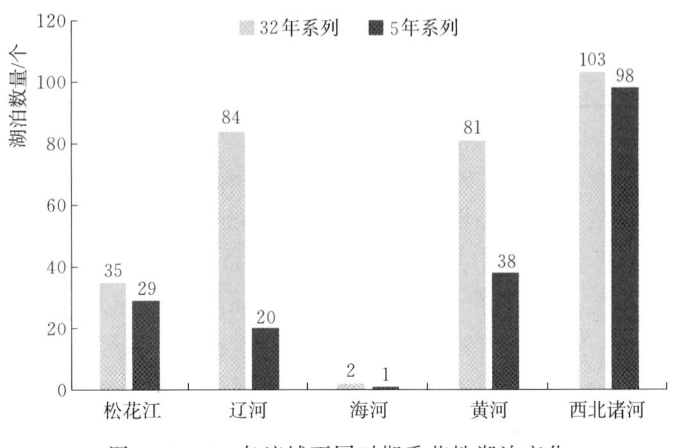

图 3-3-3　各流域不同时期季节性湖泊变化

3.3.4　干湖

按湖泊水面年际变化特征分类结果表明，内蒙古自治区 1987—2019 年的 32 年系列长时间尺度共有干湖 145 个，其中松花江流域 16 个、辽河流域 8 个、海河流域 2 个、黄河流域 34 个、西北诸河 85 个；2015—2019 年的 5 年系列短时间尺度共有干湖 92 个，其中松花江流域 9 个、辽河流域 25 个、海河流域 1 个、黄河流域 24 个、西北诸河 33 个。详见图 3-3-4 和表 3-3-1。

从空间分布来看，干湖主要集中在西北诸河一级区和黄河流域。对比 32 年尺度和 5 年尺度可以看出，近 5 年除辽河流域外，干湖数量明显减少。原因是近 5 年内蒙古自治区处于降水偏丰时段，大部分干湖向季节性湖泊和常年有水湖泊转化。

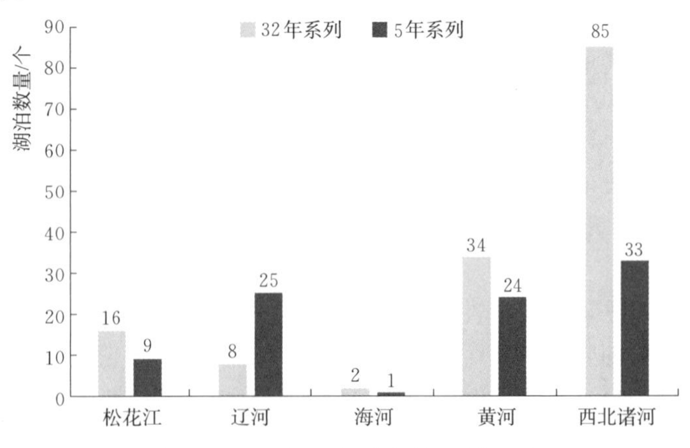

图 3-3-4　各流域不同时期干湖变化

表 3-3-1　　各流域湖泊按水面面积年际特征分类统计表

一级区	二级区	1987—2019 年			2015—2019 年		
		常年有水	季节性	干湖	常年有水	季节性	干湖
松花江	额尔古纳	67	19	14	71	22	7
	嫩江	9	16	2	18	7	2
	小计	76	35	16	89	29	9
辽河	西辽河	12	77	8	54	19	24
	辽河干流	0	7	0	5	1	1
	小计	12	84	8	59	20	25
海河	滦河	0	1	2	2	0	1
	海河北系	1	1	0	1	1	0
	小计	1	2	2	3	1	1
黄河	兰州至河口	28	43	14	55	14	16
	河口至龙门	0	5	5	3	4	3
	内流区	20	33	15	43	20	5
	小计	48	81	34	101	38	24
西北诸河	内蒙古高原	37	78	55	78	76	16
	河西走廊	31	25	30	47	22	17
	小计	68	103	85	125	98	33
总　计		205	305	145	377	186	92

3.4 湖长制分类考核

3.4.1 考核分类的依据

内蒙古自治区湖泊众多，既有呼伦湖、贝尔湖、达里湖这些湖泊面积达到几百甚至上千平方千米的大湖，也有面积仅为几十、几百平方米的小湖。水面面积、水深、水量容积以及水生态状况等，都是反映湖泊规模的重要指标。单纯依靠水面面积并不能完全反映某些少数湖泊的规模，例如水深较大，但是面积较小的阿尔山天池等湖泊。但在这些指标中，水面面积最为容易全面获取，也是快速衡量湖泊变化趋势最可行的方法。

根据《中国湖泊志》《中国湖泊调查报告》《河湖健康评价指南》《内蒙古自治区第一次水利普查公报》等已有成果，将水面面积是否大于 $1km^2$ 作为湖泊的基本界限进行分析统计，部分区域或流域还将该界限值下调至 $0.75km^2$。

本研究根据遥感解译成果，按照上述划分标准，将内蒙古自治区 655 个湖泊历年水面面积大于 $1km^2$ 的湖泊数量进行统计（图 3-4-1），结果表明，除海河流域外（湖泊仅 5 个），各流域水面面积大于 $1km^2$ 的湖泊数量在年际尺度都呈显著的波动变化，且表现出线性递减的趋势。由上述分析可知，考虑到内蒙古湖泊演变的特殊规律，若依照现有规范标准以水面面积是否大于 $1km^2$ 作为湖泊的基本界限进行考核会导致考核基数和范围不断变化，且水面面积是否大于 $1km^2$，在内蒙古自治区并不具有特别意义。

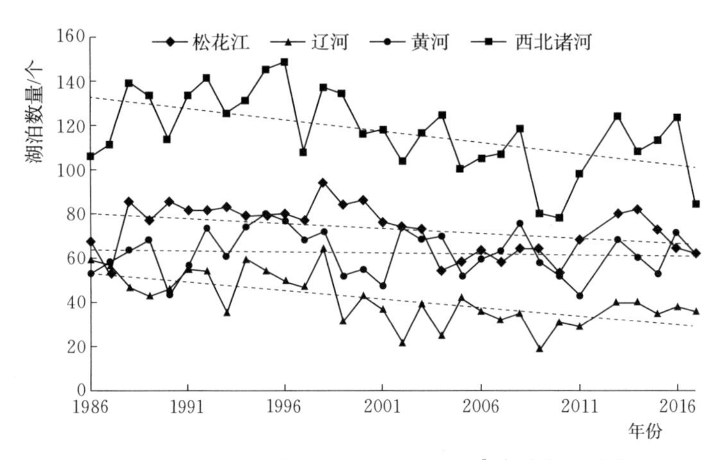

图 3-4-1　各流域水面面积大于 $1km^2$ 湖泊数量变化

水面面积是湖泊核心且易于系统调查的指标，也是湖长考核指标系统中的重要环节。针对内蒙古湖泊年际变化大的特点，采用一定时段尺度来衡量各流域不同湖泊的有无水特征，将湖泊划分为常年有水湖泊、季节性湖泊和干湖，更具有代表性和可操作性。从内蒙古自治区所有气象站的监测数据统计分析来看，最大连续丰水年或连续枯水年均不超过 4 年。因此，考虑降水丰平枯的影响，5 年系列是一个能够包括不同降水特征年份的最短时间尺度。根据 3.3 节研究成果，将有遥感监测数据以来 32 年系列作为最长时间时间尺度，与 5 年系列尺度进行对比，结果表明，不同时间尺度湖泊的有无水特征差异较大（表 3-3-1），湖泊水域面积受气候变化和人类活动共同影响，32 年长系列尺度更能反映在变化环境下内蒙古自治区各流域湖泊的本底属性，5 年短系列尺度则侧重反映现状下垫面条件和开发利用背景下的现状属性。因此，从湖长制实施治理的可操作性角度来看，应以近 5 年尺度的水面面积特征作为考核分类依据。

3.4.2　考核类别调整的原则

由于湖泊水面面积在年内和年际间持续变化，所以各类湖泊的湖长制考核名录并不是固定不变。

1. 湖泊水面面积减小考核不降级原则

按照相关规定，纳入湖长制考核指标体系的湖泊应该力求湖泊面积不萎缩，当湖泊由常年性湖泊演变为季节性湖泊甚至干涸湖泊时，或者由季节性湖泊演变为干涸湖泊时，湖泊不应由原所在名录剔除，且仍按照所在类别湖泊考核，即考核不降级。

2. 湖泊水面面积增加考核升级原则

对于一些干涸的湖泊，未来随着自然发展或者人类干预，演变为连续多年持续有水（常年性或者季节性）的湖泊，则该湖泊应由原所在的干涸湖泊类湖长制考核名录剔除，加入季节性湖泊的湖长制考核名录，或加入常年有水湖泊的湖长制考核名录。

3. 湖泊水面面积完整性原则

对于跨盟市、跨旗县区的湖泊，应保持湖泊水面面积的完整性，不应仅以行政分区范围内湖泊水面是否有水进行考核，一个湖泊不管跨几个行政区域、在哪几个行政区域内有水或无水，都应按照湖泊整体进行考虑，即一个湖泊涉及多个行政区的，采用同一套考核指标体系和考核标准。这类湖泊有横跨阿拉善盟和巴彦淖尔市的一分场海子，横跨东胜区和伊金霍洛旗的桃力庙海子，横跨乌审旗和伊金霍洛旗的察汗淖、光明海和奎子淖，横跨东乌珠穆沁旗和乌拉盖管理区的霍布仁诺尔，横跨东乌珠穆沁旗和西乌珠穆沁旗的伊和达布斯，科左后旗的协日嘎泡子等。

对于因降水导致湖泊连片的情况，应保持湖泊水面面积的完整性，连片的湖泊按照一个整体进行统筹考虑，不应再分开考核。这类湖泊主要分布在内蒙古高原二级区的锡林郭勒盟境内，如哈布特盖淖日、特格淖日和滚淖日这 3 个湖泊在 32 年历史中共有 13 年出现相互连通成为一个完整的大湖，准伊和诺尔和浑德仑诺尔这两个湖泊在 32 年历史中共有 5 年出现相互连通，绍荣音诺尔、乌兰盖戈壁、劳日特昭巴润阿尔、恰本阿尔淖尔、塔日牙诺尔、乌日图淖日、伊和诺尔、阿尔勒诺尔这 8 个湖泊在 32 年历史中共有 8 年出现相互连通。

3.4.3 湖长制分类考核名录

根据 3.4.1 小节的分类依据，以近 5 年尺度的水面面积特征进行考核分类，内蒙古自治区 655 个纳入湖长制考核的湖泊汇总，划分为常年有水湖泊的有 377 个，划分为季节性湖泊的有 186 个，划分为干湖的有 92 个，各类湖泊的湖长制考核湖泊名录分别见表 3-4-1～表 3-4-3。

表3-4-1　近5年内蒙古自治区划分为干涸湖泊的湖长制考核湖泊名录（按水资源分区排序）

序号	湖泊名称	盟市	一级流域	二级流域	三级流域	所在旗县（市、区）	临湖苏木（乡、镇）	经度/(°)	纬度/(°)
1	二卡牧场湖	呼伦贝尔市	松花江	额尔古纳河	呼伦湖水系	满洲里市	新开河镇	117.770	49.501
2	巴润湖	呼伦贝尔市	松花江	额尔古纳河	呼伦湖水系	新巴尔虎右旗	阿拉坦额莫勒镇	117.055	48.697
3	查干诺尔	呼伦贝尔市	松花江	额尔古纳河	海拉尔河	陈巴尔虎旗	巴彦库仁镇	119.269	49.309
4	天池	兴安盟	松花江	额尔古纳河	呼伦湖水系	阿尔山市	天池镇	120.405	47.317
5	布日金呼舒	呼伦贝尔市	松花江	额尔古纳河	海拉尔河	新巴尔虎左旗	嵯岗镇	117.970	49.472
6	哈日陶日木	呼伦贝尔市	松花江	额尔古纳河	海拉尔河	新巴尔虎左旗	嵯岗镇	118.044	49.435
7	海托哈努湖	呼伦贝尔市	松花江	额尔古纳河	海拉尔河	海拉尔区	建设办	119.880	49.228
8	查干胡舒三道坝	兴安盟	松花江	嫩江	江桥以下	科右中旗	代钦塔拉苏木	121.401	45.158
9	神泡子	兴安盟	松花江	嫩江	尼尔基至江桥	扎赉特旗	阿尔本格勒镇	122.471	47.056
10	哲日根台泡子	兴安盟	辽河	西辽河	乌力吉木仁河	科右中旗	好腰苏木	122.104	44.409
11	埫恩淖尔	兴安盟	辽河	西辽河	乌力吉木仁河	科右中旗	好腰苏木	122.125	44.487
12	红雁湖	通辽市	辽河	西辽河	乌力吉木仁河	扎鲁特旗	嘎达苏种畜场	120.905	44.399
13	拉西尼玛淖尔	通辽市	辽河	西辽河	乌力吉木仁河	扎鲁特旗	前德门苏木	121.607	44.579
14	雅门淖尔	通辽市	辽河	西辽河	乌力吉木仁河	扎鲁特旗	前德门苏木	121.511	44.578
15	小雅门淖尔	通辽市	辽河	西辽河	乌力吉木仁河	扎鲁特旗	前德门苏木	121.525	44.567
16	乌合仁浩特格淖尔	通辽市	辽河	西辽河	乌力吉木仁河	扎鲁特旗	前德门苏木	121.429	44.562
17	哈日何乐特格淖尔	通辽市	辽河	西辽河	乌力吉木仁河	扎鲁特旗	前德门苏木	121.440	44.562
18	乌丹淖尔	通辽市	辽河	西辽河	乌力吉木仁河	扎鲁特旗	前德门苏木	121.527	44.576
19	查宾诺尔	赤峰市	辽河	西辽河	乌力吉木仁河	阿鲁科尔沁旗	赛罕塔拉苏木	120.415	44.258
20	花温都尔诺尔	赤峰市	辽河	西辽河	乌力吉木仁河	阿鲁科尔沁旗	坤都镇	120.308	44.398

续表

序号	湖泊名称	盟市	一级流域	二级流域	三级流域	所在旗县（市、区）	临湖苏木（乡、镇）	经度/(°)	纬度/(°)
21	塔林湖	赤峰市	辽河	西辽河	西拉木伦河及老哈河	巴林右旗	达尔罕街道	118.769	43.494
22	野鸭湖	赤峰市	辽河	西辽河	西拉木伦河及老哈河	克什克腾旗	乌兰布统苏木	117.173	42.580
23	公主湖	赤峰市	辽河	西辽河	西拉木伦河及老哈河	克什克腾旗	乌兰布统苏木	117.123	42.655
24	大东泡子	赤峰市	辽河	西辽河	西拉木伦河及老哈河	翁牛特旗	乌丹镇	119.073	43.134
25	大泉子泡子	赤峰市	辽河	西辽河	西拉木伦河及老哈河	翁牛特旗	白音套海苏木	119.860	42.972
26	一亩地泡子	赤峰市	辽河	西辽河	西拉木伦河及老哈河	翁牛特旗	白音套海苏木	119.872	42.981
27	小奈曼塔拉	通辽市	辽河	西辽河	乌力吉木仁河	科左中旗	珠日河牧场小奈曼塔拉分场西	121.084	44.155
28	黄台基泡子	通辽市	辽河	西辽河	西辽河（苏家铺以下）	扎鲁特旗	乌力吉木仁苏木	121.083	43.933
29	八里泡子	通辽市	辽河	西辽河	西辽河（苏家铺以下）	开鲁县	建华镇	121.496	43.753
30	大方子地泡子	通辽市	辽河	西辽河	西辽河（苏家铺以下）	开鲁县	小街基镇	121.588	43.842
31	福林泡子	通辽市	辽河	西辽河	西辽河（苏家铺以下）	开鲁县	小街基镇	121.407	43.925
32	后琴甸子	通辽市	辽河	西辽河	西辽河（苏家铺以下）	开鲁县	义和塔拉镇	121.140	43.915
33	小泡子	通辽市	辽河	西辽河	西辽河（苏家铺以下）	开鲁县	清河牧场	121.212	43.782
34	芦苇泡子	通辽市	辽河	辽河干流	柳河口以上	科左后旗	孟根达坝牧场	123.014	42.879
35	大水诺尔	赤峰市	海河	滦河及冀东沿海	滦河山区	克什克腾旗	浩来呼热苏木	116.785	42.770
36	苏家圪卜淖	鄂尔多斯市	黄河	兰州至河口镇	石嘴山至河口镇南岸	东胜区	泊尔江海子镇	109.457	39.900
37	七分场南海子（哈腾套海）	巴彦淖尔市	黄河	兰州至河口镇	石嘴山至河口镇北岸	磴口县	哈腾套海农场	106.985	40.547
38	沈柱海子	巴彦淖尔市	黄河	兰州至河口镇	石嘴山至河口镇北岸	五原县	银定图镇	107.706	41.224

续表

序号	湖泊名称	盟市	一级流域	二级流域	三级流域	所在旗县（市、区）	临湖苏木（乡、镇）	经度/(°)	纬度/(°)
39	公布地海子	巴彦淖尔市	黄河	兰州至河口镇	石嘴山至河口镇北岸	五原县	胜丰镇	108.367	40.982
40	联胜前后海子	巴彦淖尔市	黄河	兰州至河口镇	石嘴山至河口镇北岸	五原县	新公中镇	108.056	41.204
41	响壕海子	巴彦淖尔市	黄河	兰州至河口镇	石嘴山至河口镇北岸	五原县	新公中镇	107.973	41.132
42	宝圪岱海子	巴彦淖尔市	黄河	兰州至河口镇	石嘴山至河口镇北岸	五原县	塔尔湖镇	107.796	41.096
43	春光七社杨八海子	巴彦淖尔市	黄河	兰州至河口镇	石嘴山至河口镇北岸	五原县	塔尔湖镇	107.893	41.059
44	先锋二社海子	巴彦淖尔市	黄河	兰州至河口镇	石嘴山至河口镇北岸	五原县	塔尔湖镇	107.904	41.133
45	连心湖	巴彦淖尔市	黄河	兰州至河口镇	石嘴山至河口镇北岸	五原县	隆兴昌镇	108.200	41.029
46	银湖	巴彦淖尔市	黄河	兰州至河口镇	石嘴山至河口镇北岸	五原县	银定图镇	107.739	41.154
47	三大股海子	巴彦淖尔市	黄河	兰州至河口镇	石嘴山至河口镇北岸	乌拉特中旗	德岭山镇	108.150	41.227
48	杨五旦海子	巴彦淖尔市	黄河	兰州至河口镇	石嘴山至河口镇北岸	乌拉特中旗	德岭山镇	108.154	41.228
49	北郊湿地	巴彦淖尔市	黄河	兰州至河口镇	石嘴山至河口镇北岸	杭锦后旗	陕坝镇	107.104	40.935
50	皿巳卜	包头市	黄河	兰州至河口镇	石嘴山至河口镇北岸	土右旗	将军尧镇	110.800	40.283
51	西海子	包头市	黄河	兰州至河口镇	石嘴山至河口镇北岸	九原区	哈林格尔	109.667	40.508
52	岱度海	鄂尔多斯市	黄河	河口镇至龙门	吴家堡以上右岸	伊金霍洛旗	伊金霍洛镇	109.687	39.375
53	伊和布拉格小湖	鄂尔多斯市	黄河	河口镇至龙门	吴家堡以上右岸	伊金霍洛旗	伊金霍洛镇	109.775	39.385
54	苏贝淖（呼和忙哈淖尔）	鄂尔多斯市	黄河	河口镇至龙门	吴家堡以下右岸	乌审旗	苏力德苏木	108.529	38.393
55	乌兰淖尔（乌兰淖湖）	鄂尔多斯市	黄河	内流区	内流区	伊金霍洛旗	红庆河镇	109.270	39.386
56	哈达图淖	鄂尔多斯市	黄河	内流区	内流区	鄂托克旗	苏米图苏木	108.361	38.939

续表

序号	湖泊名称	盟市	一级流域	二级流域	三级流域	所在旗县（市、区）	临湖苏木（乡、镇）	经度/(°)	纬度/(°)
57	公乌素湖	鄂尔多斯市	黄河	内流区	内流区	鄂托克旗	乌兰镇	108.312	39.131
58	巴嘎淖尔（萨如拉怒图嘎查）	鄂尔多斯市	黄河	内流区	内流区	乌审旗	嘎鲁图镇	108.524	38.713
59	大斯布扣淖	鄂尔多斯市	黄河	内流区	内流区	乌审旗	乌审召镇	108.690	39.221
60	柴达木	赤峰市	西北诸河	内蒙古高原内陆河	内蒙古高原内陆区东部	克什克腾旗	达日罕乌拉苏木	116.578	43.322
61	额仁诺尔	锡林郭勒盟	西北诸河	内蒙古高原内陆河	内蒙古高原内陆区东部	西乌旗	乌兰哈拉嘎苏木	117.992	45.239
62	呼和陶勒盖淖尔	锡林郭勒盟	西北诸河	内蒙古高原内陆河	内蒙古高原内陆区东部	正镶白旗	伊和淖日苏木	115.193	42.620
63	都贵淖日	锡林郭勒盟	西北诸河	内蒙古高原内陆河	内蒙古高原内陆区东部	东乌珠穆沁旗	呼热图	118.763	45.372
64	道特诺尔	锡林郭勒盟	西北诸河	内蒙古高原内陆河	内蒙古高原内陆区东部	东乌珠穆沁旗	道特	118.146	45.491
65	道图淖尔	锡林郭勒盟	西北诸河	内蒙古高原内陆河	内蒙古高原内陆区东部	正蓝旗	那日图苏木	115.887	42.976
66	阿拉达布斯	锡林郭勒盟	西北诸河	内蒙古高原内陆河	内蒙古高原内陆区东部	东乌珠穆沁旗	呼热图	117.844	45.442
67	巴嘎淖日	锡林郭勒盟	西北诸河	内蒙古高原内陆河	内蒙古高原内陆区东部	东乌珠穆沁旗	呼热图	118.150	45.512
68	闫家海	乌兰察布市	西北诸河	内蒙古高原内陆河	内蒙古高原内陆区西部	察右后旗	锡勒乡	112.784	41.165
69	红海子	乌兰察布市	西北诸河	内蒙古高原内陆河	内蒙古高原内陆区西部	商都县	三大顷乡	113.334	41.541
70	浩勒图音淖日	锡林郭勒盟	西北诸河	内蒙古高原内陆河	内蒙古高原内陆区东部	正蓝旗	桑根达来镇	116.292	42.635
71	道德高希玛嘎音日	锡林郭勒盟	西北诸河	内蒙古高原内陆河	内蒙古高原内陆区东部	正蓝旗	桑根达来镇	115.762	42.754
72	准伊和诺尔	锡林郭勒盟	西北诸河	内蒙古高原内陆河	内蒙古高原内陆区东部	东乌珠穆沁旗	嘎海乐	118.099	46.454
73	哈尔查布音淖日	锡林郭勒盟	西北诸河	内蒙古高原内陆河	内蒙古高原内陆区东部	苏尼特右旗	乌日根塔拉镇	113.048	43.373
74	乌兰沙勒	锡林郭勒盟	西北诸河	内蒙古高原内陆河	内蒙古高原内陆区东部	苏尼特右旗	乌日根塔拉镇	113.177	43.408

续表

序号	湖泊名称	盟市	一级流域	二级流域	三级流域	所在旗县（市、区）	临湖苏木（乡、镇）	经度/(°)	纬度/(°)
75	巴拉嘎斯	锡林郭勒盟	西北诸河	内蒙古高原内陆河	内蒙古高原内陆区东部	苏尼特左旗	巴彦淖尔镇	114.852	43.079
76	扎格图湖	阿拉善盟	西北诸河	河西走廊内陆区	河西荒漠区	阿拉善左旗	巴彦浩特镇	104.817	38.383
77	古尔班扎干柴达木	阿拉善盟	西北诸河	河西走廊内陆区	河西荒漠区	阿拉善左旗	吉兰泰镇	105.883	39.967
78	古尔班扎干柴达木湖	阿拉善盟	西北诸河	河西走廊内陆区	河西荒漠区	阿拉善左旗	吉兰泰镇	105.900	39.983
79	浩努润根柴达木	阿拉善盟	西北诸河	河西走廊内陆区	河西荒漠区	阿拉善左旗	吉兰泰镇	105.917	39.983
80	准浑德仑柴达木	阿拉善盟	西北诸河	河西走廊内陆区	河西荒漠区	阿拉善左旗	吉兰泰镇	106.017	39.933
81	吉兰泰盐湖 2	阿拉善盟	西北诸河	河西走廊内陆区	河西荒漠区	阿拉善左旗	吉兰泰镇	105.700	39.717
82	查干哈格	阿拉善盟	西北诸河	河西走廊内陆区	河西荒漠区	阿拉善左旗	巴彦诺日公苏木	105.083	39.367
83	茨湖	阿拉善盟	西北诸河	河西走廊内陆区	河西荒漠区	阿拉善左旗	额尔克哈什哈苏木	104.250	38.400
84	园湖	阿拉善盟	西北诸河	河西走廊内陆区	河西荒漠区	阿拉善左旗	额尔克哈什哈苏木	104.200	38.517
85	巴彦克湖	阿拉善盟	西北诸河	河西走廊内陆区	河西荒漠区	阿拉善左旗	额尔克哈什哈苏木	104.400	38.417
86	一分场海子	阿拉善盟	西北诸河	河西走廊内陆区	河西荒漠区	阿拉善左旗	敖伦布拉格镇	106.483	40.483
87	哈尔布罕柴达木	阿拉善盟	西北诸河	河西走廊内陆区	河西荒漠区	阿拉善左旗	吉兰泰镇	105.800	39.833
88	沃门扎克湖	阿拉善盟	西北诸河	河西走廊内陆区	河西荒漠区	阿拉善左旗	超格图呼热苏木	104.467	38.417
89	巴格淖尔	阿拉善盟	西北诸河	河西走廊内陆区	黑河	额济纳旗	赛汉陶来	100.250	42.417
90	呼拉郭	阿拉善盟	西北诸河	河西走廊内陆区	黑河	额济纳旗	赛汉陶来	100.083	42.400
91	古鲁乃湖	阿拉善盟	西北诸河	河西走廊内陆区	黑河	额济纳旗	东风镇	101.300	40.667
92	拐子湖	阿拉善盟	西北诸河	河西走廊内陆区	黑河	额济纳旗	温图高勒	102.550	41.367

表 3-4-2 近 5 年内蒙古自治区划分为季节性湖泊湖长制考核湖泊名录（按水资源分区排序）

序号	湖泊名称	盟市	一级流域	二级流域	三级流域	所在旗县（市、区）	临湖苏木（乡、镇）	经度/(°)	纬度/(°)	5 年平均湖泊面积/km^2
1	查干诺尔	呼伦贝尔市	松花江	额尔古纳河	呼伦湖水系	新巴尔虎右旗	克尔伦苏木	116.46	48.09	2.290
2	阿尔善乃查干诺尔	呼伦贝尔市	松花江	额尔古纳河	呼伦湖水系	新巴尔虎右旗	克尔伦苏木	116.61	48.16	1.639
3	巴润萨宾诺尔	呼伦贝尔市	松花江	额尔古纳河	呼伦湖水系	新巴尔虎右旗	阿拉坦额莫勒镇	116.90	48.79	0.582
4	伊贺诺尔	呼伦贝尔市	松花江	额尔古纳河	海拉尔河	新巴尔虎左旗	嵯岗镇	118.22	49.18	0.443
5	哈日诺尔（二）	呼伦贝尔市	松花江	额尔古纳河	呼伦湖水系	新巴尔虎右旗	阿拉坦额莫勒镇	116.55	48.77	1.567
6	东河口湖（陶森诺尔）	呼伦贝尔市	松花江	额尔古纳河	呼伦湖水系	新巴尔虎左旗	吉布胡郎图苏木	117.65	48.93	0.040
7	乌兰诺日	呼伦贝尔市	松花江	额尔古纳河	海拉尔河	新巴尔虎左旗	乌布尔宝力格苏木	119.07	48.15	0.163
8	查干诺尔	呼伦贝尔市	松花江	额尔古纳河	海拉尔河	陈巴尔虎旗	巴彦哈达苏木	119.53	49.48	0.695
9	呼吉尔诺尔	呼伦贝尔市	松花江	额尔古纳河	海拉尔河	鄂温克旗	巴彦托海镇	119.69	49.13	0.563
10	乌兰淖尔	呼伦贝尔市	松花江	额尔古纳河	额尔古纳河	陈巴尔虎旗	巴彦哈达苏木	119.27	50.03	0.112
11	阿拉达尔图	呼伦贝尔市	松花江	额尔古纳河	海拉尔河	新巴尔虎左旗	新宝力格苏木	118.79	48.47	0.756
12	苏敏诺日	呼伦贝尔市	松花江	额尔古纳河	呼伦湖水系	新巴尔虎左旗	吉布胡郎图苏木	118.16	48.81	0.549
13	东庙湖	呼伦贝尔市	松花江	额尔古纳河	呼伦湖水系	新巴尔虎右旗	阿拉坦额莫勒镇	116.97	48.83	0.087
14	善丁诺尔	呼伦贝尔市	松花江	额尔古纳河	呼伦湖水系	新巴尔虎右旗	阿日哈沙特镇	116.34	48.51	0.707
15	巴嘎萨宾诺日	呼伦贝尔市	松花江	额尔古纳河	呼伦湖水系	新巴尔虎左旗	吉布胡郎图苏木	118.17	48.75	0.510

续表

序号	湖泊名称	盟市	一级流域	二级流域	三级流域	所在旗县（市、区）	临湖苏木（乡、镇）	经度/(°)	纬度/(°)	5年平均湖泊面积/km^2
16	交罗不地湖	呼伦贝尔市	松花江	额尔古纳河	呼伦湖水系	新巴尔虎右旗	宝格德乌拉苏木	116.93	48.55	0.039
17	准萨宾诺尔	呼伦贝尔市	松花江	额尔古纳河	呼伦湖水系	新巴尔虎右旗	阿拉坦额莫勒镇	116.93	48.80	0.047
18	博乌拉	呼伦贝尔市	松花江	额尔古纳河	呼伦湖水系	新巴尔虎左旗	吉布胡郎图苏木	117.64	48.82	0.242
19	哈日诺尔（一）	呼伦贝尔市	松花江	额尔古纳河	呼伦湖水系	新巴尔虎右旗	克尔伦苏木	115.67	48.12	0.137
20	伊和雅马特	呼伦贝尔市	松花江	额尔古纳河	呼伦湖水系	新巴尔虎右旗	阿拉坦额莫勒镇	116.68	48.78	0.295
21	加里代山湖	呼伦贝尔市	松花江	额尔古纳河	呼伦湖水系	新巴尔虎右旗	阿拉坦额莫勒镇	117.11	48.69	0.049
22	大日给彦乃诺尔	呼伦贝尔市	松花江	额尔古纳河	呼伦湖水系	新巴尔虎右旗	达赉苏木	117.00	48.95	0.645
23	索金布勒格湖	兴安盟	松花江	嫩江	江桥以下	突泉县	太平乡	121.76	45.28	0.062
24	查干胡舒二道坝	兴安盟	松花江	嫩江	江桥以下	科右中旗	代钦塔拉苏木	121.39	45.16	
25	窑艾里碱土泡子	兴安盟	松花江	嫩江	江桥以下	科右中旗	巴彦呼舒镇	121.43	45.10	0.079
26	哈日巴达湿地	兴安盟	松花江	嫩江	江桥以下	科右中旗	新佳木	122.19	45.25	0.363
27	扎哈淖尔	通辽市	松花江	嫩江	江桥以下	扎鲁特旗	格日朝鲁苏木	119.43	45.39	0.252
28	敦德淖尔	通辽市	松花江	嫩江	江桥以下	扎鲁特旗	格日朝鲁苏木	119.39	45.40	0.259
29	辉腾淖尔	通辽市	松花江	嫩江	江桥以下	扎鲁特旗	格日朝鲁苏木	119.36	45.40	2.990
30	西布敦化泡子	兴安盟	辽河	西辽河	乌力吉木仁河	科右中旗	巴彦呼舒镇	121.43	44.93	0.215
31	乌兰章古淖尔	兴安盟	辽河	西辽河	乌力吉木仁河	科右中旗	好腰苏木	122.14	44.46	0.168
32	其和尔台哈嘎	通辽市	辽河	西辽河	乌力吉木仁河	扎鲁特旗	乌额格其牧场	121.25	44.64	1.158
33	五家子泡子	通辽市	辽河	西辽河	西辽河（苏家铺以下）	科左后旗	阿都沁苏木	122.98	43.40	0.068

续表

序号	湖泊名称	盟市	一级流域	二级流域	三级流域	所在旗县（市、区）	临湖苏木（乡、镇）	经度/(°)	纬度/(°)	5年平均湖泊面积/km^2
34	牧一分场泡子	通辽市	辽河	西辽河	乌力吉木仁河	扎鲁特旗	乌额格其牧场	121.25	44.70	0.156
35	满都呼泡子	通辽市	辽河	西辽河	西辽河（苏家铺以下）	扎鲁特旗	乌力吉木仁苏木	121.02	43.91	0.410
36	绍根淖尔	通辽市	辽河	西辽河	西辽河（苏家铺以下）	扎鲁特旗	乌力吉木仁苏木	120.99	43.86	0.146
37	查干淖尔	通辽市	辽河	西辽河	乌力吉木仁河	扎鲁特旗	乌力吉木仁苏木	120.79	44.03	0.079
38	无名称泡子	通辽市	辽河	西辽河	西辽河（苏家铺以下）	扎鲁特旗	乌力吉木仁苏木	120.96	43.89	0.324
39	前德门嘎查东湖	通辽市	辽河	西辽河	乌力吉木仁河	扎鲁特旗	前德门苏木	121.52	44.63	0.048
40	达木西嘎淖尔	通辽市	辽河	西辽河	乌力吉木仁河	扎鲁特旗	前德门苏木	121.40	44.57	0.124
41	乌和朝鲁诺尔	赤峰市	辽河	西辽河	乌力吉木仁河	阿鲁科尔沁旗	扎嘎斯台镇	120.45	43.95	0.421
42	朝力干诺尔	赤峰市	辽河	西辽河	乌力吉木仁河	阿鲁科尔沁旗	扎嘎斯台镇	120.63	44.10	0.139
43	图古日格诺尔	赤峰市	辽河	西辽河	乌力吉木仁河	阿鲁科尔沁旗	坤都镇	120.23	44.36	0.125
44	哈尔呼舒哈嘎	通辽市	辽河	西辽河	乌力吉木仁河	科左中旗	珠日河牧场南哈日胡硕东北	121.47	44.35	0.575
45	乃门他拉泡子	通辽市	辽河	西辽河	西辽河（苏家铺以下）	科左中旗	珠日河牧场乃门他拉分场南	121.97	44.13	1.117
46	南好力宝	通辽市	辽河	西辽河	乌力吉木仁河	科左中旗	珠日河牧场五分场西南	121.23	44.21	0.195

续表

序号	湖泊名称	盟市	一级流域	二级流域	三级流域	所在旗县（市、区）	临湖苏木（乡、镇）	经度/(°)	纬度/(°)	5年平均湖泊面积/km²
47	乌兰托里托诺尔	通辽市	辽河	西辽河	乌力吉木仁河	科左中旗	珠日河牧场五分场东南	121.28	44.24	0.616
48	柴达木泡子	通辽市	辽河	西辽河	西辽河（苏家铺以下）	开鲁县	义和塔拉镇	121.07	43.79	0.115
49	二莫力泡子	通辽市	辽河	辽河干流	柳河口以上	科左后旗	查日苏镇	123.03	43.02	0.183
50	依核淖尔	乌兰察布市	海河	海河北系	永定河册田水库至三家店区间	察右前旗	黄茂营	113.54	40.97	0.155
51	乌兰柴达木（乌兰柴登淖）	鄂尔多斯市	黄河	兰州至河口镇	下河沿至石嘴山	鄂托克旗	乌兰镇	108.12	39.03	0.528
52	察汗淖	鄂尔多斯市	黄河	兰州至河口镇	下河沿至石嘴山	鄂托克旗	乌兰镇	107.97	38.82	0.125
53	五里地海子	巴彦淖尔市	黄河	兰州至河口镇	石嘴山至河口镇北岸	磴口县	乌兰布和农场	106.99	40.45	0.073
54	天籁湖（孟王栓海子）	巴彦淖尔市	黄河	兰州至河口镇	石嘴山至河口镇北岸	五原县	胜丰镇	108.32	41.01	0.478
55	西翠湖	巴彦淖尔市	黄河	兰州至河口镇	石嘴山至河口镇北岸	磴口县	巴彦高勒镇	106.98	40.32	0.074
56	章嘉庙海子	巴彦淖尔市	黄河	兰州至河口镇	石嘴山至河口镇北岸	临河区	八一办事处章嘉庙村	107.48	40.81	0.216
57	哈达淖尔海子	巴彦淖尔市	黄河	兰州至河口镇	石嘴山至河口镇北岸	临河区	狼山农场	107.38	41.05	0.074

续表

序号	湖泊名称	盟市	一级流域	二级流域	三级流域	所在旗县（市、区）	临湖苏木（乡、镇）	经度/(°)	纬度/(°)	5年平均湖泊面积/km^2
58	改兰南海子	巴彦淖尔市	黄河	兰州至河口镇	石嘴山至河口镇北岸	五原县	塔尔湖镇	107.79	41.05	0.089
59	改兰北海子	巴彦淖尔市	黄河	兰州至河口镇	石嘴山至河口镇北岸	五原县	塔尔湖镇	107.79	41.05	0.087
60	巴美湖	巴彦淖尔市	黄河	兰州至河口镇	石嘴山至河口镇北岸	五原县	塔尔湖镇	107.89	41.11	0.064
61	鸿雁湖	巴彦淖尔市	黄河	兰州至河口镇	石嘴山至河口镇北岸	五原县	隆兴昌镇	108.19	41.00	0.039
62	隆兴湖	巴彦淖尔市	黄河	兰州至河口镇	石嘴山至河口镇北岸	五原县	隆兴昌镇	108.20	41.06	0.054
63	泰湖	巴彦淖尔市	黄河	兰州至河口镇	石嘴山至河口镇北岸	五原县	天吉泰镇	107.73	40.91	0.050
64	乌兰布和沙漠旅游区湖	巴彦淖尔市	黄河	兰州至河口镇	石嘴山至河口镇北岸	杭锦后旗	太阳庙农场	106.72	40.80	0.272
65	布寨淖尔	鄂尔多斯市	黄河	河口镇至龙门	吴家堡以下右岸	乌审旗	嘎鲁图镇	108.82	38.76	
66	巴嘎淖尔（布寨嘎查）	鄂尔多斯市	黄河	河口镇至龙门	吴家堡以下右岸	乌审旗	嘎鲁图镇	108.86	38.74	0.144
67	查干扎达盖淖尔	鄂尔多斯市	黄河	河口镇至龙门	吴家堡以下右岸	乌审旗	嘎鲁图镇	108.76	38.74	0.076
68	呼吉尔特蓄洪区	鄂尔多斯市	黄河	河口镇至龙门	吴家堡以下右岸	乌审旗	图克镇	109.56	38.83	0.263
69	纳林淖尔（大）	鄂尔多斯市	黄河	内流区	内流区	鄂托克旗	木凯淖尔镇	108.31	38.69	0.535
70	呼和淖（呼和淖尔）	鄂尔多斯市	黄河	内流区	内流区	鄂托克前旗	阿日赖嘎查	107.50	38.54	0.211

续表

序号	湖泊名称	盟市	一级流域	二级流域	三级流域	所在旗县（市、区）	临湖苏木（乡、镇）	经度/(°)	纬度/(°)	5年平均湖泊面积/km²
71	哈塔兔淖湖(北哈达图淖)	鄂尔多斯市	黄河	内流区	内流区	伊金霍洛旗	苏布尔嘎镇	109.34	39.53	0.793
72	陶尔庙淖尔	鄂尔多斯市	黄河	内流区	内流区	乌审旗	苏力德苏木	108.68	38.57	0.626
73	乌兰淖尔	鄂尔多斯市	黄河	内流区	内流区	乌审旗	嘎鲁图镇	108.54	38.68	0.684
74	呼勒斯淖	鄂尔多斯市	黄河	内流区	内流区	鄂托克前旗	呼芦素淖日	107.78	37.89	0.087
75	沙克巴图淖	鄂尔多斯市	黄河	内流区	内流区	鄂托克前旗	阿日勒嘎查	107.90	38.03	0.315
76	广丰淖	鄂尔多斯市	黄河	内流区	内流区	杭锦旗	锡尼镇	108.84	39.45	0.169
77	敖各窑淖	鄂尔多斯市	黄河	内流区	内流区	杭锦旗	锡尼镇	108.97	39.43	0.049
78	察哈淖尔	鄂尔多斯市	黄河	内流区	内流区	杭锦旗	呼和木独镇	107.51	40.47	2.372
79	巴嘎淖尔（呼和淖尔嘎查）	鄂尔多斯市	黄河	内流区	内流区	乌审旗	嘎鲁图镇	108.57	38.93	0.295
80	额如和淖尔	鄂尔多斯市	黄河	内流区	内流区	乌审旗	嘎鲁图镇	108.54	38.66	0.231
81	铁面哈达淖（特门哈达淖）	鄂尔多斯市	黄河	内流区	内流区	乌审旗	嘎鲁图镇	108.61	38.64	0.591
82	沙几淖	鄂尔多斯市	黄河	内流区	内流区	乌审旗	嘎鲁图镇	108.58	38.65	0.438
83	哈玛日格台淖	鄂尔多斯市	黄河	内流区	内流区	乌审旗	嘎鲁图镇	108.67	39.00	0.199
84	达坝淖（达瓦淖尔湖）	鄂尔多斯市	黄河	内流区	内流区	乌审旗	乌审召镇	108.76	39.22	2.015
85	木肯淖尔湖	鄂尔多斯市	黄河	内流区	内流区	乌审旗	乌审召镇	108.82	39.30	0.685
86	潮河	鄂尔多斯市	黄河	内流区	内流区	乌审旗	乌审召镇	108.99	39.27	0.050
87	桃力庙海子（阿拉善湾、阿拉善海子）	鄂尔多斯市	黄河	内流区	内流区	伊金霍洛旗	苏布尔嘎镇	109.31	39.79	0.545
88	桃力庙海子（阿拉善湾、阿拉善海子）	鄂尔多斯市	黄河	内流区	内流区	伊金霍洛旗	苏布尔嘎镇	109.31	39.79	2.725

续表

序号	湖泊名称	盟市	一级流域	二级流域	三级流域	所在旗县（市、区）	临湖苏木（乡、镇）	经度/(°)	纬度/(°)	5年平均湖泊面积/km^2
89	哈尔淖尔	包头市	西北诸河	内蒙古高原内陆河	内蒙古高原内陆区西部	达茂旗	巴音花镇	109.87	42.36	1.890
90	腾格尔淖尔	包头市	西北诸河	内蒙古高原内陆河	内蒙古高原内陆区西部	达茂旗	查干哈达苏木	110.68	42.44	14.444
91	小达来诺尔	赤峰市	西北诸河	内蒙古高原内陆河	内蒙古高原内陆区东部	克什克腾旗	达日罕乌拉苏木	116.72	43.34	0.605
92	宝音图诺尔	赤峰市	西北诸河	内蒙古高原内陆河	内蒙古高原内陆区东部	克什克腾旗	达日罕乌拉苏木	116.84	43.37	0.021
93	巴伦诺尔	锡林郭勒盟	西北诸河	内蒙古高原内陆河	内蒙古高原内陆区东部	西乌旗	吉林郭勒镇	116.60	44.77	0.150
94	柴达木诺尔	锡林郭勒盟	西北诸河	内蒙古高原内陆河	内蒙古高原内陆区东部	西乌旗	巴彦胡舒苏木	117.56	44.93	0.813
95	柴达木诺尔	锡林郭勒盟	西北诸河	内蒙古高原内陆河	内蒙古高原内陆区东部	西乌旗	巴彦胡舒苏木	117.35	44.65	0.559
96	哈夏图淖日	锡林郭勒盟	西北诸河	内蒙古高原内陆河	内蒙古高原内陆区东部	太仆寺旗	贡宝拉格苏木	115.25	41.67	1.162
97	新弟房湖	锡林郭勒盟	西北诸河	内蒙古高原内陆河	内蒙古高原内陆区东部	太仆寺旗	幸福乡	115.16	41.62	0.124
98	阿拉腾嘎达斯淖尔	锡林郭勒盟	西北诸河	内蒙古高原内陆河	内蒙古高原内陆区东部	正镶白旗	乌兰察布苏木	114.82	42.68	2.911
99	浩拉图淖尔	锡林郭勒盟	西北诸河	内蒙古高原内陆河	内蒙古高原内陆区东部	正镶白旗	伊和淖日苏木	114.96	42.65	0.321

续表

序号	湖泊名称	盟市	一级流域	二级流域	三级流域	所在旗县（市、区）	临湖苏木（乡、镇）	经度/(°)	纬度/(°)	5年平均湖泊面积/km²
100	查干诺尔	锡林郭勒盟	西北诸河	内蒙古高原内陆河	内蒙古高原内陆区东部	锡林浩特市	朝克乌拉苏木查干淖尔嘎查	116.22	44.56	1.640
101	特格淖日	锡林郭勒盟	西北诸河	内蒙古高原内陆河	内蒙古高原内陆区东部	东乌珠穆沁旗	呼热图	118.13	45.61	3.857
102	绍荣音诺尔	锡林郭勒盟	西北诸河	内蒙古高原内陆河	内蒙古高原内陆区东部	东乌珠穆沁旗	满都	118.27	45.73	4.992
103	乌腊德达布苏	锡林郭勒盟	西北诸河	内蒙古高原内陆河	内蒙古高原内陆区东部	东乌珠穆沁旗	嘎海乐	118.60	45.80	1.118
104	吉格斯台淖尔	锡林郭勒盟	西北诸河	内蒙古高原内陆河	内蒙古高原内陆区东部	正蓝旗	宝绍岱苏木	115.52	42.59	0.046
105	阿斯嘎淖尔	锡林郭勒盟	西北诸河	内蒙古高原内陆河	内蒙古高原内陆区东部	正蓝旗	上都镇	115.56	42.20	0.080
106	呼和淖尔	锡林郭勒盟	西北诸河	内蒙古高原内陆河	内蒙古高原内陆区东部	正蓝旗	那日图苏木	115.93	43.07	0.277
107	宏图淖尔	锡林郭勒盟	西北诸河	内蒙古高原内陆河	内蒙古高原内陆区东部	正蓝旗	那日图苏木	115.92	43.06	0.412
108	伊和淖尔	锡林郭勒盟	西北诸河	内蒙古高原内陆河	内蒙古高原内陆区东部	正蓝旗	那日图苏木	115.95	43.01	0.053
109	哈日淖	锡林郭勒盟	西北诸河	内蒙古高原内陆河	内蒙古高原内陆区东部	阿巴嘎旗	别力古台镇	114.80	44.23	0.506
110	毛瑞淖日	锡林郭勒盟	西北诸河	内蒙古高原内陆河	内蒙古高原内陆区东部	东乌珠穆沁旗	嘎海乐	117.86	46.36	0.111

续表

序号	湖泊名称	盟市	一级流域	二级流域	三级流域	所在旗县（市、区）	临湖苏木（乡、镇）	经度/(°)	纬度/(°)	5年平均湖泊面积/km^2
111	滚淖日	锡林郭勒盟	西北诸河	内蒙古高原内陆河	内蒙古高原内陆区东部	东乌珠穆沁旗	呼热图	118.18	45.57	2.339
112	巴润查布	锡林郭勒盟	西北诸河	内蒙古高原内陆河	内蒙古高原内陆区东部	东乌珠穆沁旗	嘎海乐	117.94	46.40	0.586
113	莫石盖海子	乌兰察布市	西北诸河	内蒙古高原内陆河	内蒙古高原内陆区西部	察右后旗	白音察干镇	113.10	41.50	0.442
114	韩盖淖尔	乌兰察布市	西北诸河	内蒙古高原内陆河	内蒙古高原内陆区西部	察右后旗	乌兰哈达苏木	112.96	41.50	0.330
115	碱海子	乌兰察布市	西北诸河	内蒙古高原内陆河	内蒙古高原内陆区西部	商都县	三大顷乡	113.47	41.43	0.222
116	二吉淖	乌兰察布市	西北诸河	内蒙古高原内陆河	内蒙古高原内陆区西部	商都县	玻璃忽镜乡	113.79	41.83	1.052
117	旱海子	乌兰察布市	西北诸河	内蒙古高原内陆河	内蒙古高原内陆区西部	商都县	三大顷乡	113.52	41.46	0.899
118	八大顷淖	乌兰察布市	西北诸河	内蒙古高原内陆河	内蒙古高原内陆区西部	商都县	大黑沙土镇	114.08	41.55	0.407
119	八角淖	乌兰察布市	西北诸河	内蒙古高原内陆河	内蒙古高原内陆区西部	商都县	大黑沙土镇	114.23	41.59	0.773
120	盐淖	乌兰察布市	西北诸河	内蒙古高原内陆河	内蒙古高原内陆区西部	商都县	大黑沙土镇	114.23	41.52	1.677
121	查干淖尔	乌兰察布市	西北诸河	内蒙古高原内陆河	内蒙古高原内陆区西部	四子王旗	江岸苏木	111.15	42.78	0.924

续表

序号	湖泊名称	盟市	一级流域	二级流域	三级流域	所在旗县（市、区）	临湖苏木（乡、镇）	经度/(°)	纬度/(°)	5年平均湖泊面积/km²
122	呼和淖尔	乌兰察布市	西北诸河	内蒙古高原内陆河	内蒙古高原内陆区西部	四子王旗	江岸苏木	111.08	42.79	3.197
123	西海子	乌兰察布市	西北诸河	内蒙古高原内陆河	内蒙古高原内陆区西部	察右后旗	锡勒乡	113.10	41.25	0.071
124	海青花海	乌兰察布市	西北诸河	内蒙古高原内陆河	内蒙古高原内陆区西部	察右后旗	土牧尔台镇	112.97	41.88	0.149
125	南湖	乌兰察布市	西北诸河	内蒙古高原内陆河	内蒙古高原内陆区西部	商都县	七台镇	113.63	41.49	0.183
126	谭家营淖	乌兰察布市	西北诸河	内蒙古高原内陆河	内蒙古高原内陆区西部	商都县	大黑沙土镇	114.19	41.63	0.095
127	瓜坊子塘坝	乌兰察布市	西北诸河	内蒙古高原内陆河	内蒙古高原内陆区西部	商都县	玻璃忽镜乡	113.71	41.78	0.051
128	查干淖尔	乌兰察布市	西北诸河	内蒙古高原内陆河	内蒙古高原内陆区西部	四子王旗	江岸苏木	110.84	42.80	1.756
129	嘎顺呼都格尔淖	乌兰察布市	西北诸河	内蒙古高原内陆河	内蒙古高原内陆区西部	四子王旗	江岸苏木	110.87	42.89	0.516
130	查干淖尔	乌兰察布市	西北诸河	内蒙古高原内陆河	内蒙古高原内陆区西部	四子王旗	脑木更苏木	111.40	42.88	0.436
131	哈沙图查干淖尔	乌兰察布市	西北诸河	内蒙古高原内陆河	内蒙古高原内陆区西部	四子王旗	脑木更苏木	111.28	42.86	1.815
132	巴润好来淖	乌兰察布市	西北诸河	内蒙古高原内陆河	内蒙古高原内陆区西部	四子王旗	脑木更苏木	111.63	42.47	2.746

续表

序号	湖泊名称	盟市	一级流域	二级流域	三级流域	所在旗县（市、区）	临湖苏木（乡、镇）	经度/(°)	纬度/(°)	5年平均湖泊面积/km^2
133	哈布其盖淖尔	乌兰察布市	西北诸河	内蒙古高原内陆河	内蒙古高原内陆区西部	四子王旗	巴音敖包苏木	110.98	42.28	0.583
134	嘎尔迪音淖尔	锡林郭勒盟	西北诸河	内蒙古高原内陆河	内蒙古高原内陆区东部	阿巴嘎旗	查干淖尔镇	115.49	43.82	0.590
135	海音巴润高毕	锡林郭勒盟	西北诸河	内蒙古高原内陆河	内蒙古高原内陆区东部	阿巴嘎旗	查干淖尔镇	115.20	43.67	2.546
136	海音准高壁	锡林郭勒盟	西北诸河	内蒙古高原内陆河	内蒙古高原内陆区东部	阿巴嘎旗	查干淖尔镇	115.29	43.72	0.309
137	呼舒音淖日	锡林郭勒盟	西北诸河	内蒙古高原内陆河	内蒙古高原内陆区东部	阿巴嘎旗	查干淖尔镇	115.17	43.42	0.167
138	绍古门淖日	锡林郭勒盟	西北诸河	内蒙古高原内陆河	内蒙古高原内陆区东部	阿巴嘎旗	查干淖尔镇	115.83	43.57	0.112
139	太里本	锡林郭勒盟	西北诸河	内蒙古高原内陆河	内蒙古高原内陆区东部	阿巴嘎旗	查干淖尔镇	115.46	43.49	0.169
140	乌和日音高勒	锡林郭勒盟	西北诸河	内蒙古高原内陆河	内蒙古高原内陆区东部	苏尼特左旗	巴彦淖尔镇	114.65	43.32	1.003
141	乌兰淖尔	锡林郭勒盟	西北诸河	内蒙古高原内陆河	内蒙古高原内陆区东部	苏尼特左旗	巴彦淖尔镇	114.33	42.93	0.313
142	塔日干淖尔	锡林郭勒盟	西北诸河	内蒙古高原内陆河	内蒙古高原内陆区东部	苏尼特左旗	巴彦淖尔镇	114.25	42.87	0.219
143	哈嘎音淖日	锡林郭勒盟	西北诸河	内蒙古高原内陆河	内蒙古高原内陆区东部	正蓝旗	桑根达来镇	115.86	42.58	0.853

续表

序号	湖泊名称	盟市	一级流域	二级流域	三级流域	所在旗县（市、区）	临湖苏木（乡、镇）	经度/(°)	纬度/(°)	5年平均湖泊面积/km^2
144	乌日图音淖日	锡林郭勒盟	西北诸河	内蒙古高原内陆河	内蒙古高原内陆区东部	正蓝旗	桑根达来镇	115.90	42.60	0.839
145	呼热淖日	锡林郭勒盟	西北诸河	内蒙古高原内陆河	内蒙古高原内陆区东部	正蓝旗	宝绍岱苏木	115.40	42.66	0.440
146	宝绍代淖尔	锡林郭勒盟	西北诸河	内蒙古高原内陆河	内蒙古高原内陆区东部	正蓝旗	宝绍岱苏木	115.49	42.60	0.025
147	努德盖淖尔	锡林郭勒盟	西北诸河	内蒙古高原内陆河	内蒙古高原内陆区东部	正蓝旗	宝绍岱苏木	115.63	42.63	0.343
148	陶伊日木音淖尔	锡林郭勒盟	西北诸河	内蒙古高原内陆河	内蒙古高原内陆区东部	正蓝旗	上都镇	115.90	42.48	2.125
149	安给日图淖尔	锡林郭勒盟	西北诸河	内蒙古高原内陆河	内蒙古高原内陆区东部	正蓝旗	扎格斯台苏木	115.41	42.81	0.063
150	伊和查布诺尔	锡林郭勒盟	西北诸河	内蒙古高原内陆河	内蒙古高原内陆区东部	东乌珠穆沁旗	呼热图	118.04	45.59	2.223
151	辉图达布苏	锡林郭勒盟	西北诸河	内蒙古高原内陆河	内蒙古高原内陆区东部	东乌珠穆沁旗	嘎海乐	118.50	45.88	0.277
152	劳日特昭巴润阿尔	锡林郭勒盟	西北诸河	内蒙古高原内陆河	内蒙古高原内陆区东部	东乌珠穆沁旗	呼热图	117.77	45.48	2.675
153	毛都女呼都格	锡林郭勒盟	西北诸河	内蒙古高原内陆河	内蒙古高原内陆区东部	东乌珠穆沁旗	额吉淖尔	116.18	45.05	0.025
154	恰本阿尔淖尔	锡林郭勒盟	西北诸河	内蒙古高原内陆河	内蒙古高原内陆区东部	东乌珠穆沁旗	道特	117.70	45.52	1.979

续表

序号	湖泊名称	盟市	一级流域	二级流域	三级流域	所在旗县（市、区）	临湖苏木（乡、镇）	经度/(°)	纬度/(°)	5年平均湖泊面积/km^2
155	硝泡子（巴嘎额吉）	锡林郭勒盟	西北诸河	内蒙古高原内陆河	内蒙古高原内陆区东部	东乌珠穆沁旗	额吉淖尔	116.60	45.15	1.205
156	伊和嘎鲁特	锡林郭勒盟	西北诸河	内蒙古高原内陆河	内蒙古高原内陆区东部	东乌珠穆沁旗	道特	118.04	45.62	1.029
157	阿尔勒诺尔	锡林郭勒盟	西北诸河	内蒙古高原内陆河	内蒙古高原内陆区东部	东乌珠穆沁旗	道特	117.83	45.54	10.298
158	宝力格湖	锡林郭勒盟	西北诸河	内蒙古高原内陆河	内蒙古高原内陆区东部	苏尼特右旗	乌日根塔拉镇	112.35	43.63	0.184
159	查干淖尔	锡林郭勒盟	西北诸河	内蒙古高原内陆河	内蒙古高原内陆区东部	苏尼特右旗	乌日根塔拉镇	112.63	42.43	0.081
160	呼吉尔音淖尔	锡林郭勒盟	西北诸河	内蒙古高原内陆河	内蒙古高原内陆区东部	苏尼特右旗	乌日根塔拉镇	113.15	43.35	2.702
161	乌兰淖尔	锡林郭勒盟	西北诸河	内蒙古高原内陆河	内蒙古高原内陆区东部	苏尼特右旗	桑宝力嘎苏木	113.21	42.90	0.174
162	乌兰陶伊日木	锡林郭勒盟	西北诸河	内蒙古高原内陆河	内蒙古高原内陆区东部	苏尼特右旗	赛罕乌力吉苏木	113.64	42.99	0.806
163	阿金台音额尔和特	锡林郭勒盟	西北诸河	内蒙古高原内陆河	内蒙古高原内陆区东部	东乌珠穆沁旗	呼热图	118.26	45.69	1.720

续表

序号	湖泊名称	盟市	一级流域	二级流域	三级流域	所在旗县（市、区）	临湖苏木（乡、镇）	经度/(°)	纬度/(°)	5年平均湖泊面积/km^2
164	吉格斯台淖日	锡林郭勒盟	西北诸河	内蒙古高原内陆河	内蒙古高原内陆区东部	东乌珠穆沁旗	嘎海乐	119.19	45.68	0.482
165	敖包图	阿拉善盟	西北诸河	河西走廊内陆区	河西荒漠区	阿拉善左旗	巴彦浩特镇	105.07	38.60	0.167
166	特默图	阿拉善盟	西北诸河	河西走廊内陆区	河西荒漠区	阿拉善左旗	巴彦浩特镇	105.13	38.56	0.087
167	多希哈勒金柴达木	阿拉善盟	西北诸河	河西走廊内陆区	河西荒漠区	阿拉善左旗	吉兰泰镇	105.93	39.92	0.144
168	浑德仑柴达木	阿拉善盟	西北诸河	河西走廊内陆区	河西荒漠区	阿拉善左旗	吉兰泰镇	105.95	39.95	0.181
169	布牙图	阿拉善盟	西北诸河	河西走廊内陆区	河西荒漠区	阿拉善左旗	巴彦诺日公苏木	104.93	39.23	0.084
170	二道湖脑	阿拉善盟	西北诸河	河西走廊内陆区	河西荒漠区	阿拉善左旗	超格图呼热苏木	104.92	38.08	1.359
171	白岌岌湖	阿拉善盟	西北诸河	河西走廊内陆区	河西荒漠区	阿拉善左旗	超格图呼热苏木	104.75	38.17	0.306
172	珠斯楞	阿拉善盟	西北诸河	河西走廊内陆区	河西荒漠区	阿拉善左旗	超格图呼热苏木	104.97	38.28	0.039
173	三道湖脑	阿拉善盟	西北诸河	河西走廊内陆区	河西荒漠区	阿拉善左旗	超格图呼热苏木	104.87	38.05	0.724
174	草木次克	阿拉善盟	西北诸河	河西走廊内陆区	河西荒漠区	阿拉善左旗	超格图呼热苏木	105.12	38.06	0.558
175	嘴头湖	阿拉善盟	西北诸河	河西走廊内陆区	河西荒漠区	阿拉善左旗	额尔克哈什哈苏木	103.95	38.23	0.318
176	霍洛木什图高勒	阿拉善盟	西北诸河	河西走廊内陆区	河西荒漠区	阿拉善左旗	额尔克哈什哈苏木	104.28	38.52	0.072

续表

序号	湖泊名称	盟市	一级流域	二级流域	三级流域	所在旗县（市、区）	临湖苏木（乡、镇）	经度/(°)	纬度/(°)	5年平均湖泊面积/km^2
177	三道湖	阿拉善盟	西北诸河	河西走廊内陆区	河西荒漠区	阿拉善左旗	额尔克哈什哈苏木	104.12	38.60	0.088
178	黑茨坑	阿拉善盟	西北诸河	河西走廊内陆区	河西荒漠区	阿拉善左旗	额尔克哈什哈苏木	104.00	38.68	0.224
179	长湖	阿拉善盟	西北诸河	河西走廊内陆区	河西荒漠区	阿拉善左旗	额尔克哈什哈苏木	104.07	38.85	0.093
180	中碱湖	阿拉善盟	西北诸河	河西走廊内陆区	河西荒漠区	阿拉善左旗	额尔克哈什哈苏木	104.20	38.60	0.066
181	准朗	阿拉善盟	西北诸河	河西走廊内陆区	河西荒漠区	阿拉善左旗	巴彦浩特镇	104.72	38.80	0.100
182	伊和霍勒	阿拉善盟	西北诸河	河西走廊内陆区	河西荒漠区	阿拉善左旗	超格图呼热苏木	104.53	38.53	0.085
183	温多尔高勒	阿拉善盟	西北诸河	河西走廊内陆区	河西荒漠区	阿拉善左旗	额尔克哈什哈苏木	104.35	38.42	0.024
184	海骝其淖尔（张家湖）	阿拉善盟	西北诸河	河西走廊内陆区	河西荒漠区	阿拉善左旗	巴彦浩特镇	105.13	38.63	0.217
185	头井湖	阿拉善盟	西北诸河	河西走廊内陆区	河西荒漠区	腾格里经济技术开发区	腾格里额里斯镇	104.25	37.97	0.143
186	那仁淖勒湖	阿拉善盟	西北诸河	河西走廊内陆区	河西荒漠区	腾格里经济技术开发区	腾格里额里斯镇	104.38	38.02	0.204

表 3-4-3　近5年内蒙古自治区划分为常年有水湖泊的湖长制考核湖泊名录（按水资源分区排序）

序号	湖泊名称	盟市	一级流域	二级流域	三级流域	所在旗县（市、区）	临湖苏木（乡、镇）	经度/(°)	纬度/(°)	35年平均湖泊面积/km²	5年平均湖泊面积/km²
1	呼伦湖	呼伦贝尔市	松花江	额尔古纳河	呼伦湖水系	新巴尔虎左旗、新巴尔虎右旗、扎赉诺尔区	吉布胡郎图苏木、嵯岗镇、呼伦镇、达赉苏木、宝格德乌拉苏木、阿拉坦额莫勒镇 扎赉诺尔区：灵泉镇	117.40	48.95	2057.40	2053.30
2	贝尔湖	呼伦贝尔市	松花江	额尔古纳河	呼伦湖水系	新巴尔虎右旗	贝尔苏木	117.64	47.89	614.31	614.20
3	哈拉湖	呼伦贝尔市	松花江	额尔古纳河	额尔古纳河	陈巴尔虎旗	东乌珠尔苏木	118.67	49.88	18.38	24.85
4	呼和诺日	呼伦贝尔市	松花江	额尔古纳河	海拉尔河	新巴尔虎左旗	乌布尔宝力格苏木	119.07	48.21	15.45	21.36
5	呼和诺尔	呼伦贝尔市	松花江	额尔古纳河	海拉尔河	陈巴尔虎旗	巴彦哈达苏木	119.24	49.30	24.76	23.62
6	嘎洛托伊湖	呼伦贝尔市	松花江	额尔古纳河	额尔古纳河	新巴尔虎左旗	嵯岗镇	117.94	49.55	0.27	0.19
7	和日森查干诺日（查干诺尔）	呼伦贝尔市	松花江	额尔古纳河	呼伦湖水系	新巴尔虎左旗	罕达盖苏木	118.82	47.83	2.56	1.96
8	巴音查干诺日	呼伦贝尔市	松花江	额尔古纳河	海拉尔河	新巴尔虎左旗	新宝力格苏木	118.73	48.39	7.26	7.70
9	浩勒包淖日	呼伦贝尔市	松花江	额尔古纳河	额尔古纳河	陈巴尔虎旗	西乌珠尔苏木	118.42	49.73	3.68	3.33
10	巴嘎哈伦沙巴尔特诺尔	呼伦贝尔市	松花江	额尔古纳河	呼伦湖水系	新巴尔虎右旗	克尔伦苏木	115.78	47.78	1.70	1.19
11	多希诺尔	呼伦贝尔市	松花江	额尔古纳河	海拉尔河	鄂温克族旗	辉苏木	119.11	48.74	0.34	0.37
12	巴嘎呼和诺尔	呼伦贝尔市	松花江	额尔古纳河	海拉尔河	陈巴尔虎旗	巴彦哈达苏木	119.27	49.36	2.03	1.45
13	安格尔图诺尔	呼伦贝尔市	松花江	额尔古纳河	海拉尔河	陈巴尔虎旗	呼和诺尔镇	118.51	49.13	2.76	2.25
14	潘扎诺日	呼伦贝尔市	松花江	额尔古纳河	额尔古纳河	新巴尔虎左旗、陈巴尔虎旗	嵯岗镇、西乌珠尔苏木	118.39	49.70	3.03	3.11

续表

序号	湖泊名称	盟市	一级流域	二级流域	三级流域	所在旗县（市、区）	临湖苏木（乡、镇）	经度/(°)	纬度/(°)	35年平均湖泊面积/km^2	5年平均湖泊面积/km^2
15	伊和沙日乌苏	呼伦贝尔市	松花江	额尔古纳河	海拉尔河	新巴尔虎左旗	阿木古郎镇	118.69	48.20	3.69	4.13
16	塔尔干诺尔	呼伦贝尔市	松花江	额尔古纳河	海拉尔河	新巴尔虎左旗	阿木古郎镇	118.46	48.18	3.66	3.88
17	哈拉诺尔	呼伦贝尔市	松花江	额尔古纳河	呼伦湖水系	新巴尔虎右旗	呼伦镇	117.10	49.61	2.31	2.53
18	古日班毛德乃诺日	呼伦贝尔市	松花江	额尔古纳河	海拉尔河	新巴尔虎左旗	罕达盖苏木	119.34	47.70	2.45	2.42
19	巴里嘎湖	呼伦贝尔市	松花江	额尔古纳河	额尔古纳河	陈巴尔虎旗	东乌珠尔苏木	118.60	49.87	1.30	0.74
20	白音诺尔	呼伦贝尔市	松花江	额尔古纳河	额尔古纳河	陈巴尔虎旗	西乌珠尔苏木	118.50	49.78	3.88	3.13
21	哈布其林查干诺尔	呼伦贝尔市	松花江	额尔古纳河	海拉尔河	新巴尔虎左旗	新宝力格苏木	118.83	48.37	1.50	1.38
22	胡列也吐诺尔	呼伦贝尔市	松花江	额尔古纳河	额尔古纳河	陈巴尔虎旗	东乌珠尔苏木、西乌珠尔苏木	118.56	49.82	3.02	2.72
23	达布散诺尔	呼伦贝尔市	松花江	额尔古纳河	海拉尔河	新巴尔虎左旗	新宝力格苏木	118.53	48.32	1.72	1.82
24	阿日布拉格	呼伦贝尔市	松花江	额尔古纳河	额尔古纳河	新巴尔虎左旗	嵯岗镇	118.39	49.66	2.37	2.40
25	布日嘎斯特诺日	呼伦贝尔市	松花江	额尔古纳河	海拉尔河	新巴尔虎左旗	嵯岗镇	118.09	49.46	2.54	2.27
26	古尔班敖包诺尔	呼伦贝尔市	松花江	额尔古纳河	海拉尔河	鄂温克旗	锡尼河西苏木	119.39	48.83	3.26	3.78
27	绍尔包格（硝矿）	呼伦贝尔市	松花江	额尔古纳河	呼伦湖水系	新巴尔虎左旗	吉布胡郎图苏木	118.09	48.90	1.58	1.27
28	哈日诺日（一）	呼伦贝尔市	松花江	额尔古纳河	海拉尔河	新巴尔虎左旗	新宝力格苏木	118.66	48.35	1.57	1.79
29	哈日干廷布日德	呼伦贝尔市	松花江	额尔古纳河	海拉尔河	新巴尔虎左旗	甘珠尔苏木	118.46	48.39	2.48	2.69
30	呼吉尔图诺尔	呼伦贝尔市	松花江	额尔古纳河	海拉尔河	陈巴尔虎旗	东乌珠尔苏木	118.88	49.28	2.40	2.30

续表

序号	湖泊名称	盟市	一级流域	二级流域	三级流域	所在旗县（市、区）	临湖苏木（乡、镇）	经度/(°)	纬度/(°)	35年平均湖泊面积/km²	5年平均湖泊面积/km²
31	和日斯特诺日	呼伦贝尔市	松花江	额尔古纳河	海拉尔河	新巴尔虎左旗	嵯岗镇	118.10	49.47	1.06	1.04
32	柴达木	呼伦贝尔市	松花江	额尔古纳河	海拉尔河	新巴尔虎左旗	甘珠尔苏木	118.46	48.44	1.12	1.16
33	锡林布尔德	呼伦贝尔市	松花江	额尔古纳河	海拉尔河	新巴尔虎左旗	嵯岗镇	118.47	49.06	1.56	1.55
34	乌兰丁图格热格	呼伦贝尔市	松花江	额尔古纳河	海拉尔河	新巴尔虎左旗	乌布尔宝力格苏木	119.26	47.94	0.99	1.00
35	呼吉尔诺尔	呼伦贝尔市	松花江	额尔古纳河	海拉尔河	新巴尔虎左旗	新宝力格苏木	118.57	48.30	1.67	1.76
36	哈日诺日（二）	呼伦贝尔市	松花江	额尔古纳河	额尔古纳河	新巴尔虎左旗	嵯岗镇	118.21	49.62	1.76	1.44
37	道老图音查干诺日	呼伦贝尔市	松花江	额尔古纳河	海拉尔河	新巴尔虎左旗	乌布尔宝力格苏木	119.34	47.74	1.42	1.39
38	哈尔干图诺尔	呼伦贝尔市	松花江	额尔古纳河	海拉尔河	陈巴尔虎旗	呼和诺尔镇	118.43	49.19	1.29	0.86
39	莫斯图查干诺日	呼伦贝尔市	松花江	额尔古纳河	额尔古纳河	新巴尔虎左旗	嵯岗镇	118.17	49.58	0.89	0.76
40	小河口湖	呼伦贝尔市	松花江	额尔古纳河	呼伦湖水系	扎赉诺尔区	灵泉镇	117.65	49.37	0.85	0.78
41	阿然吉诺尔	呼伦贝尔市	松花江	额尔古纳河	海拉尔河	新巴尔虎左旗	阿木古郎镇	118.61	48.19	1.12	1.16
42	莫斯图诺尔	呼伦贝尔市	松花江	额尔古纳河	海拉尔河	陈巴尔虎旗	呼和诺尔镇	118.49	49.17	1.10	1.08
43	舒特淖日	呼伦贝尔市	松花江	额尔古纳河	海拉尔河	陈巴尔虎旗	东乌珠尔苏木、西乌珠尔苏木	118.70	49.40	0.70	0.86
44	嘎鲁特	呼伦贝尔市	松花江	额尔古纳河	海拉尔河	鄂温克族旗	辉苏木	119.07	48.48	1.13	1.14
45	乌兰布拉格	呼伦贝尔市	松花江	额尔古纳河	海拉尔河	鄂温克族旗	辉苏木政府	119.14	48.43	1.11	1.32
46	英诺尔	呼伦贝尔市	松花江	额尔古纳河	海拉尔河	鄂温克族自治旗	辉苏木	119.02	48.71	1.23	1.26
47	宝日希勒泡子	呼伦贝尔市	松花江	额尔古纳河	海拉尔河	海拉尔区	哈克镇	119.85	49.34	1.14	1.47

续表

序号	湖泊名称	盟市	一级流域	二级流域	三级流域	所在旗县（市、区）	临湖苏木（乡、镇）	经度/(°)	纬度/(°)	35年平均湖泊面积/km^2	5年平均湖泊面积/km^2
48	碱泡子	呼伦贝尔市	松花江	额尔古纳河	海拉尔河	海拉尔区	哈克镇	119.82	49.33	1.00	1.00
49	伊和诺尔	呼伦贝尔市	松花江	额尔古纳河	海拉尔河	新巴尔虎左旗	嵯岗镇	118.11	49.52	2.26	1.93
50	洪特（鸿图诺尔）	呼伦贝尔市	松花江	额尔古纳河	海拉尔河	新巴尔虎左旗	阿木古郎镇	118.45	48.24	1.62	2.15
51	察罕湖	呼伦贝尔市	松花江	额尔古纳河	呼伦湖水系	满洲里	产业园区	117.29	49.59	0.88	0.94
52	冰湖	呼伦贝尔市	松花江	额尔古纳河	海拉尔河	海拉尔区	正阳办	119.68	49.21	0.42	0.42
53	甘珠尔布日德	呼伦贝尔市	松花江	额尔古纳河	呼伦湖水系	新巴尔虎左旗	甘珠尔苏木	118.16	48.39	0.29	0.26
54	阿拉坦水库	呼伦贝尔市	松花江	额尔古纳河	海拉尔河	新巴尔虎左旗	乌布尔宝力格苏木	119.58	47.92	7.19	12.57
55	乌苏浪子湖	兴安盟	松花江	额尔古纳河	呼伦湖水系	阿尔山市	天池镇	120.34	47.30	1.40	1.45
56	仙鹤湖	兴安盟	松花江	额尔古纳河	呼伦湖水系	阿尔山市	天池镇	120.45	47.36	0.85	0.82
57	哈达乃浩来（新达赉湖）	呼伦贝尔市	松花江	额尔古纳河	呼伦湖水系	新巴尔虎左旗	吉布胡郎图苏木	117.96	49.08	79.32	2.16
58	巴彦滚西湖	呼伦贝尔市	松花江	额尔古纳河	海拉尔河	新巴尔虎左旗	乌布尔宝力格苏木	118.65	48.03	1.03	1.12
59	呼热诺尔	呼伦贝尔市	松花江	额尔古纳河	呼伦湖水系	新巴尔虎右旗	克尔伦苏木	115.77	47.81	2.49	2.69
60	阿拉林诺日	呼伦贝尔市	松花江	额尔古纳河	呼伦湖水系	新巴尔虎左旗	吉布胡郎图苏木	118.15	48.85	1.22	1.23
61	巴润乌和日廷诺尔	呼伦贝尔市	松花江	额尔古纳河	额尔古纳河	新巴尔虎右旗	达赉苏木	116.45	49.15	1.78	1.84
62	巴里嘎斯湖	呼伦贝尔市	松花江	额尔古纳河	呼伦湖水系	陈巴尔虎旗	东乌珠尔苏木	118.69	49.86	0.99	1.87
63	准乌和日廷诺尔	呼伦贝尔市	松花江	额尔古纳河	呼伦湖水系	新巴尔虎右旗	达赉苏木	116.74	49.25	1.05	1.15
64	阿布哥特诺尔	呼伦贝尔市	松花江	额尔古纳河	呼伦湖水系	新巴尔虎右旗	达赉苏木	116.43	49.28	0.68	0.73

续表

序号	湖泊名称	盟市	一级流域	二级流域	三级流域	所在旗县（市、区）	临湖苏木（乡、镇）	经度/(°)	纬度/(°)	35年平均湖泊面积/km^2	5年平均湖泊面积/km^2
65	嘎布津托胡鲁克湖	呼伦贝尔市	松花江	额尔古纳河	呼伦湖水系	新巴尔虎左旗	阿木古郎镇	118.52	48.03	0.91	0.96
66	陶勒盖廷诺尔	呼伦贝尔市	松花江	额尔古纳河	呼伦湖水系	新巴尔虎右旗	达赉苏木	116.81	48.98	2.14	1.60
67	伊和诺尔（二）	呼伦贝尔市	松花江	额尔古纳河	呼伦湖水系	新巴尔虎右旗	呼伦镇	117.42	49.19	1.26	1.00
68	托莫尔特诺尔	呼伦贝尔市	松花江	额尔古纳河	呼伦湖水系	新巴尔虎右旗	达赉苏木	116.34	49.30	1.28	1.26
69	达来滨湖	呼伦贝尔市	松花江	嫩江	尼尔基至江桥	鄂伦春自治旗	诺敏镇	123.12	49.46	3.08	3.14
70	卧牛泡子	呼伦贝尔市	松花江	嫩江	尼尔基至江桥	扎兰屯市	柴河镇	121.29	47.57	0.93	0.90
71	杜鹃湖	兴安盟	松花江	额尔古纳河	呼伦湖水系	阿尔山市	天池镇	120.56	47.42	0.74	0.55
72	鹿鸣湖	兴安盟	松花江	额尔古纳河	呼伦湖水系	阿尔山市	天池镇	120.50	47.41	1.24	1.14
73	松叶湖	兴安盟	松花江	额尔古纳河	呼伦湖水系	阿尔山市	天池镇	120.68	47.39	3.01	3.00
74	巴彦珠日和哈嘎	兴安盟	松花江	嫩江	江桥以下	科右中旗	巴彦淖尔苏木	122.07	44.73	4.64	4.91
75	哈达泡子（百灵湖）	兴安盟	松花江	嫩江	江桥以下	扎赉特旗	图牧吉镇	122.93	46.28	15.89	17.26
76	九公里泡子	兴安盟	松花江	嫩江	江桥以下	乌兰浩特市	太本站镇	122.49	45.85	9.49	11.09
77	乌雅三道泡子	兴安盟	松花江	嫩江	江桥以下	扎赉特旗	图牧吉镇	123.09	46.23	9.43	9.63
78	双龙岗泡子	兴安盟	松花江	嫩江	江桥以下	科右中旗	代钦塔拉苏木	121.59	45.08	2.10	4.24
79	哈嘎泡子	兴安盟	松花江	嫩江	江桥以下	科右中旗	代钦塔拉苏木	121.56	45.19	0.93	0.53
80	查干胡舒一道坝	兴安盟	松花江	嫩江	江桥以下	科右中旗	代钦塔拉苏木	121.38	45.15	0.29	0.51
81	布敦化牧场四队泡子	兴安盟	松花江	嫩江	江桥以下	科右中旗	布敦化牧场	121.46	44.94	0.19	0.32

续表

序号	湖泊名称	盟市	一级流域	二级流域	三级流域	所在旗县（市、区）	临湖苏木（乡、镇）	经度/(°)	纬度/(°)	35年平均湖泊面积/km²	5年平均湖泊面积/km²
82	布敦化牧场一队泡子	兴安盟	松花江	嫩江	江桥以下	科右中旗	布敦化牧场	121.47	44.93	0.43	0.50
83	海代哈嘎	兴安盟	松花江	嫩江	江桥以下	科右中旗	新佳木	121.81	45.14	0.62	0.61
84	十家子泡子	兴安盟	松花江	嫩江	江桥以下	科右中旗	新佳木	122.03	45.19	0.74	0.77
85	巴彦忙哈艾里泡子	兴安盟	松花江	嫩江	江桥以下	科右中旗	新佳木	122.03	45.17	0.58	0.58
86	图牧吉水库泡子	兴安盟	松花江	嫩江	江桥以下	扎赉特旗	图牧吉镇	123.08	46.28	38.86	37.72
87	种里泡子	兴安盟	松花江	嫩江	尼尔基至江桥	扎赉特旗	音德尔镇	122.64	46.78	11.54	30.59
88	龙王湖	兴安盟	松花江	嫩江	江桥以下	扎赉特旗	巴彦高勒镇	122.74	46.49	1.71	1.79
89	多兰湖	兴安盟	松花江	嫩江	江桥以下	扎赉特旗	音德尔镇社区	121.91	46.34	41.68	42.69
90	超浩尔哈嘎	兴安盟	辽河	西辽河	乌力吉木仁河	科右中旗	巴彦忙哈苏木	121.61	44.63	5.39	5.68
91	广台号东南泡子	兴安盟	辽河	西辽河	乌力吉木仁河	科右中旗	巴彦淖尔苏木	122.01	44.65	0.88	0.96
92	珠日很淖尔	兴安盟	辽河	西辽河	乌力吉木仁河	科右中旗	巴彦淖尔苏木	122.05	44.60	3.59	3.83
93	呼和图喜淖尔	兴安盟	辽河	西辽河	乌力吉木仁河	科右中旗	好腰苏木	122.08	44.48	0.12	0.23
94	阿古拉西泡子	通辽市	辽河	西辽河	西辽河（苏家铺以下）	科左后旗	阿古拉镇	122.60	43.30	3.43	3.68
95	都喜哈嘎泡子	通辽市	辽河	西辽河	西辽河（苏家铺以下）	科左后旗	阿古拉镇	122.73	43.33	1.90	1.77
96	乌兰吐莱泡子	通辽市	辽河	西辽河	西辽河（苏家铺以下）	科左后旗	阿古拉镇	122.69	43.16	2.86	2.13

续表

序号	湖泊名称	盟市	一级流域	二级流域	三级流域	所在旗县（市、区）	临湖苏木（乡、镇）	经度/(°)	纬度/(°)	35年平均湖泊面积/km^2	5年平均湖泊面积/km^2
97	吉里吐泡子	通辽市	辽河	西辽河	西辽河（苏家铺以下）	科左后旗	阿古拉镇	122.65	43.33	1.89	1.96
98	哈斯拉哈嘎	通辽市	辽河	西辽河	西辽河（苏家铺以下）	科左后旗	哈日额日格嘎査	122.76	43.29	1.92	1.98
99	胡西意得	通辽市	辽河	西辽河	西辽河（苏家铺以下）	科左后旗	宝日呼都嘎	122.64	43.23	1.09	0.75
100	花灯泡子	通辽市	辽河	西辽河	西辽河（苏家铺以下）	科左后旗	努古斯台镇	122.75	43.53	0.44	0.45
101	海力图哈嘎泡子	通辽市	辽河	西辽河	西辽河（苏家铺以下）	科左后旗	海鲁吐镇	123.19	43.17	3.87	3.29
102	花胡硕哈嘎	通辽市	辽河	西辽河	西辽河（苏家铺以下）	科左后旗	海鲁吐镇	123.13	43.20	8.96	9.31
103	查干胡硕泡子	通辽市	辽河	西辽河	西辽河（苏家铺以下）	科左后旗	海鲁吐镇	122.88	43.21	2.24	1.60
104	乌布西路嘎泡子	通辽市	辽河	西辽河	西辽河（苏家铺以下）	科左后旗	金宝屯镇	123.30	43.31	2.33	1.87
105	伊和宝利稿泡子	通辽市	辽河	西辽河	西辽河（苏家铺以下）	科左后旗	巴嘎塔拉苏木	122.37	43.16	1.12	0.60

续表

序号	湖泊名称	盟市	一级流域	二级流域	三级流域	所在旗县（市、区）	临湖苏木（乡、镇）	经度/(°)	纬度/(°)	35年平均湖泊面积/km²	5年平均湖泊面积/km²
106	东庙泡子	通辽市	辽河	西辽河	西辽河（苏家铺以下）	科左后旗	巴嘎塔拉苏木	122.33	43.11	0.29	0.45
107	乌日都哈嘎（东巴泡子）	通辽市	辽河	西辽河	西辽河（苏家铺以下）	科左后旗	甘珠苏莫嘎查	122.26	43.20	1.62	1.60
108	营沙吐泡子	通辽市	辽河	西辽河	西辽河（苏家铺以下）	科左后旗	努古斯台镇	122.58	43.49	0.94	0.98
109	德伦（昆都楞泡子）	通辽市	辽河	西辽河	乌力吉木仁河	扎鲁特旗	道老杜苏木	121.27	44.31	1.33	1.19
110	塔必诺尔（太本庙泡子）	通辽市	辽河	西辽河	乌力吉木仁河	扎鲁特旗	道老杜苏木	121.39	44.43	2.73	2.62
111	浩勒包诺尔（好乐宝泡子）	通辽市	辽河	西辽河	乌力吉木仁河	扎鲁特旗	道老杜苏木	121.61	44.42	1.73	0.50
112	西日图诺尔（西热图泡子）	通辽市	辽河	西辽河	乌力吉木仁河	扎鲁特旗	道老杜苏木	121.52	44.42	3.75	1.54
113	布拉格图泡子	通辽市	辽河	西辽河	乌力吉木仁河	扎鲁特旗	道老杜苏木	121.37	44.40	1.04	1.09
114	阿尔哈嘎	通辽市	辽河	西辽河	乌力吉木仁河	扎鲁特旗	乌额格其牧场	121.32	44.59	1.42	1.33
115	胡勒斯台泡子	通辽市	辽河	西辽河	乌力吉木仁河	科左后旗	甘旗卡镇	122.39	42.95	1.41	2.41
116	都冷泡子	通辽市	辽河	西辽河	西辽河（苏家铺以下）	科左后旗	阿都沁苏木	122.97	43.44	0.42	0.41
117	塔吐拉泡子	通辽市	辽河	西辽河	西辽河（苏家铺以下）	科左后旗	阿都沁苏木	123.11	43.45	0.51	0.22

续表

序号	湖泊名称	盟市	一级流域	二级流域	三级流域	所在旗县（市、区）	临湖苏木（乡、镇）	经度/(°)	纬度/(°)	35年平均湖泊面积/km^2	5年平均湖泊面积/km^2
118	哈根潮海泡子	通辽市	辽河	西辽河	西辽河（苏家铺以下）	科左后旗	茂道吐镇	122.92	43.54	0.85	0.99
119	胡鲁斯台泡子	通辽市	辽河	西辽河	乌力吉木仁河	扎鲁特旗	道老杜苏木	121.32	44.38	0.99	0.83
120	海里斯台泡子	通辽市	辽河	西辽河	乌力吉木仁河	扎鲁特旗	道老杜苏木	121.32	44.34	0.43	0.32
121	瞎马张泡子	通辽市	辽河	西辽河	乌力吉木仁河	扎鲁特旗	鲁北镇	120.99	44.54	0.38	0.31
122	瞎莫张泡子	通辽市	辽河	西辽河	乌力吉木仁河	扎鲁特旗	鲁北镇	121.07	44.48	0.61	0.78
123	米盖吐泡子	通辽市	辽河	西辽河	乌力吉木仁河	扎鲁特旗	鲁北镇	121.02	44.55	0.83	0.49
124	碱厂泡子	通辽市	辽河	西辽河	乌力吉木仁河	扎鲁特旗	鲁北镇	121.01	44.52	0.33	0.18
125	原种场东泡子	通辽市	辽河	西辽河	乌力吉木仁河	扎鲁特旗	乌额格其苏木	121.37	44.83	0.43	0.48
126	塔滨泡子	通辽市	辽河	西辽河	西辽河（苏家铺以下）	扎鲁特旗	乌力吉木仁苏木	121.08	43.95	5.44	5.51
127	杨森哈嘎淖尔	通辽市	辽河	西辽河	乌力吉木仁河	扎鲁特旗	前德门苏木	121.56	44.62	0.71	0.75
128	旗杆大泡子	赤峰市	辽河	西辽河	西拉木伦河及老哈河	翁牛特旗	乌丹镇	119.30	42.92	5.57	1.66
129	哈尔诺尔	赤峰市	辽河	西辽河	西拉木伦河及老哈河	巴林右旗	西拉沐沦苏木	119.88	43.57	1.68	0.82
130	布日敦泡子	赤峰市	辽河	西辽河	西拉木伦河及老哈河	翁牛特旗	乌丹镇	119.06	43.05	2.99	1.09
131	达拉哈诺尔	赤峰市	辽河	西辽河	乌力吉木仁河	阿鲁科尔沁旗	扎嘎斯台镇	120.50	44.00	4.07	1.01
132	浑尼图诺尔	赤峰市	辽河	西辽河	乌力吉木仁河	阿鲁科尔沁旗	坤都镇	120.11	44.30	1.47	0.30

续表

序号	湖泊名称	盟市	一级流域	二级流域	三级流域	所在旗县（市、区）	临湖苏木（乡、镇）	经度/(°)	纬度/(°)	35年平均湖泊面积/km²	5年平均湖泊面积/km²
133	白音泡子	赤峰市	辽河	西辽河	乌力吉木仁河	阿鲁科尔沁旗	巴拉奇如德苏木	119.96	43.66	2.07	2.45
134	阿日宝力格诺尔	赤峰市	辽河	西辽河	乌力吉木仁河	阿鲁科尔沁旗	坤都镇	120.24	44.20	0.69	0.37
135	巴嘎诺尔	赤峰市	辽河	西辽河	西拉木伦河及老哈河	巴林右旗	西拉沐沦苏木	119.65	43.44	3.13	2.84
136	益和诺尔	赤峰市	辽河	西辽河	西拉木伦河及老哈河	巴林右旗	西拉沐沦苏木	119.70	43.40	11.22	12.61
137	达林台诺尔	赤峰市	辽河	西辽河	西拉木伦河及老哈河	巴林右旗	西拉沐沦苏木	119.57	43.36	4.38	4.50
138	查干诺尔湖	赤峰市	辽河	西辽河	西拉木伦河及老哈河	巴林右旗	查干诺尔镇	119.12	43.25	0.79	0.47
139	将军泡子	赤峰市	辽河	西辽河	西拉木伦河及老哈河	克什克腾旗	乌兰布统苏木	117.15	42.59	0.24	0.25
140	哈图渔场湖	赤峰市	辽河	西辽河	西拉木伦河及老哈河	翁牛特旗	乌丹镇	119.26	43.24	0.48	0.32
141	古伦温都尔泡子	通辽市	辽河	西辽河	西辽河（苏家铺以下）	科左中旗	协代苏木 古伦温都嘎查北	123.01	43.89	1.13	1.10
142	公敖泡子	通辽市	辽河	西辽河	西辽河（苏家铺以下）	开鲁县	建华镇	121.31	43.85	1.54	0.19
143	协日嘎泡子	通辽市	辽河	西辽河	西辽河（苏家铺以下）	科左后旗	海鲁吐镇金宝屯镇	123.22	43.30	7.80	6.49
144	乌顺泡子	通辽市	辽河	辽河干流	柳河口以上	科左后旗	吉尔嘎朗镇	123.02	42.99	2.73	2.40

续表

序号	湖泊名称	盟市	一级流域	二级流域	三级流域	所在旗县（市、区）	临湖苏木（乡、镇）	经度/(°)	纬度/(°)	35年平均湖泊面积/km²	5年平均湖泊面积/km²
145	乌苏恒恒格淖尔	通辽市	辽河	辽河干流	柳河口以上	科左后旗	吉尔嘎朗镇	122.94	42.98	1.75	1.86
146	伊和窑泡子	通辽市	辽河	辽河干流	柳河口以上	科左后旗	甘旗卡镇	122.21	42.89	1.93	1.98
147	巴克窑泡子	通辽市	辽河	辽河干流	柳河口以上	科左后旗	甘旗卡镇	122.32	42.85	1.48	1.11
148	西协力台泡子	通辽市	辽河	辽河干流	柳河口以上	科左后旗	甘旗卡镇	122.45	43.05	1.21	1.25
149	蘑菇场泡子	赤峰市	海河	滦河及冀东沿海	滦河山区	克什克腾旗	乌兰布统苏木	116.99	42.62	0.13	0.15
150	达特淖尔	锡林郭勒盟	海河	滦河及冀东沿海	滦河山区	正蓝旗	五一种畜场	116.47	42.49	0.48	0.57
151	涝利海	乌兰察布市	海河	海河北系	永定河册田水库至三家店区间	兴和县	鄂尔栋镇	113.68	40.96	2.23	1.00
152	哈素海	呼和浩特市	黄河	兰州至河口镇	石嘴山至河口镇北岸	土默特左旗	敕勒川镇	110.98	40.60	19.53	18.49
153	南湖	呼和浩特市	黄河	兰州至河口镇	石嘴山至河口镇北岸	托克托县	河口管委会	111.15	40.26	1.47	1.14
154	南海子	包头市	黄河	兰州至河口镇	石嘴山至河口镇北岸	东河区	河东镇、沙尔沁镇	110.02	40.55	4.04	5.05
155	哈马太湖（哈玛尔太淖）	鄂尔多斯市	黄河	兰州至河口镇	下河沿至石嘴山	鄂托克旗	乌兰镇	108.04	39.10	1.99	1.89

续表

序号	湖泊名称	盟市	一级流域	二级流域	三级流域	所在旗县（市、区）	临湖苏木（乡、镇）	经度/(°)	纬度/(°)	35年平均湖泊面积/km^2	5年平均湖泊面积/km^2
156	小哈玛尔太湖（淖）	鄂尔多斯市	黄河	兰州至河口镇	下河沿至石嘴山	鄂托克旗	乌兰镇	108.02	39.07	0.40	0.57
157	克仁格图淖	鄂尔多斯市	黄河	兰州至河口镇	下河沿至石嘴山	鄂托克前旗	昂素镇	107.88	38.62	0.78	0.51
158	大道图淖	鄂尔多斯市	黄河	兰州至河口镇	石嘴山至河口镇南岸	杭锦旗	独贵塔拉镇	108.30	40.68	1.00	1.88
159	扎汗道图淖	鄂尔多斯市	黄河	兰州至河口镇	石嘴山至河口镇南岸	杭锦旗	独贵塔拉镇	108.39	40.69	0.71	0.94
160	纳林湖	巴彦淖尔市	黄河	兰州至河口镇	石嘴山至河口镇北岸	磴口县	纳林套海农场	106.64	40.53	1.07	1.77
161	陈普海子	巴彦淖尔市	黄河	兰州至河口镇	石嘴山至河口镇北岸	磴口县	隆盛合镇	106.82	40.65	2.43	2.94
162	冬青湖	巴彦淖尔市	黄河	兰州至河口镇	石嘴山至河口镇北岸	磴口县	沙金套海苏木	106.50	40.50	0.76	2.31
163	八连海子	巴彦淖尔市	黄河	兰州至河口镇	石嘴山至河口镇北岸	磴口县	沙金套海苏木	106.72	40.68	0.36	0.39
164	包勒浩特海子	巴彦淖尔市	黄河	兰州至河口镇	石嘴山至河口镇北岸	磴口县	沙金套海苏木	106.73	40.70	1.19	1.20

续表

序号	湖泊名称	盟市	一级流域	二级流域	三级流域	所在旗县（市、区）	临湖苏木（乡、镇）	经度/(°)	纬度/(°)	35年平均湖泊面积/km^2	5年平均湖泊面积/km^2
165	沟心庙（上河图海子）	巴彦淖尔市	黄河	兰州至河口镇	石嘴山至河口镇北岸	磴口县	沙金套海苏木	106.77	40.54	1.85	1.94
166	银沙湖（西海子）	巴彦淖尔市	黄河	兰州至河口镇	石嘴山至河口镇北岸	磴口县	沙金套海苏木	106.98	40.61	0.45	0.32
167	哈尔布图海子	巴彦淖尔市	黄河	兰州至河口镇	石嘴山至河口镇北岸	磴口县	沙金套海苏木	106.73	40.72	1.58	0.72
168	巴彦套海1（古龙滩海子）	巴彦淖尔市	黄河	兰州至河口镇	石嘴山至河口镇北岸	磴口县	巴彦套海农场	106.83	40.57	0.68	1.30
169	九公里海子（海洁湖）	巴彦淖尔市	黄河	兰州至河口镇	石嘴山至河口镇北岸	磴口县	巴彦套海农场	106.83	40.54	1.26	2.08
170	东海子	巴彦淖尔市	黄河	兰州至河口镇	石嘴山至河口镇北岸	磴口县	巴彦套海农场	106.81	40.60	0.53	0.51
171	点力素海子	巴彦淖尔市	黄河	兰州至河口镇	石嘴山至河口镇北岸	磴口县	哈腾套海农场	106.98	40.57	1.01	0.88
172	阿尔阿布海（沃门阿布湖）	巴彦淖尔市	黄河	兰州至河口镇	石嘴山至河口镇北岸	磴口县	包尔盖农场	106.53	40.52	0.87	0.80
173	胜利大海子（海子堰海子）	巴彦淖尔市	黄河	兰州至河口镇	石嘴山至河口镇北岸	五原县	银定图镇	107.82	41.12	0.92	1.04

续表

序号	湖泊名称	盟市	一级流域	二级流域	三级流域	所在旗县（市、区）	临湖苏木（乡、镇）	经度/(°)	纬度/(°)	35年平均湖泊面积/km²	5年平均湖泊面积/km²
174	乌梁素海	巴彦淖尔市	黄河	兰州至河口镇	石嘴山至河口镇北岸	乌拉特前旗	新安镇、苏独仑镇、大佘太镇、额尔登布拉格苏木、西山嘴农场、新安农场	108.80	40.92	324.71	328.00
175	牧羊海	巴彦淖尔市	黄河	兰州至河口镇	石嘴山至河口镇北岸	乌拉特中旗	牧羊海牧场	108.34	41.26	17.39	19.96
176	哈尔呼热（奈伦湖）	巴彦淖尔市	黄河	兰州至河口镇	石嘴山至河口镇北岸	磴口县	巴彦高勒镇	106.87	40.25	4.54	18.86
177	万泉湖	巴彦淖尔市	黄河	兰州至河口镇	石嘴山至河口镇北岸	磴口县	沙金套海苏木	106.41	40.49	2.09	5.84
178	金马湖	巴彦淖尔市	黄河	兰州至河口镇	石嘴山至河口镇北岸	磴口县	隆盛合镇	107.00	40.63	1.29	1.75
179	南湖	巴彦淖尔市	黄河	兰州至河口镇	石嘴山至河口镇北岸	磴口县	巴彦高勒镇	107.02	40.31	0.10	0.33
180	北海	巴彦淖尔市	黄河	兰州至河口镇	石嘴山至河口镇北岸	磴口县	巴彦高勒镇	106.98	40.36	0.43	1.10
181	天鹅湖	巴彦淖尔市	黄河	兰州至河口镇	石嘴山至河口镇北岸	磴口县	沙金套海苏木	106.67	40.67	1.71	2.04
182	青龙湾（八连海子）	巴彦淖尔市	黄河	兰州至河口镇	石嘴山至河口镇北岸	磴口县	巴彦套海农场	106.82	40.61	1.14	1.12

续表

序号	湖泊名称	盟市	一级流域	二级流域	三级流域	所在旗县（市、区）	临湖苏木（乡、镇）	经度/(°)	纬度/(°)	35年平均湖泊面积/km²	5年平均湖泊面积/km²
183	镜湖	巴彦淖尔市	黄河	兰州至河口镇	石嘴山至河口镇北岸	临河区	临河农场境内	107.42	40.85	0.43	1.34
184	多蓝湖	巴彦淖尔市	黄河	兰州至河口镇	石嘴山至河口镇北岸	临河区	双河镇团结村	107.43	40.69	0.54	3.07
185	青春湖	巴彦淖尔市	黄河	兰州至河口镇	石嘴山至河口镇北岸	临河区	城关镇友谊村	107.32	40.73	0.16	0.29
186	班禅召海子	巴彦淖尔市	黄河	兰州至河口镇	石嘴山至河口镇北岸	临河区	乌兰图克镇红旗村和团结村	107.56	40.97	0.42	0.55
187	新华南海子	巴彦淖尔市	黄河	兰州至河口镇	石嘴山至河口镇北岸	临河区	新华镇新丰村和隆光村	107.59	41.05	0.44	0.27
188	新利海子	巴彦淖尔市	黄河	兰州至河口镇	石嘴山至河口镇北岸	临河区	干召庙镇新利村	107.24	40.80	0.28	0.22
189	郝驴驹海子	巴彦淖尔市	黄河	兰州至河口镇	石嘴山至河口镇北岸	临河区	白脑包镇公产村、太阳村	107.31	40.95	0.74	0.98
190	张连生海子	巴彦淖尔市	黄河	兰州至河口镇	石嘴山至河口镇北岸	临河区	干召庙镇	107.26	40.91	1.16	0.70
191	熊家海子	巴彦淖尔市	黄河	兰州至河口镇	石嘴山至河口镇北岸	临河区	白脑包镇太阳村	107.31	40.93	0.26	0.22

续表

序号	湖泊名称	盟市	一级流域	二级流域	三级流域	所在旗县（市、区）	临湖苏木（乡、镇）	经度/(°)	纬度/(°)	35年平均湖泊面积/km²	5年平均湖泊面积/km²
192	蛮克素海子	巴彦淖尔市	黄河	兰州至河口镇	石嘴山至河口镇北岸	五原县	新公中镇	108.14	41.04	0.24	0.17
193	烂韩贵海子	巴彦淖尔市	黄河	兰州至河口镇	石嘴山至河口镇北岸	五原县	塔尔湖镇	107.83	41.10	0.36	0.33
194	鸭子场海子	巴彦淖尔市	黄河	兰州至河口镇	石嘴山至河口镇北岸	五原县	塔尔湖镇	107.86	41.07	0.30	0.21
195	王陈四海子	巴彦淖尔市	黄河	兰州至河口镇	石嘴山至河口镇北岸	五原县	塔尔湖镇	107.91	41.11	0.60	0.63
196	大仙庙海子	巴彦淖尔市	黄河	兰州至河口镇	石嘴山至河口镇北岸	乌拉特前旗	乌拉山镇、西山嘴农场	108.60	40.78	0.41	0.45
197	黑水卜洞	巴彦淖尔市	黄河	兰州至河口镇	石嘴山至河口镇北岸	乌拉特中旗	乌加河镇	107.96	41.19	0.69	0.73
198	红旗力存农庄海子	巴彦淖尔市	黄河	兰州至河口镇	石嘴山至河口镇北岸	乌拉特中旗	德岭山镇	108.33	41.25	0.15	0.19
199	塔尔湾海子	巴彦淖尔市	黄河	兰州至河口镇	石嘴山至河口镇北岸	乌拉特中旗	德岭山镇	108.61	41.18	0.29	0.77
200	大碱湖	巴彦淖尔市	黄河	兰州至河口镇	石嘴山至河口镇北岸	杭锦后旗	太阳庙农场	106.69	40.83	0.43	1.48

续表

序号	湖泊名称	盟市	一级流域	二级流域	三级流域	所在旗县（市、区）	临湖苏木（乡、镇）	经度/(°)	纬度/(°)	35年平均湖泊面积/km²	5年平均湖泊面积/km²
201	头道桥度假村湖	巴彦淖尔市	黄河	兰州至河口镇	石嘴山至河口镇北岸	杭锦后旗	头道桥镇	107.08	40.70	0.32	0.43
202	润昇湖	巴彦淖尔市	黄河	兰州至河口镇	石嘴山至河口镇北岸	杭锦后旗	陕坝镇	107.20	40.85	0.53	1.47
203	冬青坑	阿拉善盟	黄河	兰州至河口镇	石嘴山至河口镇北岸	阿拉善左旗	敖伦布拉格镇	106.48	40.50	2.11	3.03
204	永丰村南湖	包头市	黄河	兰州至河口镇	石嘴山至河口镇北岸	九原区	哈业胡同	109.43	40.60	1.10	0.70
205	大青龙湖	鄂尔多斯市	黄河	兰州至河口镇	石嘴山至河口镇南岸	杭锦旗	独贵塔拉镇	108.98	40.49	0.24	1.00
206	张吉淖	鄂尔多斯市	黄河	兰州至河口镇	石嘴山至河口镇南岸	杭锦旗	独贵塔拉镇	108.35	40.69	1.45	1.85
207	东红海子	鄂尔多斯市	黄河	河口镇至龙门	吴家堡以上右岸	伊金霍洛旗	阿勒腾席热镇	109.81	39.56	2.65	4.53
208	西红海子	鄂尔多斯市	黄河	河口镇至龙门	吴家堡以上右岸	伊金霍洛旗	阿勒腾席热镇	109.77	39.51	2.85	4.50
209	赛台吉湖	鄂尔多斯市	黄河	河口镇至龙门	吴家堡以上右岸	东胜区	纺织街道办事处	110.00	39.78	0.44	1.13

续表

序号	湖泊名称	盟市	一级流域	二级流域	三级流域	所在旗县（市、区）	临湖苏木（乡、镇）	经度/(°)	纬度/(°)	35年平均湖泊面积/km²	5年平均湖泊面积/km²
210	包尔汗达布素淖	鄂尔多斯市	黄河	内流区	内流区	鄂托克旗	苏米图苏木	108.27	38.55	1.21	0.89
211	陶高图淖尔	鄂尔多斯市	黄河	内流区	内流区	鄂托克旗	苏米图苏木	108.27	38.74	2.82	2.37
212	凯凯淖	鄂尔多斯市	黄河	内流区	内流区	鄂托克旗	苏米图苏木	108.36	38.94	0.65	0.55
213	乌杜淖	鄂尔多斯市	黄河	内流区	内流区	鄂托克旗	苏米图苏木	108.31	38.91	3.52	3.33
214	达楞图如湖（达拉图鲁湖）	鄂尔多斯市	黄河	内流区	内流区	鄂托克旗	木凯淖尔镇	108.40	39.49	3.19	2.30
215	纳林淖尔（小）	鄂尔多斯市	黄河	内流区	内流区	鄂托克旗	木凯淖尔镇	109.27	39.39	5.16	6.13
216	巴音淖（巴彦淖）	鄂尔多斯市	黄河	内流区	内流区	鄂托克旗	木凯淖尔镇	108.46	39.38	4.53	4.29
217	小湖	鄂尔多斯市	黄河	内流区	内流区	鄂托克旗	木凯淖尔镇	108.54	39.40	1.48	1.43
218	小克泊尔	鄂尔多斯市	黄河	内流区	内流区	鄂托克旗	木凯淖尔镇	108.78	39.41	2.46	2.22
219	大克泊尔	鄂尔多斯市	黄河	内流区	内流区	鄂托克旗	木凯淖尔镇	108.67	39.43	3.46	3.47
220	查汉（汗）淖尔	鄂尔多斯市	黄河	内流区	内流区	鄂托克旗	乌兰镇	108.07	39.23	5.45	4.21
221	北大池	鄂尔多斯市	黄河	内流区	内流区	鄂托克前旗	城川镇	107.44	37.96	6.25	4.21
222	五湖都格淖	鄂尔多斯市	黄河	内流区	内流区	鄂托克前旗	伊克乌素嘎查	107.46	38.36	0.54	0.70
223	察汗淖	鄂尔多斯市	黄河	内流区	内流区	杭锦旗	伊和乌素	108.36	40.01	8.58	9.43
224	红海子	鄂尔多斯市	黄河	内流区	内流区	杭锦旗	锡尼镇	108.44	39.93	3.24	2.99
225	红碱淖	鄂尔多斯市	黄河	内流区	内流区	伊金霍洛旗	札萨克镇	109.89	39.99	44.99	34.69
226	神海子	鄂尔多斯市	黄河	内流区	内流区	伊金霍洛旗	苏布尔嘎镇	109.32	39.58	2.38	1.98
227	马奶湖及其和淖儿（赤盖淖）	鄂尔多斯市	黄河	内流区	内流区	伊金霍洛旗	红庆河镇	109.38	39.36	3.98	4.69

续表

序号	湖泊名称	盟市	一级流域	二级流域	三级流域	所在旗县（市、区）	临湖苏木（乡、镇）	经度/(°)	纬度/(°)	35年平均湖泊面积/km²	5年平均湖泊面积/km²
228	哈达图淖（黑炭淖）	鄂尔多斯市	黄河	内流区	内流区	伊金霍洛旗	红庆河镇	109.36	39.42	4.25	1.54
229	合同察汗淖尔湖（胡同察汗淖尔）	鄂尔多斯市	黄河	内流区	内流区	乌审旗	乌审召镇	108.98	39.19	17.94	22.05
230	巴汗淖尔湖	鄂尔多斯市	黄河	内流区	内流区	乌审旗	乌审召镇	109.27	39.31	13.79	14.59
231	苏贝淖尔湖	鄂尔多斯市	黄河	内流区	内流区	乌审旗	乌审召镇	109.03	39.30	5.30	5.48
232	奥木摆淖（呼和陶勒盖敖木白淖或者奥摆淖）	鄂尔多斯市	黄河	内流区	内流区	乌审旗	嘎鲁图镇	108.82	38.92	3.19	3.53
233	呼和淖尔	鄂尔多斯市	黄河	内流区	内流区	乌审旗	嘎鲁图镇	108.61	38.94	1.84	1.96
234	巴音淖（巴彦淖尔）	鄂尔多斯市	黄河	内流区	内流区	乌审旗	图克镇	109.32	39.19	4.27	4.11
235	召稍湖（旱稍湖）	鄂尔多斯市	黄河	内流区	内流区	鄂托克旗	木凯淖尔镇	108.25	39.48	0.95	0.91
236	小纳林湖	鄂尔多斯市	黄河	内流区	内流区	鄂托克旗	木凯淖尔镇	108.25	39.42	0.53	0.50
237	什拉布都湖（什拉布日都淖）	鄂尔多斯市	黄河	内流区	内流区	鄂托克旗	乌兰镇	108.29	39.25	1.11	0.99
238	昌汗淖	鄂尔多斯市	黄河	内流区	内流区	杭锦旗	锡尼镇	109.10	39.72	0.81	0.63
239	小淖滩	鄂尔多斯市	黄河	内流区	内流区	伊金霍洛旗	札萨克镇	109.59	39.09	0.66	0.74
240	巴音盖淖	鄂尔多斯市	黄河	内流区	内流区	伊金霍洛旗	札萨克镇	109.71	39.19	0.71	0.75

续表

序号	湖泊名称	盟市	一级流域	二级流域	三级流域	所在旗县（市、区）	临湖苏木（乡、镇）	经度/(°)	纬度/(°)	35年平均湖泊面积/km^2	5年平均湖泊面积/km^2
241	巴日宋古淖尔	鄂尔多斯市	黄河	内流区	内流区	乌审旗	嘎鲁图镇	108.73	38.92	0.37	0.50
242	古日班乌兰淖尔	鄂尔多斯市	黄河	内流区	内流区	乌审旗	嘎鲁图镇	108.70	38.92	0.16	0.20
243	呼和陶勒盖淖尔	鄂尔多斯市	黄河	内流区	内流区	乌审旗	嘎鲁图镇	108.63	39.01	1.88	1.77
244	木都察干淖尔湖	鄂尔多斯市	黄河	内流区	内流区	乌审旗	乌审召镇	108.59	39.19	2.90	3.65
245	查汗苏莫人工湖	鄂尔多斯市	黄河	内流区	内流区	乌审旗	乌审召镇	108.94	39.27	0.37	0.73
246	马哈图淖（芒哈图淖尔）	鄂尔多斯市	黄河	内流区	内流区	乌审旗	乌兰陶勒盖镇	108.93	38.84	0.61	0.53
247	盐海子	鄂尔多斯市	黄河	内流区	内流区	杭锦旗	伊和乌素	108.45	40.14	16.72	20.63
248	浩勒报吉淖尔	鄂尔多斯市	黄河	内流区	内流区	鄂托克旗 乌审旗	苏米图苏木 嘎鲁图镇	108.52	38.74	3.84	4.18
249	阿日善淖尔	鄂尔多斯市	黄河	内流区	内流区	杭锦旗	巴音乌素镇	108.36	40.10	1.03	1.30
250	察汗淖（查干淖湖泊）	鄂尔多斯市	黄河	内流区	内流区	乌审旗 伊金霍洛旗	图克镇札萨克镇	109.54	39.07	6.21	8.51
251	光明海（光明淖、光明海子）	鄂尔多斯市	黄河	内流区	内流区	伊金霍洛旗	苏布尔嘎镇 伊金霍洛镇	109.37	39.46	1.74	1.32
252	奎子淖（奎生淖、葵苏淖尔湖）	鄂尔多斯市	黄河	内流区	内流区	乌审旗 伊金霍洛旗	乌审召镇 红庆河镇	109.11	39.39	1.39	0.94
253	赛打不素淖	包头市	西北诸河	内蒙古高原内陆河	内蒙古高原内陆区西部	达茂旗	满都拉镇	110.06	42.27	0.89	1.30

续表

序号	湖泊名称	盟市	一级流域	二级流域	三级流域	所在旗县（市、区）	临湖苏木（乡、镇）	经度/(°)	纬度/(°)	35年平均湖泊面积/km²	5年平均湖泊面积/km²
254	达里诺尔	赤峰市	西北诸河	内蒙古高原内陆河	内蒙古高原内陆区东部	克什克腾旗	达日罕乌拉苏木	116.63	43.29	207.38	187.29
255	多伦诺尔	赤峰市	西北诸河	内蒙古高原内陆河	内蒙古高原内陆区东部	克什克腾旗	达日罕乌拉苏木	116.41	43.25	1.90	1.92
256	岗更诺尔	赤峰市	西北诸河	内蒙古高原内陆河	内蒙古高原内陆区东部	克什克腾旗	达日罕乌拉苏木、达来诺日镇	116.92	43.28	20.77	22.63
257	查干淖尔	锡林郭勒盟	西北诸河	内蒙古高原内陆河	内蒙古高原内陆区东部	正蓝旗	宝绍岱苏木	115.51	42.73	8.17	7.25
258	伊和浩勒图淖日	锡林郭勒盟	西北诸河	内蒙古高原内陆河	内蒙古高原内陆区东部	正蓝旗	桑根达来镇	116.27	42.65	3.51	1.85
259	桑根达来淖尔	锡林郭勒盟	西北诸河	内蒙古高原内陆河	内蒙古高原内陆区东部	正蓝旗	桑根达来镇	115.76	42.66	2.89	2.52
260	扎格斯台淖尔	锡林郭勒盟	西北诸河	内蒙古高原内陆河	内蒙古高原内陆区东部	正蓝旗	扎格斯台苏木	115.44	42.94	3.32	2.24
261	扎嘎苏台淖日（小扎格斯台淖尔）	锡林郭勒盟	西北诸河	内蒙古高原内陆河	内蒙古高原内陆区东部	正蓝旗	桑根达来镇	116.24	42.61	3.98	3.72
262	查干诺尔	锡林郭勒盟	西北诸河	内蒙古高原内陆河	内蒙古高原内陆区东部	西乌旗	浩勒图高勒镇	117.05	44.67	2.47	1.95
263	乌兰淖日	锡林郭勒盟	西北诸河	内蒙古高原内陆河	内蒙古高原内陆区东部	太仆寺旗	贡宝拉格苏木	115.10	41.74	4.91	10.01

续表

序号	湖泊名称	盟市	一级流域	二级流域	三级流域	所在旗县（市、区）	临湖苏木（乡、镇）	经度/(°)	纬度/(°)	35年平均湖泊面积/km²	5年平均湖泊面积/km²
264	达布森淖日	锡林郭勒盟	西北诸河	内蒙古高原内陆河	内蒙古高原内陆区东部	太仆寺旗	贡宝拉格苏木	115.08	41.65	0.78	1.30
265	德格杜乌兰淖日	锡林郭勒盟	西北诸河	内蒙古高原内陆河	内蒙古高原内陆区东部	太仆寺旗	贡宝拉格苏木	115.03	41.80	4.03	5.69
266	棺材山淖尔	锡林郭勒盟	西北诸河	内蒙古高原内陆河	内蒙古高原内陆区东部	太仆寺旗	贡宝拉格苏木	115.21	41.63	8.55	6.45
267	九连城淖	锡林郭勒盟	西北诸河	内蒙古高原内陆河	内蒙古高原内陆区东部	太仆寺旗	贡宝拉格苏木	115.02	41.61	6.40	7.52
268	霍布仁诺尔湖	锡林郭勒盟	西北诸河	内蒙古高原内陆河	内蒙古高原内陆区东部	乌拉盖管理区东乌珠穆沁旗	贺斯格乌拉牧场嘎海乐	119.21	45.94	2.04	1.82
269	其格恩淖	锡林郭勒盟	西北诸河	内蒙古高原内陆河	内蒙古高原内陆区东部	正镶白旗	伊和淖日苏木	115.14	42.68	1.20	0.68
270	夏尔噶音淖尔	锡林郭勒盟	西北诸河	内蒙古高原内陆河	内蒙古高原内陆区东部	正镶白旗	乌兰察布苏木	114.87	42.80	7.03	5.53
271	亚姆诺尔	锡林郭勒盟	西北诸河	内蒙古高原内陆河	内蒙古高原内陆区东部	正镶白旗	宝力根陶海苏木	115.29	42.52	2.14	1.22
272	哈达其格恩淖尔	锡林郭勒盟	西北诸河	内蒙古高原内陆河	内蒙古高原内陆区东部	正镶白旗	伊和淖日苏木	115.20	42.65	0.94	0.42
273	伊和淖尔	锡林郭勒盟	西北诸河	内蒙古高原内陆河	内蒙古高原内陆区东部	正镶白旗	伊和淖日苏木	115.28	42.66	2.20	1.29
274	乌兰淖	锡林郭勒盟	西北诸河	内蒙古高原内陆河	内蒙古高原内陆区东部	正镶白旗	乌兰察布苏木	114.76	42.72	6.99	5.03

续表

序号	湖泊名称	盟市	一级流域	二级流域	三级流域	所在旗县（市、区）	临湖苏木（乡、镇）	经度/(°)	纬度/(°)	35年平均湖泊面积/km^2	5年平均湖泊面积/km^2
275	巴彦淖尔	锡林郭勒盟	西北诸河	内蒙古高原内陆河	内蒙古高原内陆区东部	锡林浩特市	宝力根苏木巴彦淖尔嘎查、巴彦德力格尔嘎查	115.62	43.95	6.69	5.62
276	布拉格	锡林郭勒盟	西北诸河	内蒙古高原内陆河	内蒙古高原内陆区东部	锡林浩特市	巴彦宝拉格苏木巴彦宝力格嘎查	115.87	44.26	1.61	0.88
277	扎格斯台	锡林郭勒盟	西北诸河	内蒙古高原内陆河	内蒙古高原内陆区东部	锡林浩特市	白音锡勒牧场乌拉苏太分场	116.89	43.69	1.70	1.69
278	巴彦呼热淖尔	锡林郭勒盟	西北诸河	内蒙古高原内陆河	内蒙古高原内陆区东部	锡林浩特市	白银库伦牧场白音乌拉分场	116.20	43.27	7.14	4.82
279	哈布特盖淖日	锡林郭勒盟	西北诸河	内蒙古高原内陆河	内蒙古高原内陆区东部	东乌珠穆沁旗	呼热图	118.17	45.59	9.91	4.61
280	查干诺尔	锡林郭勒盟	西北诸河	内蒙古高原内陆河	内蒙古高原内陆区东部	东乌珠穆沁旗	呼热图	118.55	46.32	1.35	1.49
281	柴达木淖日	锡林郭勒盟	西北诸河	内蒙古高原内陆河	内蒙古高原内陆区东部	东乌珠穆沁旗	额吉淖尔	117.16	45.89	1.12	1.27
282	额吉淖日	锡林郭勒盟	西北诸河	内蒙古高原内陆河	内蒙古高原内陆区东部	东乌珠穆沁旗	额吉淖尔	116.50	45.24	20.43	18.04
283	绍荣根诺尔	锡林郭勒盟	西北诸河	内蒙古高原内陆河	内蒙古高原内陆区东部	东乌珠穆沁旗	满都	118.46	46.54	2.75	2.81

续表

序号	湖泊名称	盟市	一级流域	二级流域	三级流域	所在旗县（市、区）	临湖苏木（乡、镇）	经度/(°)	纬度/(°)	35年平均湖泊面积/km²	5年平均湖泊面积/km²
284	准日巴日	锡林郭勒盟	西北诸河	内蒙古高原内陆河	内蒙古高原内陆区东部	东乌珠穆沁旗	满都	118.55	46.63	5.79	6.19
285	乌兰盖戈壁	锡林郭勒盟	西北诸河	内蒙古高原内陆河	内蒙古高原内陆区东部	东乌珠穆沁旗	乌镇	117.49	45.48	113.18	31.22
286	乌兰诺尔	锡林郭勒盟	西北诸河	内蒙古高原内陆河	内蒙古高原内陆区东部	东乌珠穆沁旗	嘎海乐	117.81	46.37	1.85	1.38
287	巴润夏巴尔	锡林郭勒盟	西北诸河	内蒙古高原内陆河	内蒙古高原内陆区东部	东乌珠穆沁旗	嘎海乐	118.43	46.60	5.51	5.69
288	伊和沙巴尔	锡林郭勒盟	西北诸河	内蒙古高原内陆河	内蒙古高原内陆区东部	东乌珠穆沁旗	嘎海乐	117.79	46.45	8.88	4.58
289	巴音高勒水库	锡林郭勒盟	西北诸河	内蒙古高原内陆河	内蒙古高原内陆区东部	阿巴嘎旗	洪格尔高勒镇	115.66	43.34	0.22	0.23
290	查干水库	锡林郭勒盟	西北诸河	内蒙古高原内陆河	内蒙古高原内陆区东部	阿巴嘎旗	查干淖尔镇	115.00	43.45	71.31	36.23
291	呼布尔淖	锡林郭勒盟	西北诸河	内蒙古高原内陆河	内蒙古高原内陆区东部	阿巴嘎旗	巴彦图嘎苏木	114.63	45.14	0.54	0.43
292	布尔德淖日	锡林郭勒盟	西北诸河	内蒙古高原内陆河	内蒙古高原内陆区东部	东乌珠穆沁旗	呼热图	118.78	45.52	1.72	1.98
293	黄旗海	乌兰察布市	西北诸河	内蒙古高原内陆河	内蒙古高原内陆区西部	察右前旗	乌拉哈乡 土贵乌拉镇 巴音塔拉镇	113.25	40.84	39.03	17.88

续表

序号	湖泊名称	盟市	一级流域	二级流域	三级流域	所在旗县（市、区）	临湖苏木（乡、镇）	经度/(°)	纬度/(°)	35年平均湖泊面积/km²	5年平均湖泊面积/km²
294	岱海	乌兰察布市	西北诸河	内蒙古高原内陆河	内蒙古高原内陆区西部	凉城县	麦胡图、岱海镇	112.69	40.58	77.63	54.46
295	白音淖尔	乌兰察布市	西北诸河	内蒙古高原内陆河	内蒙古高原内陆区西部	察右后旗	白音察干镇	113.16	41.49	4.39	2.07
296	乌兰忽少（天鹅湖）	乌兰察布市	西北诸河	内蒙古高原内陆河	内蒙古高原内陆区西部	察右后旗	乌兰哈达苏木	113.26	41.52	7.32	4.91
297	察汗淖	乌兰察布市	西北诸河	内蒙古高原内陆河	内蒙古高原内陆区西部	商都县	小海子镇	113.90	41.47	21.24	9.51
298	七彩湖（田土沟湖）	乌兰察布市	西北诸河	内蒙古高原内陆河	内蒙古高原内陆区西部	商都县	七台镇	113.52	41.52	1.18	2.39
299	四台坊淖	乌兰察布市	西北诸河	内蒙古高原内陆河	内蒙古高原内陆区西部	商都县	大黑沙土镇	114.01	41.53	0.43	0.39
300	西十大股淖	乌兰察布市	西北诸河	内蒙古高原内陆河	内蒙古高原内陆区西部	商都县	大黑沙土镇	114.09	41.64	0.28	0.37
301	巴润查干淖尔	锡林郭勒盟	西北诸河	内蒙古高原内陆河	内蒙古高原内陆区东部	苏尼特左旗	赛罕高毕苏木	112.44	43.66	1.68	1.32
302	巴润达来	锡林郭勒盟	西北诸河	内蒙古高原内陆河	内蒙古高原内陆区东部	苏尼特左旗	巴彦淖尔镇	114.80	43.27	4.76	4.79
303	巴彦淖尔	锡林郭勒盟	西北诸河	内蒙古高原内陆河	内蒙古高原内陆区东部	苏尼特左旗	满都拉图镇	113.20	43.85	2.78	2.48
304	宝楞查干淖尔	锡林郭勒盟	西北诸河	内蒙古高原内陆河	内蒙古高原内陆区东部	苏尼特左旗	巴彦淖尔镇	114.51	43.12	1.80	1.26

续表

序号	湖泊名称	盟市	一级流域	二级流域	三级流域	所在旗县（市、区）	临湖苏木（乡、镇）	经度/(°)	纬度/(°)	35年平均湖泊面积/km²	5年平均湖泊面积/km²
305	德额得玛塔勒	锡林郭勒盟	西北诸河	内蒙古高原内陆河	内蒙古高原内陆区东部	苏尼特左旗	巴彦淖尔镇	114.45	43.21	2.97	2.69
306	迪黑木音高毕	锡林郭勒盟	西北诸河	内蒙古高原内陆河	内蒙古高原内陆区东部	苏尼特左旗	巴彦淖尔镇	114.02	43.21	2.20	2.09
307	阿日毕图呼淖尔	锡林郭勒盟	西北诸河	内蒙古高原内陆河	内蒙古高原内陆区东部	正蓝旗	桑根达来镇	115.79	42.74	1.10	0.93
308	达嘎淖日	锡林郭勒盟	西北诸河	内蒙古高原内陆河	内蒙古高原内陆区东部	正蓝旗	桑根达来镇	115.84	42.69	1.40	1.15
309	德德孙达拉淖尔	锡林郭勒盟	西北诸河	内蒙古高原内陆河	内蒙古高原内陆区东部	正蓝旗	桑根达来镇	115.71	42.73	1.10	0.67
310	敦达淖尔	锡林郭勒盟	西北诸河	内蒙古高原内陆河	内蒙古高原内陆区东部	正蓝旗	那日图苏木	115.59	42.99	1.16	0.71
311	巴彦淖尔	锡林郭勒盟	西北诸河	内蒙古高原内陆河	内蒙古高原内陆区东部	正蓝旗	那日图苏木	115.20	43.06	0.31	0.18
312	准赛罕淖日	锡林郭勒盟	西北诸河	内蒙古高原内陆河	内蒙古高原内陆区东部	正蓝旗	那日图苏木	115.59	43.02	2.84	2.46
313	道都夏日淖尔	锡林郭勒盟	西北诸河	内蒙古高原内陆河	内蒙古高原内陆区东部	正蓝旗	宝绍岱苏木	115.45	42.62	2.10	1.13
314	鸿图音淖尔	锡林郭勒盟	西北诸河	内蒙古高原内陆河	内蒙古高原内陆区东部	正蓝旗	扎格斯台苏木	115.58	42.84	1.03	0.61
315	陶森舒	锡林郭勒盟	西北诸河	内蒙古高原内陆河	内蒙古高原内陆区东部	东乌珠穆沁旗	萨麦	117.21	46.19	0.91	0.86

续表

序号	湖泊名称	盟市	一级流域	二级流域	三级流域	所在旗县（市、区）	临湖苏木（乡、镇）	经度/(°)	纬度/(°)	35年平均湖泊面积/km^2	5年平均湖泊面积/km^2
316	阿尔善特	锡林郭勒盟	西北诸河	内蒙古高原内陆河	内蒙古高原内陆区东部	东乌珠穆沁旗	嘎海乐	118.43	46.27	4.82	2.43
317	查干诺尔	锡林郭勒盟	西北诸河	内蒙古高原内陆河	内蒙古高原内陆区东部	东乌珠穆沁旗	乌镇	116.87	45.48	4.22	3.38
318	额日根淖尔	锡林郭勒盟	西北诸河	内蒙古高原内陆河	内蒙古高原内陆区东部	东乌珠穆沁旗	嘎海乐	117.88	46.38	1.30	1.72
319	贺斯格淖日	锡林郭勒盟	西北诸河	内蒙古高原内陆河	内蒙古高原内陆区东部	东乌珠穆沁旗	嘎海乐	119.26	46.25	2.85	3.50
320	浑德仑诺尔	锡林郭勒盟	西北诸河	内蒙古高原内陆河	内蒙古高原内陆区东部	东乌珠穆沁旗	嘎海乐	118.13	46.48	13.65	9.36
321	塔日牙诺尔	锡林郭勒盟	西北诸河	内蒙古高原内陆河	内蒙古高原内陆区东部	东乌珠穆沁旗	呼热图	117.93	45.43	5.04	1.49
322	乌兰诺尔	锡林郭勒盟	西北诸河	内蒙古高原内陆河	内蒙古高原内陆区东部	东乌珠穆沁旗	呼热图	118.39	45.32	1.47	0.24
323	乌日图淖日	锡林郭勒盟	西北诸河	内蒙古高原内陆河	内蒙古高原内陆区东部	东乌珠穆沁旗	呼热图	118.69	45.59	2.30	3.31
324	伊和宝德日根淖日	锡林郭勒盟	西北诸河	内蒙古高原内陆河	内蒙古高原内陆区东部	东乌珠穆沁旗	嘎海乐	117.86	46.43	1.06	1.03
325	伊和诺尔	锡林郭勒盟	西北诸河	内蒙古高原内陆河	内蒙古高原内陆区东部	东乌珠穆沁旗	道特	117.73	45.57	24.63	16.85
326	伊和诺尔	锡林郭勒盟	西北诸河	内蒙古高原内陆河	内蒙古高原内陆区东部	东乌珠穆沁旗	呼热图	118.98	45.60	1.13	1.36

续表

序号	湖泊名称	盟市	一级流域	二级流域	三级流域	所在旗县（市、区）	临湖苏木（乡、镇）	经度/(°)	纬度/(°)	35年平均湖泊面积/km²	5年平均湖泊面积/km²
327	阿拉坦高勒	锡林郭勒盟	西北诸河	内蒙古高原内陆河	内蒙古高原内陆区东部	苏尼特右旗	赛罕乌力吉苏木	113.87	43.02	1.02	0.66
328	查干淖尔	锡林郭勒盟	西北诸河	内蒙古高原内陆河	内蒙古高原内陆区东部	苏尼特右旗	桑宝力嘎苏木	113.14	42.91	1.36	0.76
329	查干淖尔	锡林郭勒盟	西北诸河	内蒙古高原内陆河	内蒙古高原内陆区东部	苏尼特右旗	赛汉塔拉镇	112.92	43.26	6.75	10.23
330	伊和达布斯	锡林郭勒盟	西北诸河	内蒙古高原内陆河	内蒙古高原内陆区东部	西乌旗	乌兰哈拉嘎苏木	117.85	45.38	2.45	1.93
331	伊克尔	阿拉善盟	西北诸河	河西走廊内陆区	河西荒漠区	阿拉善左旗	巴彦浩特镇	104.70	38.62	0.36	0.36
332	艾伊特	阿拉善盟	西北诸河	河西走廊内陆区	河西荒漠区	阿拉善左旗	巴彦浩特镇	104.93	38.82	0.76	0.81
333	哈尔斯台（蚊子湖）	阿拉善盟	西北诸河	河西走廊内陆区	河西荒漠区	阿拉善左旗	巴彦浩特镇	105.15	38.50	0.70	0.75
334	通古楼淖尔	阿拉善盟	西北诸河	河西走廊内陆区	河西荒漠区	阿拉善左旗	巴彦浩特镇	105.13	38.71	1.26	0.98
335	巴彦霍勒（巴彦霍）	阿拉善盟	西北诸河	河西走廊内陆区	河西荒漠区	阿拉善左旗	巴彦浩特镇	104.65	38.63	0.61	0.60
336	珠斯朗	阿拉善盟	西北诸河	河西走廊内陆区	河西荒漠区	阿拉善左旗	巴彦浩特镇	104.80	38.75	0.54	0.52
337	图克木湖	阿拉善盟	西北诸河	河西走廊内陆区	河西荒漠区	阿拉善左旗	敖伦布拉格镇	105.83	40.68	3.29	3.66

续表

序号	湖泊名称	盟市	一级流域	二级流域	三级流域	所在旗县（市、区）	临湖苏木（乡、镇）	经度/(°)	纬度/(°)	35年平均湖泊面积/km^2	5年平均湖泊面积/km^2
338	巴彦达来湖	阿拉善盟	西北诸河	河西走廊内陆区	河西荒漠区	阿拉善左旗	巴润别立镇	105.41	38.53	3.65	3.97
339	乌尔塔查干柴达木	阿拉善盟	西北诸河	河西走廊内陆区	河西荒漠区	阿拉善左旗	吉兰泰镇	106.10	39.97	0.34	0.20
340	克尔森柴达木	阿拉善盟	西北诸河	河西走廊内陆区	河西荒漠区	阿拉善左旗	吉兰泰镇	105.92	39.95	0.38	0.29
341	包尔达布苏	阿拉善盟	西北诸河	河西走廊内陆区	河西荒漠区	阿拉善左旗	吉兰泰镇	106.13	39.97	0.39	0.40
342	吉兰泰盐湖1	阿拉善盟	西北诸河	河西走廊内陆区	河西荒漠区	阿拉善左旗	吉兰泰镇	105.70	39.77	19.10	23.90
343	巴音布尔都高勒	阿拉善盟	西北诸河	河西走廊内陆区	河西荒漠区	阿拉善左旗	巴彦诺日公苏木	104.43	39.58	9.01	9.85
344	基龙通古哈格	阿拉善盟	西北诸河	河西走廊内陆区	河西荒漠区	阿拉善左旗	巴彦诺日公苏木	104.85	39.40	7.29	7.41
345	克头湖	阿拉善盟	西北诸河	河西走廊内陆区	河西荒漠区	阿拉善左旗	巴彦诺日公苏木	104.23	38.97	49.67	44.84
346	和屯盐池	阿拉善盟	西北诸河	河西走廊内陆区	河西荒漠区	阿拉善左旗	巴彦诺日公苏木	105.00	39.35	5.79	5.51

续表

序号	湖泊名称	盟市	一级流域	二级流域	三级流域	所在旗县（市、区）	临湖苏木（乡、镇）	经度/(°)	纬度/(°)	35年平均湖泊面积/km²	5年平均湖泊面积/km²
347	查汉布鲁格（查汗池）	阿拉善盟	西北诸河	河西走廊内陆区	河西荒漠区	阿拉善左旗	超格图呼热苏木	104.65	38.40	3.92	4.05
348	哈克图湖	阿拉善盟	西北诸河	河西走廊内陆区	河西荒漠区	阿拉善左旗	超格图呼热苏木	104.70	38.23	0.71	0.79
349	巴润吉浪	阿拉善盟	西北诸河	河西走廊内陆区	河西荒漠区	阿拉善左旗	超格图呼热苏木	104.52	38.68	0.41	0.40
350	黑盐湖	阿拉善盟	西北诸河	河西走廊内陆区	河西荒漠区	阿拉善左旗	超格图呼热苏木	104.72	38.28	4.07	3.44
351	那仁哈嘎湖（那仁哈）	阿拉善盟	西北诸河	河西走廊内陆区	河西荒漠区	阿拉善左旗	超格图呼热苏木	104.78	38.30	0.49	0.42
352	呼尔木图	阿拉善盟	西北诸河	河西走廊内陆区	河西荒漠区	阿拉善左旗	额尔克哈什哈苏木	104.20	38.77	0.88	0.90
353	图兰特高勒	阿拉善盟	西北诸河	河西走廊内陆区	河西荒漠区	阿拉善左旗	额尔克哈什哈苏木	104.33	38.65	10.75	7.44
354	巴润吉林	阿拉善盟	西北诸河	河西走廊内陆区	河西荒漠区	阿拉善右旗	雅布赖镇	102.42	39.79	1.12	1.21
355	巴兴高勒湖	阿拉善盟	西北诸河	河西走廊内陆区	河西荒漠区	阿拉善右旗	阿拉腾敖包镇	104.14	39.99	4.31	4.70
356	布尔德	阿拉善盟	西北诸河	河西走廊内陆区	河西荒漠区	阿拉善右旗	塔木素布拉格苏木	103.36	40.18	2.22	2.18

续表

序号	湖泊名称	盟市	一级流域	二级流域	三级流域	所在旗县（市、区）	临湖苏木（乡、镇）	经度/(°)	纬度/(°)	35年平均湖泊面积/km^2	5年平均湖泊面积/km^2
357	车日格勒	阿拉善盟	西北诸河	河西走廊内陆区	河西荒漠区	阿拉善右旗	雅布赖镇	102.25	39.89	1.04	1.06
358	伊和高勒湖	阿拉善盟	西北诸河	河西走廊内陆区	河西荒漠区	阿拉善右旗	塔木素布拉格苏木	103.13	40.07	1.26	0.91
359	呼和吉林	阿拉善盟	西北诸河	河西走廊内陆区	河西荒漠区	阿拉善右旗	雅布赖镇	102.45	39.87	0.93	0.97
360	诺尔图湖	阿拉善盟	西北诸河	河西走廊内陆区	河西荒漠区	阿拉善右旗	雅布赖镇	102.46	39.77	1.28	1.36
361	树贵湖	阿拉善盟	西北诸河	河西走廊内陆区	河西荒漠区	阿拉善右旗	塔木素布拉格苏木	103.58	40.28	3.92	2.99
362	音德尔图（建设海子）	阿拉善盟	西北诸河	河西走廊内陆区	河西荒漠区	阿拉善右旗	雅布赖镇	102.44	39.85	1.00	1.08
363	伊和吉格德	阿拉善盟	西北诸河	河西走廊内陆区	河西荒漠区	阿拉善右旗	巴丹吉林	102.15	39.77	0.98	1.00
364	东居延海	阿拉善盟	西北诸河	河西走廊内陆区	黑河	额济纳旗	苏泊淖尔	101.26	42.30	33.97	73.43
365	河西新湖	阿拉善盟	西北诸河	河西走廊内陆区	黑河	额济纳旗	东风镇	100.12	40.93	7.29	8.99
366	毛布拉湖（东湖）	阿拉善盟	西北诸河	河西走廊内陆区	河西荒漠区	腾格里经济技术开发区	腾格里额里斯镇	104.98	37.63	1.28	2.29

续表

序号	湖泊名称	盟市	一级流域	二级流域	三级流域	所在旗县（市、区）	临湖苏木（乡、镇）	经度/(°)	纬度/(°)	35年平均湖泊面积/km²	5年平均湖泊面积/km²
367	额很诺尔图	阿拉善盟	西北诸河	河西走廊内陆区	河西荒漠区	阿拉善左旗	巴彦浩特镇	105.25	38.42	0.25	0.32
368	阿特格伊克尔	阿拉善盟	西北诸河	河西走廊内陆区	河西荒漠区	阿拉善左旗	巴彦浩特镇	105.13	38.77	0.71	0.60
369	乌兰霍图	阿拉善盟	西北诸河	河西走廊内陆区	河西荒漠区	阿拉善左旗	巴彦浩特镇	105.21	38.59	0.86	0.72
370	额很伊克尔	阿拉善盟	西北诸河	河西走廊内陆区	河西荒漠区	阿拉善左旗	巴彦浩特镇	105.09	38.72	0.44	0.36
371	哈特尔（月亮湖）	阿拉善盟	西北诸河	河西走廊内陆区	河西荒漠区	阿拉善左旗	超格图呼热苏木	105.15	38.46	0.26	0.21
372	雅布赖盐湖	阿拉善盟	西北诸河	河西走廊内陆区	河西荒漠区	阿拉善右旗	雅布赖镇	102.83	39.39	5.31	6.15
373	西居延海	阿拉善盟	西北诸河	河西走廊内陆区	黑河	额济纳旗	赛汉陶来	100.85	42.38	72.93	19.66
374	天鹅湖（进素土海子）	阿拉善盟	西北诸河	河西走廊内陆区	黑河	额济纳旗	苏泊淖尔	101.59	41.95	14.08	48.52
375	巴嘎乌兰高勒（天鹅湖）	阿拉善盟	西北诸河	河西走廊内陆区	河西荒漠区	阿拉善左旗	巴彦浩特镇	105.28	38.68	0.27	0.26
376	中泉子盐湖	阿拉善盟	西北诸河	河西走廊内陆区	河西荒漠区	阿拉善右旗	雅布赖镇	102.72	39.31	3.30	2.05
377	通湖	阿拉善盟	西北诸河	河西走廊内陆区	河西荒漠区	腾格里经济技术开发区	腾格里额里斯镇	104.95	37.58	0.91	1.04

第4章　内蒙古自治区湖长制考核指标体系构建

4.1　内蒙古自治区湖长制实施情况及存在问题

4.1.1　湖长制实施情况

2018年8月3日，内蒙古自治区党委办公厅、政府办公厅印发了《内蒙古自治区实施湖长制工作方案》，明确自治区河湖长体系采用双总河湖长制。为贯彻落实《关于在湖泊实施湖长制的指导意见》（厅字〔2017〕51号）及《内蒙古自治区实施湖长制的工作方案》（厅发〔2018〕4号）精神。目前，内蒙古已建立自治区、盟市、旗县（市、区）、苏木（乡、镇）“四级”湖长制组织体系、制度体系、责任体系。内蒙古现已全面建立湖长制。内蒙古自治区有655个湖泊实施湖长制，其中本次湖长制考核工作涉及11个地级行政区和55个县级行政区。

湖泊历史观测和资料成果较少，湖长制设置前大多未做过系统的规划和治理。湖长制实施过程中大多采用统一的湖长制工作方案。工作方案在六大任务的基础上主要通过规划节水治污等工程措施、法规出台、体制完善、治理“四乱”问题等途径实现湖泊的管理与保护。除问题突出的几个典型湖泊外，均缺少对湖泊水量、水质、水域和水流等方面指标改善的量化目标和措施。

4.1.2　湖长制已有考核指标分析

湖长制设立和实施以来，各盟市针对不同湖泊采取了不同考核指标。主要包括湖面面积、水质标准、入湖污染物削减、农业节水、工业节水、污水减排及中水利用、农业面源污染防治、生态补水等。但这些考核指标多是以旗县区范围为主。目前湖长制工作方案及相关规划中，已明确提出湖面面积考核指标的湖泊有岱海、乌梁素海、呼伦湖、居延海、红碱淖等，详见表4-1-1。

表4-1-1　　主要湖泊已有考核指标汇总

湖泊名称	水量指标	水质指标	水域指标	依据成果
岱海	生态补水2000万m^3	Ⅳ类	$>50km^2$	《岱海水生态保护规划》
乌梁素海	生态补水5.65亿m^3	Ⅳ类	$>293km^2$	《乌梁素海综合治理规划》

续表

湖泊名称	水量指标	水质指标	水域指标	依据成果
呼伦湖	生态补水 11 亿 m^3	Ⅳ类	2006.5～2065.8km^2	《呼伦湖流域生态与环境综合治理实施方案》
居延海	生态补水 0.5 亿 m^3	Ⅳ类	＞40km^2	《黑河流域综合规划》
红碱淖	生态补水 100 万 m^3	Ⅲ类	＞40km^2	《红碱淖水资源综合规划》

4.1.3 湖长制实施现状存在的问题

内蒙古自治区在实施湖长制工作以来，取得了一定的成效。但由于内蒙古湖泊数量众多、水资源条件和开发利用情况不同、水污染成因和生态退化程度不同，在湖长制实施过程中也出现了一些问题。

4.1.3.1 现有一湖一策或相关规划的考核指标需要进一步完善

如前所述，虽然在湖长制实施后，内蒙古自治区主要湖泊都设定了水量和水质等方面的考核指标。根据 2017—2019 年遥感解译成果，湖面积考核指标基本达到预期目标，但大部分湖泊的水质指标均难达到目标水质要求。因此，水质指标考核标准是否合理还需要进一步复核。此外，大部分湖泊治理方案或流域规划均提出了针对维持湖泊水域面积和改善湖泊水质的工程措施，如点源、面源污染控制等措施。但并未提出工程建成后具体的效益和预期考核指标，导致难以量化考核。

4.1.3.2 河长制与湖长制衔接性不强

按照水利部的要求，统筹抓好河长制与湖长制实施工作，统筹加强河流与湖泊管理保护，将湖长制目标任务纳入河长制，实现统一部署、统一推进、统一落实、统一考核，实现有机衔接、共同见效。

由于内蒙古湖泊受地形等因素控制，大部分属于尾闾湖，即河流的末端，一个湖同时受到不同河流的控制。如鄂尔多斯红碱淖，受扎萨克河（营盘河）、独石犁河、蟒盖河、壕赖河、齐盖素河（亦称七格芦河）、尔林兔河、前庙河等河流汇入影响；呼伦贝尔市的呼伦湖受克鲁伦河、乌尔逊河等；乌兰察布市岱海受五苏木沟、索代沟、大河沿河、天成河、步量河、五号河、弓坝河等河流补给；赤峰市达里诺尔受套林郭勒、央森郭勒、贡格尔河、浩来郭勒等河流补给。虽然，这些河流与湖泊都已经相继完成了“一河（湖）一策”方案的编制，并对照任务开始实施，但这些河流的“一河（湖）一策”与湖泊的“一湖一策”方案衔接性不强。除了共性的区域三条红线考核约束性指标，其余均是岸线划定、清四乱等河流和湖泊各自独立性指标。没有考虑河流对湖泊的补给关系，缺少衡量河湖系统治理工作的关键性表征指标。

以岱海为例，岱海凉城县开发利用区水功能区考核目标水质设定为Ⅳ类，但其补给河流五苏木沟、索代沟、大河沿河、天成河、步量河、五号河、弓坝河等均未划定水功能区。其考核目标应不低于岱海的水质考核目标。岱海现状水质为劣Ⅴ类，现有工作治理措施均围绕湖盆周边，对补给河流提出的措施以非工程措施为主。若不把岱海的湖长制考核目标纳入这些补给河流的河长制考核方案，将导致水资源管理脱节，湖长成效难以体现。

以跨省区红碱淖为例，尽管大部分湖泊范围在陕西省境内，红碱淖内蒙古部分考核目标应与陕西部分考核目标协调一致，且必须紧密联系红碱淖所在河流的补给情况，如札萨克河的札萨克水库城镇供水与下游生态下泄流量如何协调。

综上所述，湖长制考核不能仅考核湖泊自身，还应包括湖泊所在流域的补给河流、地下水开发利用及所在区域的水资源管理整体情况。

4.1.3.3 现有湖长制工作目标问题导向不突出

根据各个主要湖泊的湖长制实施情况，如呼伦湖、乌梁素海、岱海、居延海、红碱淖、达里湖等主要湖泊，在湖长制实施以前都制定了相应的治理或生态修复规划。因此，这些湖泊的湖长制考核指标应有针对性，突出反映现状存在的实际问题，不能再简单按照水利部指南列出的目标或指标进行考核。考核目标应以问题为导向，突出上述规划实施后成效与预期的相符性。衡量湖长制实施效果的关键就是考核指标。如果考核指标避重就轻、避难就易，上述规划治理效果将大打折扣。

4.1.3.4 湖长制现有考核方案可操作性有待提升

水利部《一河（湖）一策编制指南》属于宏观性、指导性规范，尚未基于此形成统一的考核标准。内蒙古地区气候、水文、地理以及地质条件复杂多样，湖泊众多、各具特色且散布在各类地貌单元上。现有的其他省（自治区、直辖市）湖泊考核方法难以完全适用于内蒙古自治区湖泊管理需求，在许多关键性问题上还存在不可操作性，如干湖和季节性湖泊怎么考核，水面萎缩型和水质降级型湖泊如何制定适宜的考核指标等。

以地域辽阔的锡林郭勒盟为例，大多以季节性湖泊为主，湖泊主要受大气降水补给，受气候影响湖泊面积年际变化很大。这是否适合设置水量或水域面积考核指标，在强蒸发浓缩作用下，盐分不断积累沉淀，是否适合设置水质考核指标。

以位于三大沙漠的阿拉善盟为例，大部分沙漠湖泊虽然面积较小，干旱少雨，但常年有水。这些湖泊受地下水潜流补给影响很大，但这些区域有历史监测资料的湖泊极少。另外，一些管理类指标也存在实际难以操作的问题，如岸线管理和巡湖监督。阿拉善左旗就存在盟级、旗级、苏木级行政领导同时兼任

5～10个湖泊的湖长。这些湖泊分布较散，交通、气候条件对巡湖和岸线管理造成很大阻力，若每个湖泊设置至少3次巡湖等考核指标，实际操作将难以完成。

综上所述，内蒙古自治区湖长制工作在持续推进，部分区域已经显现成效。但离规划目标还有一定距离，大部分区域还存在治理难、管理难等很多问题。这些都为湖长制考核指标体系构建提供了问题导向依据。

4.2　指标选取依据和原则

4.2.1　指标筛选原则

4.2.1.1　代表性

代表性原则要求充分体现湖泊特色。由于水资源时空分布不均匀，同一区域不同时间阶段水资源量也不同，反映了湖泊的补给排泄过程动态变化的特点，也客观反映了水环境容量的相对极限性。需要统筹考虑河流湖泊水体特性和治理规律，突出不同区域不同类型河流湖泊治理重点，细化分解湖长制的六大工作任务。针对每一类或每一个湖泊存在的关键问题及拟采取的治理措施建立考核指标，确保其河湖管理与保护任务实施效果可量化、可考核。

4.2.1.2　时效性

时效性原则要求重点突出湖长制工作成效。结合已完成的“一湖一策”实施方案设定的考核目标和指标，结合各个区域河长制湖长制建设、任务落实等方面特色工作内容，选取考核指标。把湖长制实施前后资源消耗、环境损害、生态效益等指标的情况及时反映出来，同时可以更加全面地衡量发展的质量和效益。

4.2.1.3　系统性

系统性原则要求把湖长制考核与其他考核通盘考虑，衔接已有关联考核。与国家最严格水资源管理制度、水污染防治行动计划等有关考核相衔接。以主体功能区规划为基础，严守生态保护红线、环境质量底线、资源消耗上线，强化规划环评刚性约束，选用其中与水资源保护、水污染防治、水环境治理、水生态修复等紧密相关的指标。相关指标已有明确考核目标的，依据相关考核目标设置评价标准。

4.2.1.4　科学性

《关于在湖泊实施湖长制的指导意见》要求根据不同湖泊存在的主要问题，实行差异化绩效评价考核。考核评估是否到位，也是全面衡量湖长制工作成效的有效手段，有助于进一步落实湖长制关于强化考核问责工作的要求。

科学性原则要求湖长制设置的指标既有多元化特点，涵盖资源、经济、社会、环境和生态系统，又要注意弹性。湖长制工作目标之一是维持水生态环境系统的稳定，不同生态环境保护的目标将影响生态补水规模。通过设置赋分及赋分权重，反映不同类型湖泊不同区域湖长制相关任务的差异化工作要求。通过设置约束性指标，着力解决突出问题，包括行业用水和生态环境用水弹性约束。一方面，行业用水弹性表征维持和满足当地社会文化和生产生活的用水水平；另一方面，生态环境约束弹性体现了生态环境对经济社会的制约程度。通过设置激励加分项，鼓励各地结合实际开展湖长制工作的创新实践。通过设置惩罚扣分项，督促各地充分重视湖长制重点工作。

4.2.1.5　可操作性

可操作性原则要求在湖长制考核指标体系构建中做到宏观把控与微观量化相结合。受区域内空间结构、水资源条件、用水效率、排污水平、生态环境等差异影响，不同类型的区域的水资源条件虽然一致，但由于用水结构和用水效率不同使得其承载的规模有所差异。宏观上，可根据中央、水利部、自治区等有关湖长制工作要求，全面构建考核评价指标体系。微观上，具体考核评价指标则需要考虑调查、测评、统计的可行性，所设指标便于量化，数据便于采集和计算。

4.2.2　已有考核指标

4.2.2.1　水利部《一河（湖）一策实施方案指南》推荐考核指标

根据水利部《一河（湖）一策实施方案指南》（简称《指南》）要求，各地可选择、细化、调整下述供参考的总体目标清单。

水资源保护目标包括河湖取水总量控制、饮用水水源地水质、水功能区监管和限制排污总量控制、提高用水效率、节水技术应用、沿湖地区用水管理、湖泊取水总量控制、湖泊取水许可监督管理、湖泊生态水量等指标。

水域岸线管理保护目标包括河湖管理范围划定、河湖生态空间划定、水域岸线分区管理、河湖水域岸线内清障、湖泊水域面积管控、严格控制围网养殖、涉湖项目管理、重要湖泊纳入生态保护红线管理、湖泊岸线自然形态、推进多规合一等指标。

水污染防治目标一般包括入河湖污染物总量控制、河湖污染物减排、入河湖排污口整治与监管、面源与内源污染控制、工业污染防治、城镇污染防治、养殖污染防治、农业面源污染防治、农村生活污水及生活垃圾处理等指标。

水环境治理目标包括控制断面水质、水功能区水质、黑臭水体治理、污废水收集处理、沿岸垃圾废料处理等指标，有条件的地区可增加亲水生态岸线建设、农村水环境治理等指标。

水生态修复目标包括河湖连通性、主要控制断面生态基流、重要生态区域（源头区、水源涵养区、生态敏感区）保护、重要水生生境保护、重点水土流失区监督整治等指标。有条件的地区可增加河湖清淤疏浚、建立生态补偿机制、水生生物资源养护、湖泊健康评价等指标。

健全湖泊执法监管机制目标包括部门联合执法、行政执法与刑事司法衔接、湖泊日常监管巡查、落实湖泊管理保护执法监管责任主体。

由于《指南》属于宏观性指导文件，所列考核指标并不完全适用于内蒙古自治区湖长制考核指标体系。考虑到太湖流域是我国较早开展湖长制工作的区域，其考核指标体系较为全面。因此，本书以较成熟的太湖流域湖长制考核体系为例展开分析。按照已设定的指标设立原则，甄选适合内蒙古自治区湖长制考核指标体系的适宜指标。

1. 基本适合选入考核指标体系的指标

太湖流域湖长制考核指标体系准则层主要分为建立健全湖长制工作机制和落实主要任务两大部分。其中建立健全湖长制工作机制共包含12项具体指标，落实主要任务主要包含六大任务共41项具体指标（表4-2-1）。

表4-2-1 太湖流域湖长制考核指标体系

准则层		指标层	是否适合作为考核指标
评价内容		评价指标	
建立健全湖长制工作机制		建立湖长体系	基本适合
		湖长制公示牌更新维护	基本适合
		湖长制责任落实	基本适合
		湖长制工作机构及责任落实	基本适合
		“一湖一档”建立	基本适合
		“一湖一策”编制	基本适合
		湖长制制度落实情况	基本适合
		湖长制管理信息系统	基本适合
		湖泊管护体制机制	基本适合
		资金保障落实	基本适合
		湖长制宣传教育	基本适合
		流域区域协作交流	基本适合
落实主要任务	严格湖泊水域空间管控	湖泊管理范围划界确权	基本适合
		严格控制开发利用行为	基本适合
		湖泊水域面积管控	基本适合
		严格控制围网养殖	基本适合
		涉湖项目管理	基本适合
		重要湖泊纳入生态保护红线管理	基本适合

续表

<table>
<tr><th colspan="2">准　则　层</th><th>指　标　层</th><th rowspan="2">是否适合作为考核指标</th></tr>
<tr><th colspan="2">评价内容</th><th>评价指标</th></tr>
<tr><td rowspan="30">落实主要任务</td><td rowspan="5">强化湖泊岸线管理保护</td><td>湖泊岸线控制线</td><td>基本适合</td></tr>
<tr><td>湖泊岸线功能分区</td><td>基本适合</td></tr>
<tr><td>湖泊岸线开发利用度</td><td>基本适合</td></tr>
<tr><td>湖泊岸线自然形态</td><td>基本适合</td></tr>
<tr><td>推进多规合一</td><td>不适合</td></tr>
<tr><td rowspan="13">加强湖泊水资源保护与水污染防治</td><td>湖泊取用水节水管理</td><td>基本适合</td></tr>
<tr><td>沿湖地区用水管理</td><td>基本适合</td></tr>
<tr><td>湖泊取水总量控制</td><td>基本适合</td></tr>
<tr><td>湖泊取水许可监督管理</td><td>基本适合</td></tr>
<tr><td>湖泊生态水量（水位）</td><td>基本适合</td></tr>
<tr><td>入湖排污口管理</td><td>基本适合</td></tr>
<tr><td>入湖排污总量管理</td><td>基本适合</td></tr>
<tr><td>水功能区水质</td><td>基本适合</td></tr>
<tr><td>工业污染防治</td><td>基本适合</td></tr>
<tr><td>城镇污染治理</td><td>基本适合</td></tr>
<tr><td>养殖污染防治</td><td>基本适合</td></tr>
<tr><td>农业面源污染治理</td><td>基本适合</td></tr>
<tr><td>农村生活污水及生活垃圾处理</td><td>基本适合</td></tr>
<tr><td rowspan="7">加大湖泊水环境综合整治力度</td><td>黑臭水体控制比例</td><td>不适合</td></tr>
<tr><td>生态清洁小流域建设</td><td>不适合</td></tr>
<tr><td>湖泊生态清淤</td><td>基本适合</td></tr>
<tr><td>入湖河道整治</td><td>基本适合</td></tr>
<tr><td>加大湖泊引排水</td><td>基本适合</td></tr>
<tr><td>湖泊饮用水水源保护区划定</td><td>不适合</td></tr>
<tr><td>湖泊饮用水水源地达标及规范化建设</td><td>不适合</td></tr>
<tr><td rowspan="6">开展湖泊生态治理修复</td><td>退田还湖还湿、退渔还湖</td><td>基本适合</td></tr>
<tr><td>河湖水系连通</td><td>基本适合</td></tr>
<tr><td>湖泊生态护岸比例</td><td>基本适合</td></tr>
<tr><td>沿湖湿地建设</td><td>基本适合</td></tr>
<tr><td>水生生物资源养护、水生生物多样性</td><td>基本适合</td></tr>
<tr><td>湖泊健康评价</td><td>基本适合</td></tr>
</table>

续表

准　则　层		指　标　层	是否适合作为考核指标
评价内容		评价指标	
落实主要任务	健全湖泊执法监管机制	部门联合执法	基本适合
		行政执法与刑事司法衔接	不适合
		湖泊日常监管巡查	基本适合
		落实湖泊管理保护执法监管责任主体	基本适合

建立健全湖长制工作机制的考核指标分别是建立湖长体系、湖长制公示牌更新维护、湖长制责任落实、湖长制工作机构及责任落实、“一湖一档”建立、“一湖一策”编制、湖长制制度落实情况、湖长制管理信息系统、湖泊管护体制机制、资金保障落实、湖长制宣传教育、流域区域协作交流。这 12 项指标均是湖长制实施的具体要求，属于通用管理指标。因此，这 12 项指标基本适合选入内蒙古自治区湖长制考核指标体系。

严格湖泊水域空间管控任务中，湖泊管理范围划界确权、严格控制开发利用行为、湖泊水域面积管控、严格控制围网养殖、涉湖项目管理等 5 项指标涵盖了湖泊水域管理的具体内容。因此，这 5 项指标基本适合选入内蒙古自治区湖长制考核指标体系。但还需要根据湖泊水域特征来具体划分。如对于干涸湖泊，仅湖泊管理范围划界确权和涉湖项目管理这两项指标具有实践意义和可操作性。

严格湖泊水域空间管控任务中，重要湖泊纳入生态保护红线管理考核指标主要根据《国家生态保护红线——生态功能红线划定技术指南（试行）》（简称《技术指南》）和《全国主体功能区规划》要求，将湖泊管理与生态红线管理相统一。根据《内蒙古自治区国家生态保护红线划定建议方案》，内蒙古自治区生态功能红线划定类型包括重要生态功能区红线，生态敏感区、脆弱区红线和禁止开发区红线，总面积为 308192.41km^2，占内蒙古自治区总面积的 26.05%。根据 655 个实施湖长制的湖泊所在位置，叠加生态红线范围后，有 80%以上的湖泊位于已划定生态红线范围内。故重要湖泊纳入生态保护红线管理考核指标适合选入考核指标体系。

强化湖泊岸线管理保护任务中，湖泊岸线控制线、湖泊岸线功能分区、湖泊岸线开发利用度、湖泊岸线自然形态这 4 项指标反映了岸线管理和保护的主要需求。因此，这 4 项指标基本适合选入内蒙古自治区湖长制考核指标体系。但还需要根据湖泊水域特征来具体划分。如岸线控制线、湖泊岸线功能分区、湖泊岸线开发利用度，这 3 项指标主要适用于常年有水湖泊。

加强湖泊水资源保护与水污染防治任务中，湖泊取用水节水管理、沿湖地区用水管理、湖泊取水总量控制、湖泊取水许可监督管理、湖泊生态水量（水位)、入湖排污口管理、入湖排污总量管理、水功能区水质、工业污染防治、城镇污染治理、养殖污染防治、农业面源污染治理、农村生活污水及生活垃圾处理这13项是湖长制工作的重点。因此，这13项指标基本适合选入内蒙古自治区湖长制考核指标体系。但还需要根据湖泊水域特征来具体划分。如对于干涸湖泊，仅农业面源污染治理、农村生活污水及生活垃圾处理这两项指标具有实践意义和可操作性。

加大湖泊水环境综合整治力度任务中，湖泊生态清淤、入湖河道整治、加大湖泊引排水这3项指标是内蒙古湖长制实施的重要保障。由于内蒙古自治区湖泊以闭流盆地构造湖居多，保障入湖水量和定期生态清淤十分关键。因此，这3项指标基本适合选入内蒙古自治区湖长制考核指标体系。

开展湖泊生态治理修复任务中，退田还湖还湿或退渔还湖、沿湖湿地建设、水生生物资源养护及水生生物多样性、湖泊健康评价这4项指标基本适合选入湖长制考核指标，但不适用于干涸湖泊。

健全湖泊执法监管机制任务中，部门联合执法、湖泊日常监管巡查、落实湖泊管理保护执法监管责任主体这3项指标属于执法监管的通用指标。因此，基本适合选入内蒙古湖长制考核指标体系。

综上所述，共有47项指标基本适合选入内蒙古自治区湖长制考核指标体系。

2. 不适合选入考核指标体系的指标

强化湖泊岸线管理保护任务中，推进多规合一实质与建立健全湖长制工作机制中的考核指标存在重复。因此，不适合选入考核指标体系。

加大湖泊水环境综合整治力度任务中，黑臭水体控制比例指标，一方面与水质类考核指标重复，另一方面由于内蒙古湖泊季节性变化很大，难以具体划定黑臭水体面积比，可操作性较低。因此，不适合选入考核指标体系。生态清洁小流域建设主要针对水土流失区域，而655个实施湖长制的湖泊不涉及水土流失敏感区。因此，不适合选入考核指标体系。655个实施湖长制的湖泊不涉及饮用水水功能区。因此，湖泊饮用水水源保护区划定和湖泊饮用水水源地达标及规范化建设，这2项指标不适合选入考核指标体系。

健全湖泊执法监管机制任务中，湖泊所在流域涉湖水事纠纷很少。因此，行政执法与刑事司法衔接指标不适合选入考核指标体系。

综上所述，共有6项指标不适合选入内蒙古自治区湖长制考核指标体系。

3. 基本适合类指标存在的问题

上述甄选适合选入内蒙古自治区湖长制考核体系的指标有47项。但这47项中仍有众多关联性和重复性指标，且部分指标虽涉及内蒙古湖泊存在的主要问题。但指标的针对性不强或考核标准难以量化。因此，需要再结合其他不同层次提出的指标进一步统筹分析，归类并整理为最终适用于内蒙古自治区湖长制考核指标体系的指标。

4.2.2.2 河湖健康评估指标

根据水利部发布的行业标准《河湖健康评估技术导则》，采用目标层、准则层和指标层 3 层次指标体系，共计 24 个评估指标。计算河湖健康评估指标赋分，评估河湖健康状况，具体指标详见表 4-2-2。

表 4-2-2　河湖健康评估指标

<table>
<tr><th>目标层</th><th>准则层</th><th>湖泊指标层</th><th>湖长制任务
准则层</th><th>是否适合
作为考核指标</th></tr>
<tr><td rowspan="24">河湖
健康</td><td rowspan="4">水文水
资源</td><td>水资源开发利用率</td><td>水资源保护</td><td>基本适合</td></tr>
<tr><td>入湖流量变异程度</td><td>水资源保护</td><td>不适合</td></tr>
<tr><td>最低生态水位满足程度</td><td>水资源保护</td><td>不适合</td></tr>
<tr><td>水土流失治理程度</td><td>水生态保护</td><td>基本适合</td></tr>
<tr><td rowspan="5">物理结构</td><td>湖岸带稳定性</td><td>水域岸线保护</td><td>不适合</td></tr>
<tr><td>湖岸带植被覆盖度</td><td>水域岸线保护</td><td>基本适合</td></tr>
<tr><td>湖岸带人工干扰程度</td><td>水域岸线保护</td><td>基本适合</td></tr>
<tr><td>湖库连通指数</td><td>水域岸线保护</td><td>不适合</td></tr>
<tr><td>湖泊面积萎缩比例</td><td>水生态保护</td><td>基本适合</td></tr>
<tr><td rowspan="6">水质</td><td>入湖排污口布局合理程度</td><td>水污染防治</td><td>不适合</td></tr>
<tr><td>水体整洁程度</td><td>水污染防治</td><td>不适合</td></tr>
<tr><td>水质优劣程度</td><td>水污染防治</td><td rowspan="3">近期不适合、
远期建议考核</td></tr>
<tr><td>富营养化状况</td><td>水污染防治</td></tr>
<tr><td>底泥污染状况</td><td>水污染防治</td></tr>
<tr><td>水功能区达标率</td><td>水资源保护</td><td>基本适合</td></tr>
<tr><td rowspan="5">生物</td><td>浮游植物密度</td><td>水生态保护</td><td rowspan="5">近期不适合、
远期建议考核</td></tr>
<tr><td>浮游动物生物损失指数</td><td>水生态保护</td></tr>
<tr><td>大型水生植物覆盖度</td><td>水生态保护</td></tr>
<tr><td>大型无脊椎动物
生物完整性指数</td><td>水生态保护</td></tr>
<tr><td>鱼类保有指数</td><td>水生态保护</td></tr>
<tr><td rowspan="4">社会服务
功能</td><td>公众满意度</td><td>社会服务</td><td>不适合</td></tr>
<tr><td>防洪指标</td><td>社会服务</td><td>不适合</td></tr>
<tr><td>供水指标</td><td>社会服务</td><td>不适合</td></tr>
<tr><td>航运指标</td><td>社会服务</td><td>不适合</td></tr>
</table>

根据湖长制考核的需要和指标选取原则，基本适合作为湖长制考核指标的有水资源开发利用率、水土流失治理程度、湖岸带指标覆盖度、湖岸带人工干扰程度、湖面面积萎缩比例、水功能区达标率等6项指标，近期不适合、远期建议考虑的考核指标有水质优劣程度、富营养化状况、底泥污染状况、浮游植物密度、浮游动物生物损失指数、大型水生植物覆盖度、大型无脊椎动物生物完整性指数、鱼类保有指数等8项，不适合作为湖长制考核指标的有10项。

1. 基本适合选入考核指标体系的指标

水资源开发利用率指标用于评估河湖流域地表水供水量占流域地表水资源量的百分比，是区域水资源消耗程度的直观体现，对受人类活动影响主导的湖泊影响很大。但目前水资源评价尺度仅细分至旗县区一级。因此，该指标仅适用于常年有水湖泊中水域面积较大的湖泊，而在考核水面面积较小的湖泊、季节性湖泊和干湖时难以适用。

水土流失治理程度指标用于评估河湖集水区范围内水土流失治理面积占总水土流失面积的比例。本次工作收集了各个盟市的湖长制“一湖一策”及相关资料，均设定了水土流失区域或水土流失治理区治理目标。因此，该指标作为适合考核指标。

湖岸带指标覆盖度指标用于评估河湖岸带植被（包括自然和人工）垂直投影面积占河湖岸带面积的比例。重点评估河湖岸带陆向范围乔木（6m以上）、灌木（6m以下）和草本植物的覆盖状况。评估可采用参照系比对赋分法、直接评判赋分法或遥感解译评价。由于干湖已不具备生态服务功能，故该指标主要适用于常年有水湖泊。

湖岸带人工干扰程度指标主要调查湖岸带及其邻近陆域是否存在以下16类人类活动：河岸硬质性砌护、采砂、沿岸建筑物（房屋）、公路（铁路）、垃圾填埋场或垃圾堆放、管道、农业耕种、畜牧养殖、打井、挖窖、葬坟、晒粮、存放物料、开采地下资源、考古发掘及集市贸易。该指标基本适用于全部湖泊。

湖面面积萎缩比例指标是计算年湖泊水面萎缩面积与历史参考年湖泊水面面积的比例。该指标基本适用于季节性湖泊和常年有水湖泊。

水功能区达标率指标主要评估达标水功能区个数占评估水功能区个数比例。水质达标率按全因子评估，评估标准与方法遵循《地表水资源质量评价技术规程》（SL 395）相关规定。本书收集了各个盟市的湖长制“一湖一策”及相关资料。655个已设置湖长的湖泊中，有呼伦湖、乌梁素海、岱海、黄旗海、哈素海、居延海、达里湖，共7个湖泊设置有11个水功能区，其余湖泊均未设置水功能区。因此，该指标主要适用于已设置水功能区达标率指标的湖泊。

综上所述，共有6项指标基本适合选入内蒙古自治区湖长制考核指标体系。

2. 不适合选入考核指标体系的指标

部分湖泊缺少入湖水文站，且大部分湖泊以闭流湖为主。常年性有水的吞吐湖仅乌梁素海、哈素海、呼伦湖等，而这些湖泊的入湖流量与人工生态补水密切相关。因此，从实际可操作性角度，入湖流量变异程度、最低生态水位满足程度、河湖连通性指数、水体整洁程度等指标不适合作为考核指标。

湖岸带稳定性指标主要针对岸坡侵蚀现状（包括已经发生的或潜在发生的河岸侵蚀）进行评估。评估要素包括：岸坡倾角、河岸高度、基质特征、岸坡植被覆盖度和坡脚冲刷强度。该指标与上一指标（水土流失治理程度）密切相关。本次工作收集了各个盟市的湖长制“一湖一策”及相关资料，未发现有湖泊位于水土流失区域或水土流失治理区。因此，该指标作为考核指标无实际意义。

入河湖排污口布局合理程度指标主要评估入河湖排污口合规性及其混合区规模。本次工作收集了各个盟市的湖长制“一湖一策”及相关资料。655个已设置湖长的湖泊中，原有排污口均全封闭，现状均未发现有入河排污口。因此，该指标作为考核指标无实际意义。

社会服务功能准则层指标包括公众满意度、防洪指标、供水指标和航运指标。其中公众满意度是指公众对河湖环境、水质水量、涉水景观、舒适性、美学价值等的满意程度，多采用问卷调查形式进行，与水利部《一河（湖）一策实施方案指南》推荐考核指标中公众参与指标存在关联性和重复性，且该满意度指标受主观影响较大。现有省市和流域的湖长制管理中大多作为加分或惩罚项来进行考虑，而不是约束性指标。因此，本次工作也不考虑公众满意度作为考核指标。具有吞吐功能的湖泊涉及防洪指标、供水指标和航运指标，均已包含在各盟市已实施的“一湖一策”实施方案中。为避免重复考核，亦不考虑防洪指标、供水指标和航运指标作为湖长制考核指标。

综上所述，共有10项指标不适合选入内蒙古自治区湖长制考核指标体系。

3. 近期不适合、远期建议选入考核指标体系的指标

水质优劣程度指标主要按照湖泊水质类别所占湖面面积比例来划定。湖泊富营养化指数指标根据湖库富营养化指数值确定湖库富营养化指数赋分。底泥污染指数由底泥中每一项污染物浓度与对应标准值相除得出。这3项指标实际已包含在水质类别和水功能区水质断面达标率两项指标中，属于关联

性和重复性指标。本次工作收集了各个盟市的湖长制“一湖一策”及相关资料。655个已设置湖长的湖泊中，仅有18个湖泊有长期水质监测数据，且有不同类别水质所占面积比例和富营养化指数季节性变化较大，导致指标实际考核难度较大。而底泥污染指数因缺少足够的湖泊背景调查评价数据作为支撑，导致无法划定参照标准。从管理来说，湖泊富营养化、底泥污染指数等监测与评价口径主要在内蒙古自治区生态环境厅。因此，这些指标虽近期不适合直接考核，但远期应按照内蒙古自治区生态环境厅的要求逐步纳入考核指标体系内。

生物准则层指标主要包括浮游植物数量、浮游生物损失指数、大型水生植物覆盖度、大型无脊椎动物生物完整性指数、鱼类保有指数等指标。655个已设置湖长的湖泊中，仅有少数常年有水湖泊开展生物调查评价工作，但评价尺度、范围和标准均不一致。因此，生物准则层的五项评估指标现阶段均难以适用于湖长制考核。生物准则层指标涉及范围较广，其管理权也分别属于农牧业厅、生态环境厅等，这些指标虽近期不适合直接考核，但远期应按照农牧业厅、生态环境厅的要求逐步纳入考核指标体系内。

综上所述，共有8项指标近期不适合、远期建议选入考核指标体系。

4.2.2.3　自治区国民经济“十三五”规划设置的资源环境约束指标

内蒙古自治区对照《“十三五”生态环境保护规划》等的要求，规划明确了到2020年生态环境质量总体改善的主要目标，提出生态环境保护的约束性指标达到12项，分别是地级及以上城市空气质量优良天数、细颗粒物未达标地级及以上城市浓度、地表水质量达到或好于Ⅲ类水体比例（《内蒙古自治区水污染防治目标责任书》中确定的52个考核断面）、地表水质量劣Ⅴ类水体比例、森林覆盖率、森林蓄积量、受污染耕地安全利用率、污染地块安全利用率，以及化学需氧量、氨氮、二氧化硫、氮氧化物污染物排放总量；预期性指标9项，分别是地级及以上城市重度及以上污染天数比例、重要江湖湖泊水功能区水质达标率（列入国家考核名录的136个水功能区，其中参与评价的有115个水功能区）、地下水质量极差、湿地保有量、草原植被盖度、呼伦湖汇水范围内总氮排放总量减少、乌梁素海汇水范围内总氮排放总量减少、新增沙化土地治理面积、新增水土流失治理面积。

1. 相关性指标筛选

上述指标中水环境质量与湖长制直接关联指标有7项。按照山水林田湖系统治理的思路，与湖泊治理间接相关的生态环境类指标有9项，详见表4-2-3。

表 4-2-3 自治区国民经济“十三五”规划设置的资源环境约束指标

指标			2020 年目标值			与湖长制相关性
			当年指标	累计指标	指标属性	
1	空气质量	地级及以上城市空气质量全年达标天数比例/%	＞83.8		约束性	不相关
2		细颗粒物未达标地级及以上城市浓度下降/%		12	约束性	不相关
3		地级及以上城市重度及以上污染天数比例下降/%		25	预期性	不相关
4	水环境质量	地表水考核断面水质达到或优于Ⅲ类水体比例/%	59.6		约束性	直接相关
5		地表水考核断面水质劣Ⅴ类水体比例/%	3.8		约束性	直接相关
6		重要江湖湖泊水功能区水质达标率/%	71		预期性	直接相关
7		地下水质量极差比例/%	21.3		预期性	直接相关
8	土壤环境质量	受污染耕地安全利用率/%	≥90		约束性	不相关
9		污染地块安全利用率/%	≥90		约束性	不相关
10	生态环境	森林覆盖率/%	23		约束性	间接相关
11		活立木蓄积量/亿 m^3	16		约束性	间接相关
12		湿地保有量/万亩	9000		预期性	间接相关
13		草原植被盖度/%	45		预期性	间接相关
14	污染物排放总量	重点生态功能区所属县域生态环境状况指数	＞48.9		约束性	间接相关
15		二氧化硫污染物排放总量减少/%		11	约束性	间接相关
16		氮氧化物污染物排放总量减少/%		11	约束性	间接相关
17		化学需氧量污染物排放总量减少/%		7.1	约束性	直接相关
18		氨氮污染物排放总量减少/%		7	约束性	直接相关
19		呼伦湖、乌梁素海汇水范围内总氮排放总量减少/%		10	预期性	直接相关
20	生态保护修复	新增沙化土地治理面积/万 km^2		4.09	预期性	间接相关
21		新增水土流失治理面积/万 km^2		3.08	预期性	间接相关

2. 基本适合选入湖长制考核的指标

水环境质量方面涉及4项直接相关指标，分别是地表水考核断面水质达到或优于Ⅲ类水体比例、地表水考核断面水质劣Ⅴ类水体比例、重要江湖湖泊水功能区水质达标率、地下水质量极差比例。其中前3项指标互相关联，而重要湖泊水功能区水质达标率指标更具有代表性。因此，选取重要湖泊水功能区水质达标率和地下水质量极差比例这2项指标作为湖长制考核的备选指标。

生态环境类指标中有4项指标间接相关，分别是森林覆盖率、活立木蓄积量、湿地保有量、草原植被盖度，除个别特殊火山湖外。655个实施湖长制的湖泊主要位于流域的中下游，与森林覆盖率、活立木蓄积量这两项指标关联性较差。因此，选取湿地保有量、草原植被盖度这2项指标作为湖长制考核的备选指标。

污染物排放总量类指标有3项间接相关和3项直接相关。考虑到现状湖泊排污口均已取缔，故仅考虑呼伦湖、乌梁素海汇水范围内总氮排放总量减少这一指标选入湖长制考核指标体系。

生态修复类指标有2项间接相关指标，根据资料收集与实地调查，655个湖泊及其周边无新增沙化土地和水土流失治理规划。因此，不考虑该2项指标。

综上所述，共有5项指标基本适合选入内蒙古自治区湖长制考核指标体系。

4.2.2.4 最严格水资源管理考核指标

根据内蒙古自治区人民政府办公厅关于印发《内蒙古自治区实行最严格水资源管理制度考核办法》的通知（内政办发〔2015〕21号），设置用水总量、万元工业增加值用水量、农田灌溉水有效利用系数和重要江河湖泊水功能区水质达标率控制指标。到2020年，总量控制方面，内蒙古自治区用水总量要控制在211亿m^3以内。用水效率方面，内蒙古自治区万元国内生产总值用水量、万元工业增加值用水量比2015年的下降率分别为25%、20%，内蒙古自治区节水灌溉面积达到5000万亩，大型灌区、重点中型灌区续建配套和节水改造任务基本完成，农田灌溉水有效利用系数达到0.55以上。在水功能区考核方面，内蒙古自治区水功能区主要断面水质达标率达到71%。

湖长制考核必须充分考虑流域和区域的水资源承载力，必须建立在三条红线考核达标的基础上。但考虑到最严格水资源管理“三条红线”考核指标以县级行政区划作为考核单元，无法适用于单个具体湖泊及其所在流域，且为了避免与最严格水资源管理存在重复考核。因此，仅考虑涉湖水功能区达标率这一项指标作为湖长制考核备选指标。自治区三条红线2020年控制指标见表4-2-4。

表4-2-4 自治区三条红线2020年控制指标

地　区	用水总量/亿 m^3	万元工业增加值用水量较2015年下降/%	农田灌溉水有效利用系数	检测水功能区达标率/%
内蒙古自治区	211.57	27	0.501	71
呼和浩特市	10.74	32	0.55	74
包头市	10.65	23	0.55	86
乌海市	2.74	36	0.57	67
赤峰市	24.03	28	0.53	72
通辽市	30.95	32	0.59	66
呼伦贝尔市	24.45	47	0.54	72
兴安盟	21.95	49	0.48	70
锡林郭勒盟	8.08	22	0.62	79
乌兰察布市	6.77	20	0.58	67
鄂尔多斯市	16.79	26	0.47	74
巴彦淖尔市	49.52	25	0.40	83
阿拉善盟	4.90	27	0.58	100

4.2.2.5 水污染防治等考核指标

根据《水污染防治行动计划》（简称《水十条》）、《内蒙古自治区人民政府关于贯彻落实水污染防治行动计划的实施意见》（内政发〔2015〕119号）、《内蒙古自治区人民政府办公厅关于印发水污染防治工作方案的通知》（内政办发〔2015〕155号）以及《内蒙古自治区水污染防治三年攻坚计划》（内政办发〔2018〕96号）等的要求，与湖长制工作相关的指标及对应内容具体如下。

（1）重点流域水质优良比例分别达到59.6%，劣Ⅴ类水体断面比例控制在3.8%。

（2）呼伦贝尔市、巴彦淖尔市、乌兰察布市要加快推进呼伦湖、乌梁素海、岱海等重点湖库实施入湖（库）河流总氮控制。

（3）内蒙古自治区城镇污水处理厂达到相应排放标准或再生利用要求。所有旗县（市、区）和重点镇具备污水收集处理能力，旗县（市、区）、城市污水处理率分别达到85%、95%左右。

（4）呼和浩特市、包头市、巴彦淖尔市、乌海市、乌兰察布市5个地级缺水城市符合《国家节水型城市考核标准》或者达到《城市节水评价标准》Ⅰ级要求的比例不低于70%，其他地级城市达到《城市节水评价标准》Ⅱ级及以上要求的比例不低于50%。到2020年，地级缺水城市全部达到国家节水型城市标准要求。

（5）缺水城市再生水利用率达到20%以上。

上述指标中，水质优良比例指标主要针对河流不同河段，难以适用于监测设备覆盖不足的湖泊。因此，该指标不适合作为考核指标。城镇污水处理率和再生水回用率提高对缓解区域水环境压力和提高水资源利用率意义重大。因此，这2项指标选入考核指标。

4.2.2.6　其他考核指标

1.《国家园林城市系列标准》有关考核指标

《国家园林城市系列标准》与湖长制有关考核指标有1个，即城市污水处理，考核要求涵盖两个方面：城市污水处理率不小于90%（否决项）和城市污水处理污泥达标处置率不小于90%。

2.《国家生态园林城市标准》有关考核指标

《国家生态园林城市标准》与湖长制有关考核指标有2个，分别是城市污水处理和城市再生水利用率。

城市污水处理指标考核要求：城市污水处理率不小于95%（否决项）；城市污水处理污泥达标处置率不小于100%；城市污水收集率100%；城市污水处理厂COD浓度大于200mg/L或比上年提高10%以上。

城市再生水利用率指标考核要求不小于30%。

3.《国家园林县城标准》有关考核指标

《国家园林县城标准》与湖长制有关考核指标有6个，具体如下。

（1）湿地资源保护考核指标，考核要求：制定湿地资源保护规划及其实施方案；湿地资源保护管理责任明确，资金保障到位，属于加分项指标。

（2）地表水Ⅳ类及以上水体比例考核指标，考核要求：不小于60%。

（3）污水处理考核要求：污水处理率不小于85%（否决项）。

（4）污水处理污泥达标处置率不小于60%。

（5）生活垃圾无害化处理率考核指标，否决项，考核要求：不小于90%。

（6）公共供水用水普及率考核指标，考核要求：不小于90%。

4.《国家节水型城市申报与考核办法》和《国家节水型城市考核标准》有关考核指标

《国家节水型城市申报与考核办法》和《国家节水型城市考核标准》与湖长制有关技术考核指标有15个，具体如下。

（1）万元地区生产总值取水量（GDP）考核指标，考核要求：低于全国平均值40%或年降低率不小于5%。

（2）万元工业增加值取水量考核指标，考核要求：低于全国平均值50%或年降低率不小于5%。

（3）城市非常规水资源利用考核指标，考核要求：缺水城市再生水利用率不小于20%，其他地区城市非常规水资源替代率不小于20%或年增长5%。

（4）城市非常规水资源替代率考核指标，考核要求：再生水、雨水、矿井水、疏干水、苦咸水等非常规水资源利用总量与城市用水总量（新水量）的比值。

（5）工业取水量指标考核指标，考核要求：不大于或达到国家颁布的GB/T 18916定额系列标准。即：GB/T 18916.1—2002、GB/T 18916.2—2002、GB/T 18916.3—2002、GB/T 18916.4—2002、GB/T 18916.5—2002、GB/T 18916.6—2004、GB/T 18916.7—2004等。

（6）工业用水重复利用率考核指标，考核要求：不小于83%（不含电厂）。

（7）节水型企业（单位）覆盖率考核指标，考核要求：不小于15%。

（8）城市供水管网漏损率考核指标，考核要求：低于CJJ 92—2002《城市供水管网漏损控制及评定标准》规定的修正值指标或不大于10%

（9）城市居民生活用水量考核指标，考核要求：不高于GB/T 50331—2002《城市居民生活用水量标准》的指标。

（10）节水器具普及率考核指标，考核要求：100%。

（11）城市再生水利用率考核指标，考核要求：不小于20%。

（12）城市污水处理率考核指标，考核要求：计划单列市不小于80%、地级市不小于70%、县级市不小于50%。

（13）工业废水排放达标率考核指标，考核要求：100%。

（14）非常规水资源替代率考核指标，考核要求：不小于5%，鼓励性指标。

（15）节水专项资金投入占财政支出的比例考核指标，考核要求：不小于1‰，鼓励性指标。

5.《生态文明建设目标评价考核办法》有关考核指标

十八大以来，党中央、国务院就推进生态文明建设作出一系列决策部署，提出了创新、协调、绿色、开放、共享的新发展理念，印发了《关于加快推进生态文明建设的意见》（中发〔2015〕12号）、《生态文明体制改革总体方案》（中发〔2015〕25号）。随后中共中央办公厅、国务院办公厅印发了《生态文明建设目标评价考核办法》（简称《办法》）。2016年，根据《办法》的要求，国家发展和改革委员会、国家统计局、环境保护部、中央组织部等部门制定印发了《绿色发展指标体系》和《生态文明建设考核目标体系》，为开展生态文明建设评价考核提供依据，进一步明确了资源环境约束性目标，增加了很多事关群众切身利益的环境质量指标。

（1）绿色发展指标体系，包含考核目标体系中的主要目标，增加有关措施性、过程性的指标。包括资源利用、环境治理、环境质量、生态保护、增长质量、绿色生活、公众满意程度等7个方面，共56项评价指标。采用综合指数法测算生成绿色发展指数，衡量地方每年生态文明建设的动态进展，侧重于工作引导。同时5年规划期内年度评价的综合结果也将纳入生态文明建设目标考核。

（2）生态文明建设考核目标体系，以“十三五”规划《纲要》确定的资源环境约束性目标为主，体现少而精、避免目标泛化，使考核工作更加聚焦。在目标设计上，按照涵盖重点领域和目标不重复、可分解、有数据支撑的原则，包括资源利用、生态环境保护、年度评价结果、公众满意程度、生态环境事件等5个方面，共23项考核目标。

“绿色发展指标体系”和“生态文明建设考核目标体系”考核指标中与湖长制相关的指标分别有25个和13个，具体见表4-2-5和表4-2-6。

表4-2-5　“绿色发展指标体系”与湖长制考核的相关性

类别	序号	指　标	单位	与湖长制相关性
一、资源利用	1	能源消费总量	万t标准煤	不相关
	2	单位GDP能源消耗降低	%	不相关
	3	单位GDP二氧化碳排放降低	%	不相关
	4	非化石能源占一次能源消费比重	%	不相关
	5	用水总量	亿m^3	直接相关
	6	万元GDP用水量下降	%	直接相关
	7	单位工业增加值用水量降低率	%	直接相关
	8	农田灌溉水有效利用系数	—	直接相关
	9	耕地保有量	万亩	不相关
	10	新增建设用地规模	万亩	不相关
	11	单位GDP建设用地面积降低率	%	不相关
	12	资源产出率	万元/t	不相关
	13	一般工业固体废物综合利用率	%	不相关
	14	农作物秸秆综合利用率	%	不相关
二、环境治理	15	化学需氧量排放总量减少	%	间接相关
	16	氨氮排放总量减少	%	间接相关

续表

类别	序号	指　　标	单位	与湖长制相关性
二、环境治理	17	二氧化硫排放总量减少	%	间接相关
	18	氮氧化物排放总量减少	%	间接相关
	19	危险废物处置利用率	%	间接相关
	20	生活垃圾无害化处理率	%	间接相关
	21	污水集中处理率	%	直接相关
	22	环境污染治理投资占 GDP 比重	%	直接相关
三、环境质量	23	地级及以上城市空气质量优良天数比率	%	不相关
	24	细颗粒物（$PM_{2.5}$）未达标地级及以上城市浓度下降	%	不相关
	25	地表水达到或好于Ⅲ类水体比例	%	直接相关
	26	地表水劣Ⅴ类水体比例	%	直接相关
	27	重要江河湖泊水功能区水质达标率	%	直接相关
	28	地级及以上城市集中式饮用水水源水质达到或优于Ⅲ类比例	%	直接相关
	29	近岸海域水质优良（一类、二类）比例	%	不相关
	30	受污染耕地安全利用率	%	不相关
	31	单位耕地面积化肥使用量	kg/hm^2	不相关
	32	单位耕地面积农药使用量	kg/hm^2	不相关
四、生态保护	33	森林覆盖率	%	间接相关
	34	森林蓄积量	亿 m^3	不相关
	35	草原综合指标覆盖度	%	间接相关
	36	自然岸线保有率	%	间接相关
	37	湿地保护率	%	间接相关
	38	陆域自然保护区面积	万 hm^2	不相关
	39	海洋保护区面积	万 hm^2	不相关
	40	新增水土流失治理面积	万 hm^2	间接相关
	41	可治理沙化土地治理率	%	间接相关
	42	新增矿山恢复治理面积	hm^2	间接相关
五、增长质量	43	人均 GDP 增长率	%	不相关
	44	居民人均可支配收入	元/人	不相关
	45	第三产业增加值占 GDP 比重	%	不相关

续表

类别	序号	指　　标	单位	与湖长制相关性
五、增长质量	46	战略性新兴产业增加值占 GDP 比重	%	不相关
	47	研究与试验发展经费支出占 GDP 比重	%	不相关
六、绿色生活	48	公共机构人均能耗降低率	%	不相关
	49	绿色产品市场占有率	%	不相关
	50	新能源汽车保有量增长率	%	不相关
	51	绿色出行（城镇每万人口公共交通客运量）	万人次	不相关
	52	城镇绿色建筑占新建筑比重	%	不相关
	53	城市建成区绿地率	%	不相关
	54	农村自来水普及率	%	间接相关
	55	农村卫生厕所普及率	%	不相关
七、公众满意度	56	公众对生态环境质量满意程度	%	间接相关

表 4-2-6　“生态文明建设考核目标体系”与湖长制考核的相关性

类别	序号	指　　标	单位	与湖长制相关性
一、资源利用	1	能源消费总量	万 t 标准煤	不相关
	2	单位 GDP 能源消耗降低	%	不相关
	3	单位 GDP 二氧化碳排放降低	%	不相关
	4	非化石能源占一次能源消费比重	%	不相关
	5	用水总量	亿 m^3	直接相关
	6	万元 GDP 用水量下降	%	直接相关
	7	耕地保有量	万亩	不相关
	8	新增建设用地规模	万亩	不相关
二、生态环境保护	9	地级及以上城市空气质量优良天数比率	%	不相关
	10	细颗粒物（$PM_{2.5}$）未达标地级及以上城市浓度下降	%	不相关
	11	地表水达到或好于Ⅲ类水体比例	%	直接相关
	12	近岸海域水质优良（一类、二类）比例	%	不相关
	13	地表水劣Ⅴ类水体比例	%	直接相关
	14	化学需氧量排放总量减少	%	间接相关
	15	氨氮排放总量减少	%	间接相关

续表

类别	序号	指标	单位	与湖长制相关性
二、生态环境保护	16	二氧化硫排放总量减少	%	间接相关
	17	氮氧化物排放总量减少	%	间接相关
	18	森林覆盖率	%	间接相关
	19	森林蓄积量	亿 m^3	不相关
	20	草原综合指标覆盖度	%	间接相关
三、年度评价结果	21	各地区生态文明建设年度评价的综合情况		间接相关
四、公众满意度	22	居民对本地区生态文明建设、生态环境改善的满意程度	%	间接相关
五、生态环境事件	23	地区重特大突发环境事件、造成恶劣社会影响的其他环境污染责任事件、严重生态破坏责任事件的发生情况		间接相关

6. 其他相关要求

根据水利部《关于河道采砂管理工作的指导意见》（水河湖〔2019〕58号）的要求，采砂管理成效必须作为湖长制硬性考核指标之一纳入河长制湖长制考核体系。

根据内蒙古自治区人民政府《关于加强地下水生态保护和治理的指导意见》（内政发〔2018〕52号）中第二章第（六）条，将地下水管理和超采区治理纳入盟市、旗县（市、区）两级河长制湖长制，落实两级政府主体责任，并纳入考核制度。

7. 现有其他指标总结

上述现有其他考核指标均大同小异，只是考核的标准和方式有所差异。因此，需要对现有不同层面、不同类别的指标进行进一步归类和整理。

4.2.3 可选考核指标归类与整理

4.2.3.1 可选考核指标归类

考虑到现有各类考核指标种类众多，且在实践运用中均取得了一定效果，能充分反映资源、经济、社会、环境和生态系统的变化情况。因此，本书不再创新或增加新的考核指标，而是按照本书提出的指标筛选原则，在上述各类已有考核指标中进行优选和甄别。按照本章节确定的考核指标选取原则，共选取可选指标 67 个，详见表 4-2-7。

表 4-2-7　　湖长制考核可选指标汇总

一级指标	二级指标	指标来源				
		国家要求	自治区要求	行业要求	区域或流域规划	其他省区先进指标
综合指标	建立湖长体系	□	□			★
	湖长制公示牌更新维护	☆	☆			★
	湖长制责任落实	★	★			★
	湖长制工作机构及责任落实	★	★			★
	“一湖一档”建立	□	□			★
	“一湖一策”编制	□	□			★
	湖长制制度落实情况	★	★			★
	湖长制管理信息系统	☆	☆			★
	湖泊管护体制机制	★	★		☆	★
	资金保障落实	★	★		☆	★
	湖长制宣传教育	☆	☆			★
	流域区域协作交流	☆	☆		☆	★
严格湖泊水域空间管控	湖泊管理范围划界确权	☆	☆	☆		☆
	严格控制开发利用行为			☆		
	湖泊水域面积管控			☆		☆
	严格控制围网养殖			☆		△
	涉湖项目管理			☆		☆
强化湖泊岸线管理保护	湖泊岸线控制线			☆		△
	湖泊岸线功能分区	☆	☆	☆		△
	湖泊岸线开发利用度			☆		△
	湖泊岸线自然形态					△
	湖岸人工干扰程度					
	推进多规合一	△	△			△
加强湖泊水资源保护与水污染防治	湖泊取用水节水管理	★	★			☆
	沿湖地区用水管理	☆	☆			☆
	湖泊取水总量控制	★	★	☆		★

续表

一级指标	二级指标	指标来源				
		国家要求	自治区要求	行业要求	区域或流域规划	其他省区先进指标
加强湖泊水资源保护与水污染防治	湖泊取水许可监督管理	★	★			☆
	湖泊生态水量					☆
	入湖排污口管理	★	★			☆
	入湖排污总量管理	★	★			☆
	重要江湖湖泊水功能区水质达标率	★	★		★	★
	工业污染防治		△		☆	★
	城镇污染治理		△		☆	★
	养殖污染防治		△		☆	★
	农业面源污染治理		△		☆	★
	农村生活污水及生活垃圾处理		△		☆	★
	万元国内生产总值用水量	★	★	☆		★
	万元工业增加值用水量	★	★	☆		★
	农田灌溉水有效利用系数	★	★	☆		★
	地下水采补平衡	★	★			☆
加大水环境综合整治力度	黑臭水体控制比例		★			☆
	生态清洁小流域建设		☆			☆
	湖泊生态清淤		☆			☆
	入湖河道整治		☆			☆
	城市污水处理率	☆	★	□		☆
	再生水回用率	☆	★	★		☆
	湖泊饮用水水源保护区划定	△	△			★
	湖泊饮用水水源地达标及规范化建设	△	△			★
	地表水考核断面水质达到或优于Ⅲ类水体比例	△	★			★
	地表水考核断面水质劣Ⅴ类水体比例	△	★	★	★	★

续表

一级指标	二级指标	指标来源				
		国家要求	自治区要求	行业要求	区域或流域规划	其他省区先进指标
加大水环境综合整治力度	地下水质量极差比例		☆			★
	化学需氧量污染物排放总量减少	☆	★	★	★	★
	氨氮污染物排放总量减少		★	★	★	★
开展湖泊生态治理修复	退田还湖还湿、退渔还湖	☆	☆	△		☆
	河湖水系连通	☆	☆	△		☆
	湖泊生态护岸比例			△		☆
	沿湖湿地建设	☆	△	△		☆
	水生生物资源养护、水生生物多样性			△		☆
	湖泊健康评价	☆	☆	△	☆	☆
	湿地保有量		☆	☆		☆
	草原植被盖度		☆	△		
	新增沙化土地治理面积		☆	△		
	新增水土流失治理面积		☆	△		☆
健全湖泊执法监管机制	部门联合执法	☆	☆	△		☆
	采砂管理	★	★		☆	☆
	湖泊日常监管巡查	☆	☆	△		☆
	落实湖泊管理保护执法监管责任主体	☆	☆	△		★

注　★为约束性指标，☆为预期性指标，△为鼓励性指标，□为否决项或扣分指标。

每个指标的含义不同，其相应表征效果或反映问题的重要性也不同。从指标来源看，选自国家级考核要求的指标重要性大于自治区或行业要求。在反映区域特征指标方面，如湖泊水质目标、地下水管理目标、草原生态目标等，自治区考核要求的指标重要性大于行业要求。在反映行业特征方面，如用水水平和节水目标等，行业考核要求的指标重要性应更突出。此外，为了指标更有针对性和突出问题导向，指标的选取应服从已有区域或流域规划。同时，还要充分借鉴其他省区在湖长制考核过程中成熟应用的考核指标。

4.2.3.2　可选考核指标合并和归类整理

考核指标并非越多越好，指标越多并不代表考核全面，反而会影响关键考核指标的权重，无法客观反映湖泊真实状态，且难以在基层落实。上述50项可选考核指标虽然来源不同，代表的含义不同，但存在诸多关联性。即某一项指标的变化可反映其他几项同类指标的变化。因此，从代表性和可操作性角度出发，结合内蒙古湖泊实际，对表4-2-7中67项可选考核指标初选50项指标，然后合并和归类整理，最后合并成25项备选指标，具体指标名称详见表4-2-8。根据指标能否量化计算再细分为定性考核指标和定量考核指标，其中定性考核备选指标15项，定量考核备选指标10项。

表4-2-8　湖长制考核可选指标合并和归类整理成果

<table>
<tr><th rowspan="2">序号</th><th colspan="2">指标层</th><th rowspan="2">指标类别</th></tr>
<tr><th>可选考核指标</th><th>合并归类后备选考核指标</th></tr>
<tr><td>1</td><td>建立湖长体系</td><td rowspan="5">湖长制实施、制度落实、责任落实情况</td><td rowspan="5">定性指标</td></tr>
<tr><td>2</td><td>湖长制公示牌更新维护</td></tr>
<tr><td>3</td><td>湖长制责任落实</td></tr>
<tr><td>4</td><td>湖长制工作机构及责任落实</td></tr>
<tr><td>5</td><td>湖长制制度落实情况</td></tr>
<tr><td>6</td><td>“一湖一档”建立</td><td rowspan="4">湖泊建档与管理情况</td><td rowspan="4">定性指标</td></tr>
<tr><td>7</td><td>“一湖一策”编制</td></tr>
<tr><td>8</td><td>湖长制管理信息系统</td></tr>
<tr><td>9</td><td>湖泊管护体制机制</td></tr>
<tr><td>10</td><td>资金保障落实</td><td rowspan="3">资金保障、宣传教育与交流情况</td><td rowspan="3">定性指标</td></tr>
<tr><td>11</td><td>湖长制宣传教育</td></tr>
<tr><td>12</td><td>流域区域协作交流</td></tr>
<tr><td>13</td><td>湖泊管理范围划界确权</td><td>湖泊管理范围划界确权</td><td>定性指标</td></tr>
<tr><td>14</td><td>严格控制开发利用行为</td><td rowspan="3">涉湖项目管理</td><td rowspan="3">定性指标</td></tr>
<tr><td>15</td><td>涉湖项目管理</td></tr>
<tr><td>16</td><td>严格控制围网养殖</td></tr>
<tr><td>17</td><td>湖泊水域面积管控</td><td>湖泊水域面积管控</td><td>定量指标</td></tr>
<tr><td>18</td><td>湖泊岸线控制线</td><td>湖泊岸线控制线</td><td>定性指标</td></tr>
<tr><td>19</td><td>湖泊岸线功能分区</td><td rowspan="3">湖岸开发利用程度</td><td rowspan="3">定量指标</td></tr>
<tr><td>20</td><td>湖泊岸线开发利用度</td></tr>
<tr><td>21</td><td>湖岸人工干扰程度</td></tr>
<tr><td>22</td><td>湖泊岸线自然形态</td><td>湖泊岸线自然形态</td><td>定性指标</td></tr>
<tr><td>23</td><td>湖岸带植被覆盖度指标</td><td>湖岸带植被覆盖度指标</td><td>定性指标</td></tr>
</table>

续表

序号	指　标　层		指标类别
	可选考核指标	合并归类后备选考核指标	
24	湖泊取用水节水管理	涉湖取用水管理	定量指标
25	沿湖地区用水管理		
26	湖泊取水总量控制		
27	湖泊取水许可监督管理		
28	水资源开发利用率		
29	湖泊生态水量（水位）	湖泊生态水量（水位）	定量指标
30	入湖排污口管理	涉湖排水管理	定量指标
31	入湖排污总量管理		
32	水功能区水质	水功能区水质/湖泊水质	定量指标
33	工业污染防治	水污染问题及治理程度	定性指标
34	城镇污染治理		
35	养殖污染防治		
36	农业面源污染治理		
37	农村生活污水及生活垃圾处理	农村生活污水及生活垃圾处理	定性指标
38	湖泊生态清淤	湖泊生态清淤	定性指标
39	入湖河道整治	入湖河道整治	定性指标
40	加大湖泊引排水	加大湖泊引排水	定量指标
41	污水处理率	污水处理率	定性指标
42	再生水回用率	再生水回用率	定性指标
43	退田还湖还湿、退渔还湖	沿湖湿地建设/湿地保有量	定量指标
44	沿湖湿地建设/湿地保有量		
45	水生生物资源养护、水生生物多样性	水生生物资源养护、水生生物多样性	定量指标
46	湖面积萎缩比例	湖面积萎缩比例	定量指标
47	部门联合执法	涉湖执法监管	定性指标
48	采砂管理		
49	落实湖泊管理保护执法监管责任主体		
50	湖泊日常监管巡查		

4.3 考核指标体系构建

4.3.1 考核指标体系框架

开展湖长制考核是检验湖长制工作成效的有效手段。为进一步助推内蒙古自治区湖长制工作取得成效，梳理了中央、水利部和自治区等有关湖长制的总体要求，参照已颁布实施的《太湖流域湖长制考核评价指标体系指南》等已有成果及相关标准和规程规范，围绕建立完善长效机制和落实六大主要任务，构建适用于内蒙古自治区湖长制考核指标体系框架，旨在准确、客观地反映湖长制实施后湖泊治理效果及查找存在的问题，为强化湖长制管理提供支撑。

采用定量与定性相结合的方法，构建三层次考核指标体系。第一层为目标层，分为定性考核与定量考核，用于表征湖长制实施的整体工作成效；第二层为准则层，其中定性考核设置涵盖建立健全工作机制、落实七大主要任务等方面内容，定量考核考核设置水量（水位）、水质、水域和水流四方面考核内容；第三层为指标层，进一步细化准则层的各项内容，共设置上述 25 项备选考核指标，详见图 4-3-1。

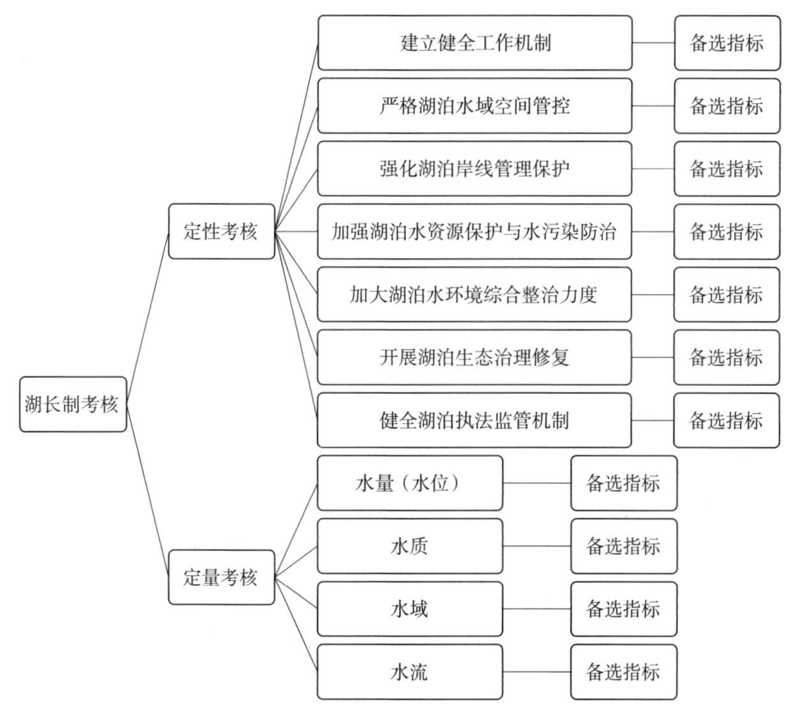

图 4-3-1 内蒙古自治区湖长制考核指标体系框架

4.3.1.1 定性考核

1. 建立健全工作机制

这一类指标主要是按照《关于在湖泊实施湖长制的指导意见》，针对湖长制工作开展和落实的基本要求，如湖长制实施、制度落实、责任落实情况、湖泊建档与管理情况、资金保障、宣传教育与交流情况等考核指标。

2. 严格湖泊水域空间管控

该任务要求各有关部门要依法划定湖泊管理范围，严格控制开发利用行为，将湖泊及其生态缓冲带划为优先保护区，依法落实相关措施。严禁以任何形式围垦湖泊、违法占用湖泊水域。严格控制跨湖、穿湖、临湖建筑物建设，最大限度地减少对湖泊的不利影响。严格管控湖区围网养殖、采砂等活动。涉湖开发利用相关项目和活动必须符合相关规划并科学论证，严格执行工程建设方案审查、环境影响评价等制度。

这一类指标具体备选考核指标有湖泊管理范围划界确权、涉湖项目管理等。

3. 强化湖泊岸线管理保护

该任务要求试行湖泊岸线分区管理，依据土地利用总体规划等，合理划分保护区、保留区、控制利用区和可开发利用区。明确分区管理保护要求，强化岸线用途管制和节约集约利用，严格控制开发利用强度，最大程度保持岸线自然形态。沿湖土地利用和产业布局，应与岸线分区要求相衔接，并为经济社会可持续发展预留空间。

这一类指标具体备选考核指标有湖泊岸线控制线、湖岸开发利用程度、湖泊岸线自然形态、湖岸带植被覆盖度指标等。

4. 加强湖泊水资源保护与水污染防治

该任务要求落实最严格水资源管理制度，强化湖泊水资源保护。坚持节水优先，建立健全集约节约用水机制。严格湖泊取水、用水和排水全过程管理，控制取水总量。将治理任务落实到湖泊汇水范围内各排污单位，加强对湖区周边及入湖河流工矿企业污染、城镇生活污染、畜禽养殖污染、农业面源污染、内源污染等综合防治。

这一类指标具体备选考核指标有涉湖取用水管理、涉湖排水管理、水污染问题及治理程度、农村生活污水及生活垃圾处理等。

5. 加大湖泊水环境综合整治力度

该任务要求强化水环境整治，加强湖区周边污染治理，严厉打击废污水直接入湖等违法行为，因地制宜地提高湖区周边污水处理能力和再生水回用率，改善湖泊水环境。

这一类指标具体备选考核指标有湖泊生态清淤、入湖河道整治、污水处理率、再生水回用率等。

6. 开展湖泊生态治理修复

该任务要求加大对生态环境良好湖泊的严格保护，进一步提升湖泊生态功能和健康水平，积极有序推进生态恶化湖泊的治理与修复，加强湖泊水生生物保护，逐步恢复水生生物多样性，因地制宜推进沿湖湿地建设和管理。

这一类指标具体备选考核指标有沿湖湿地建设/湿地保有量等。

7. 健全湖泊执法监管机制

该任务要求，建立健全湖泊和入湖河流所在行政区域的多部门联合执法机制，完善涉湖执法监管，严厉打击涉湖违法违规行为，清理整治围垦湖泊、侵占水域、非法排污、非法养殖、非法采砂、非法取用水等活动，确保湖泊动态监管。

这一类指标具体备选考核指标有涉湖执法监管等。

上述定性考核指标体系详见表 4-3-1。

4.3.1.2 定量考核

从影响水资源系统的“量、质、域、流”四大方面出发，具体包括水量（维持湖泊生态服务功能的最小允许水量或水位）、水质（维持湖泊健康所需水质或符合规划制定的目标水质）、水域（维持一定的湖泊湿地水域面积）、水流（维持一定的河道生态流量或生态补水量）等四大因素，构建定量考核指标体系。其中水量、水质既受人类活动影响同时也制约人类活动，属于经济社会可持续发展的指标类别。水域、水流为低影响开发下生态健康恢复主体，属于生态环境健康的指标类别。“量、质、域、流”是相互联系、互相制约的关系。合理的水量开发利用和水污染控制有利于湖泊湿地、地下水和河道流量的恢复。狭小的水域体量、脆弱的地下水量及河道断流则严重制约水的可利用量和纳污能力。因此，水量、水质是区域湖泊健康与否的主导因素；而水域、水流则是区域河湖系统治理成效的约束因素。

1. 水量（水位）考核

在水量维度，这一类指标具体备选考核指标有湖泊生态水量（水位）等。

水资源开发利用应以维护生态环境良性发展为条件，明确不同时期不同生态目标下河湖的生态水量或水位需求，最大限度地支撑经济社会发展的同时需兼顾生态用水需求。不同流域/区域的湖泊生态需水会有所不同，需要统测考虑鱼类、候鸟等关键生态要素的生存需求。

2. 水质考核

在水质维度，这一类指标具体备选考核指标有水功能区水质/湖泊水质等。

需要开展水功能区纳污能力的核算，确定不同类型区域保障鱼类等水生生物正常生长的浓度阈值。一方面，水环境质量应满足设定的水功能区划水质目标的要求；另一方面，水质状况应满足水生态系统安全性和生物多样性的需求。

3. 水域考核

在水域空间维度，这一类指标具体备选考核指标有湖泊水域面积管控、湖面积年变化率、连续干涸年数、连续萎缩年数等。

水域空间维度的内涵就体现在给河湖湿地保留适当的空间，将对水域空间的侵占和其影响限制在合理范围内。一方面，从防洪排涝安全的角度，适宜的水域空间是河流、湖泊等正常发挥洪水通道和调蓄作用的保障。另一方面，从生态环境安全的角度，适宜的水域空间是河湖湿地净化水质，并为水生生物、候鸟等提供足够栖息地的必然要求。但同时也应注意到，增大水域空间面积，将造成水资源蒸散发消耗大幅增加，这对于水资源短缺地区尤其重要。因此，需要统筹考虑防洪、生态、景观等对水域空间的需求，综合确定不同降水条件下的适宜水域面积。

4. 水流考核

在水流状态维度，这一类指标具体备选考核指标有加大湖泊引排水或湖泊生态补水、水生生物资源养护、水生生物多样性等。

水流指标侧重于水生态系统方面，主要是水流阻隔及流速、流态变化对水生态系统产生的压力，对于吞吐型湖泊，应考虑流速及流态变化带来的水生态系统压力。一方面，流速是传送营养物质的重要方式，但也会使生物在河流的生存能力受到限制；另一方面，有的生物喜欢急流，有的生物喜欢缓流，流态变化会导致生物栖息地的改变，从而对物种分布和丰度产生影响，甚至会导致生物多样性的丧失。

上述定量考核指标体系详见表 4-3-1。

4.3.1.3　内蒙古自治区湖长制分类考核指标体系构建

上述已构建考核体系框架属于通用类指标，针对内蒙古自治区湖泊年际变化大的特点，以第 3 章湖长制考核分类结果为主要依据，分别构建干涸湖泊湖长制考核指标体系、季节性湖泊湖长制考核指标体系和常年有水湖泊湖长制考核指标体系。

三类考核指标体系将从上述备选考核指标库中选取不同考核指标，其中干涸湖泊考核指标最少，只进行定性考核；季节性湖泊和常年有水湖泊，根据存在的水问题选取设置响应的考核指标，涵盖不同的层面，定性考核为主，定量考核为辅。一些指标虽然在三类考核指标体系中均有涉及，但会紧密结合每一类湖泊的特点设置考核内容，即虽然三类考核体系包含有相同的考核指标，但该指标的考核要求、考核内容及赋分权重都不相同。

表 4-3-1 湖长制考核三层次指标体系框架

目标层	准则层	指标层（备选考核指标库）
定性考核	建立健全工作机制	湖长制实施、制度落实、责任落实情况
		湖泊建档与管理情况
		资金保障、宣传教育与交流情况
	严格湖泊水域空间管控	湖泊管理范围划界确权
		涉湖项目管理
	强化湖泊岸线管理保护	湖泊岸线控制
		湖岸开发利用程度
		湖泊岸线自然形态
		湖岸带植被覆盖度指标
	加强湖泊水资源保护与水污染防治	涉湖取用水管理
		涉湖排水管理
		水污染问题及治理程度
		农村生活污水及生活垃圾处理
	加大湖泊水环境综合整治力度	湖泊生态清淤
		入湖河道整治
		污水处理率
		再生水回用率
	开展湖泊生态治理修复	沿湖湿地建设/湿地保有量
	健全湖泊执法监管机制	涉湖执法监管
定量考核	水量（水位）	湖泊生态水量（水位）
	水质	水功能区水质/湖泊水质
	水域	湖泊水域面积管控
		湖面积萎缩比例
	水流	加大湖泊引排水或湖泊生态补水
		水生生物资源养护、水生生物多样性

4.3.2 干涸湖泊考核指标体系构建

4.3.2.1 定性考核

1. 建立健全工作机制

（1）湖长制实施、制度落实、责任落实情况。主要考核内容包括：落实行政区内各级湖长（盟市级、旗县级、乡镇级）；湖长人事变动及时履行程序；湖长信息在媒体、信息化管理平台和公示牌及时公告、更新；湖长制公示牌信息及时更新、完整准确；湖长制公示牌维护规范；明确湖长责任，湖长制工作制度按规定落实。

（2）湖泊建档与管理情况。主要考核内容包括：按照要求建立“一湖一档”，完成“一湖一策”编制，经湖长审定后印发；将湖泊基本信息录入湖泊基础信息库。

（3）资金保障、宣传教育与交流情况。主要考核内容包括：湖长制工作经费纳入政府财政预算，采取多种方式宣传普及湖长制知识，主流媒体宣传报道湖长制工作。

2. 严格湖泊水域空间管控

这一类考核指标有湖泊管理范围划界确权、涉湖项目管理。

（1）湖泊管理范围划界确权。主要考核内容包括：完成湖泊管理范围划定，并确权。

（2）涉湖项目管理。主要考核内容包括：涉湖建设项目事中事后监管到位。

3. 强化湖泊岸线管理保护

这一类考核指标有湖岸开发利用程度。主要考核内容为明确湖泊岸线功能分区。依据水利部水利水电规划设计总院《全国河道（湖泊）岸线利用管理规划技术细则》进行划定，结合干涸湖泊历史水域范围划定岸线保护区或保留区。

4. 加大湖泊水环境综合整治力度

这一类指标具体备选考核指标有入湖河道整治。主要考核内容为开展重要湖泊入湖河道综合整治后是否达到规划初期设定的水质改善目标或污染物削减目标。

5. 健全湖泊执法监管机制

这一类指标具体备选考核指标有涉湖执法监管。主要考核内容为建立环湖地区部门联合执法机制并组织实施；建立湖泊日常监管巡查制度。

4.3.2.2　定量考核

定量考核指标主要涵盖“量、质、域、流”四大方面，水量是量化的基础，对于干涸类湖泊，不设定量考核指标。

综上所述，干涸型湖泊共设置考核指标8项，全部为定性考核指标，考核对象为3.4.3小节确定的92个湖泊。干旱湖泊考核指标体系详见图4-3-2及表4-3-2。

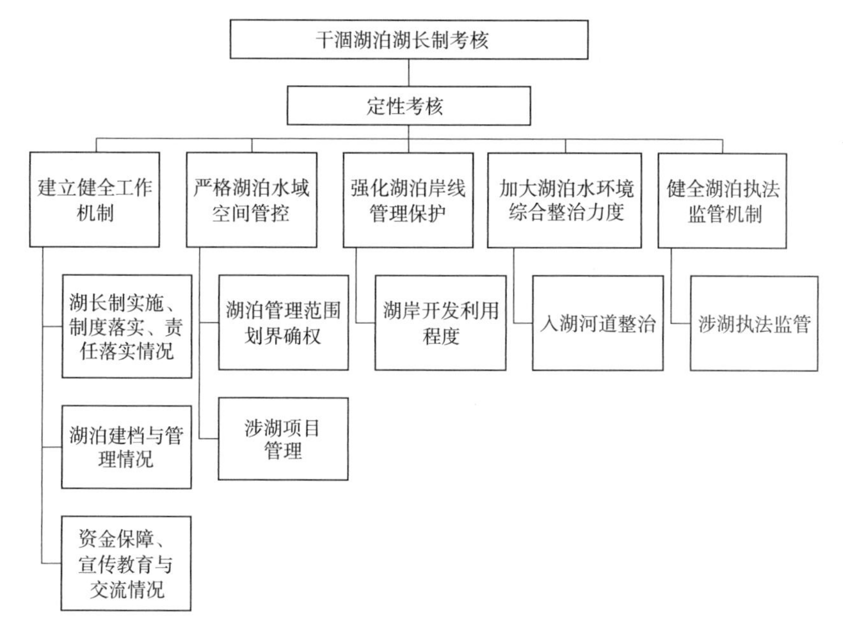

图 4-3-2 内蒙古自治区干涸湖泊湖长制考核指标体系

表 4-3-2 内蒙古自治区干涸湖泊湖长制考核三层次指标体系

目标层	准 则 层	指 标 层
定性考核	建立健全工作机制	湖长制实施、制度落实、责任落实情况
		湖泊建档与管理情况
		资金保障、宣传教育与交流情况
	严格湖泊水域空间管控	湖泊管理范围划界确权
		涉湖项目管理
	强化湖泊岸线管理保护	湖岸开发利用程度
	加大湖泊水环境综合整治力度	入湖河道整治
	健全湖泊执法监管机制	涉湖执法监管

4.3.3 季节性湖泊考核指标体系构建

4.3.3.1 定性考核

1. 建立健全工作机制

(1) 湖长制实施、制度落实、责任落实情况。主要考核内容包括：落实行政区内各级湖长（盟市级、旗县级、乡镇级）；湖长人事变动及时履行程序；湖长信息在媒体、信息化管理平台和公示牌及时公告、更新；湖长制公示牌设立在水域沿岸显著位置，湖长制公示牌信息及时更新、完整准确；湖长制公示牌维护规范；明确湖长责任，湖长按照规定履行巡湖职责，制定完善湖泊管理制度，按规定落实行政区湖泊管护主体。

（2）湖泊建档与管理情况。主要考核内容包括：按照要求建立“一湖一档”，完成“一湖一策”编制，成果质量符合工作要求，经湖长审定后印发。将湖泊基本信息录入湖泊基础信息库。

（3）资金保障、宣传教育与交流情况。主要考核内容包括：湖长制工作经费纳入政府财政预算，采取多种方式宣传普及湖长制知识，主流媒体宣传报道湖长制工作。

2. 严格湖泊水域空间管控

这一类考核指标有湖泊管理范围划界确权、涉湖项目管理。

（1）湖泊管理范围划界确权。主要考核内容包括：完成湖泊管理范围划定，并确权。

（2）涉湖项目管理。主要考核内容包括：明确湖泊开发利用要求和控制范围；涉湖建设项目事中事后监管到位。

3. 强化湖泊岸线管理保护

这一类考核指标有湖泊岸线控制和湖岸开发利用程度。

（1）湖泊岸线控制。主要考核内容为划定湖泊岸线临水控制线和外缘控制线划定，实际划定岸线与应划定控制岸线比例等。

（2）湖岸开发利用程度。主要考核内容为明确湖泊岸线功能分区和确定湖岸人工干扰程度。

岸线功能区是根据岸线资源的自然和经济社会功能属性以及不同的要求，将岸线资源划分为不同类型的区段，分为岸线保护区、岸线保留区、岸线控制利用区和岸线开发利用区4类。据水利部水利水电规划设计总院《全国河道（湖泊）岸线利用管理规划技术细则》进行划定。

湖岸人工干扰程度主要包括以下6类人类活动：沿岸建筑物（房屋）、公路（铁路）、垃圾填埋场或垃圾堆放、农业耕种、畜牧养殖、葬坟。

4. 加强湖泊水资源保护与水污染防治

这一类指标具体备选考核指标有涉湖取用水管理、农村生活污水及生活垃圾处理。

（1）涉湖取用水管理。主要考核内容为涉湖农业取水户灌溉计量率和非农取水户取水计量率达标情况；环湖地区城镇非居民用水单位纳入计划用水管理情况；环湖地区农田灌溉水有效利用系数满足年度控制目标情况等。

（2）农村生活污水及生活垃圾处理。主要考核内容为环湖地区农村生活污水处理率达标；开展环湖地区农村卫生厕所建设和改造；环湖地区农村生活垃圾无害化处理率达标。

5. 加大湖泊水环境综合整治力度

这一类指标具体备选考核指标有入湖河道整治、污水处理率。

（1）入湖河道整治。主要考核内容为开展重要湖泊入湖河道综合整治后是否达到规划初期设定的水质改善目标或污染物削减目标。

（2）污水处理率。主要考核内容为环湖地区生活和工业污废水收集处理情况是否符合规划目标或水污染防治方案等的要求。

6. 健全湖泊执法监管机制

这一类指标具体备选考核指标有涉湖执法监管等。主要考核内容为是否建立环湖地区部门联合执法机制并组织实施；环湖地区涉湖违法行为移送司法是否得到有效处置；是否建立湖泊日常监管巡查制度。

4.3.3.2　定量考核

定量考核指标主要涵盖“量、质、域、流”四大方面。水域面积变化可通过遥感快速识别，是湖长制量化考核的基础。因此，对于季节性湖泊，定量考核指标仅考虑水域一项。这一类指标具体备选考核指标有湖泊水面面积年变化率或连续干涸年数。

1. 水面面积年变化率

主要考核内容为近5年湖泊水域面积变化比例符合控制目标或达到预期水平。由于水资源时空分布不均，受气候、地理等多因素控制的季节性湖泊水域面积变化与降水密切相关。当降水量较多年平均有所增加或接近多年平均情景时，湖泊水域面积年变化率应大于0，即湖泊水域不萎缩。当降水量较多年平均有所减少时，按照水量平衡丰增枯减的原则，湖泊水域面积允许一定范围的萎缩。但这种水面面积年变化率应不大于降水减少程度（降水减少量与多年平均值之比）。

2. 连续干涸年数

主要考核内容为湖泊水域面积连续3个自然年度达到考核目标，即连续3年水域面积不为0。

综上所述，季节性湖泊共设置考核指标15项，其中定性考核指标13项，定量考核指标2项，考核对象为3.4.3节确定的186个湖泊。季节性湖泊考核指标体系详见图4-3-3及表4-3-3。

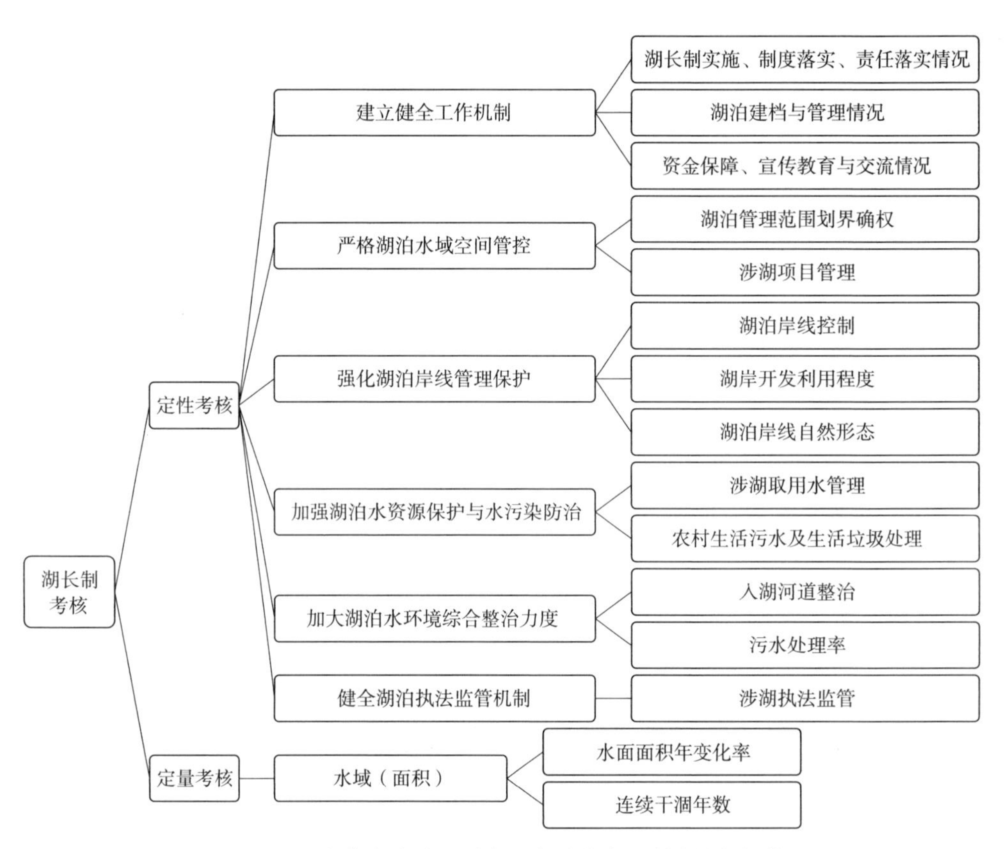

图 4-3-3　内蒙古自治区季节性湖泊类湖长制考核指标体系

表 4-3-3　内蒙古自治区季节性湖泊类湖长制考核三层次指标体系

目标层	准　则　层	指　标　层
定性考核	建立健全工作机制	湖长制实施、制度落实、责任落实情况
		湖泊建档与管理情况
		资金保障、宣传教育与交流情况
	严格湖泊水域空间管控	湖泊管理范围划界确权
		涉湖项目管理
	强化湖泊岸线管理保护	湖泊岸线控制
		湖岸开发利用程度
		湖泊岸线自然形态
	加强湖泊水资源保护与水污染防治	涉湖取用水管理
		农村生活污水及生活垃圾处理
	加大湖泊水环境综合整治力度	入湖河道整治
		污水处理率
	健全湖泊执法监管机制	涉湖执法监管

续表

目标层	准 则 层	指 标 层
定量考核	水域（面积）	水面面积年变化率
		连续干涸年数

4.3.4 常年有水湖泊考核指标体系构建

4.3.4.1 定性考核

1. 建立健全工作机制

（1）湖长制实施、制度落实、责任落实情况。主要考核内容包括：落实行政区内各级湖长（盟市级、旗县级、乡镇级）；湖长人事变动及时履行程序；湖长信息在媒体、信息化管理平台和公示牌及时公告、更新；湖长制公示牌设立在水域沿岸显著位置，湖长制公示牌信息及时更新、完整准确；湖长制公示牌维护规范；在河长制基本制度基础上，建立完善湖长制工作制度；明确湖长责任，湖长按照规定履行巡湖职责，制定完善湖泊管理制度，按规定落实行政区湖泊管护主体。

（2）湖泊建档与管理情况。主要考核内容包括：按照要求建立“一湖一档”，完成“一湖一策”编制，成果质量符合工作要求，经湖长审定后印发；将湖泊基本信息录入湖泊基础信息库，以旗县为最小单位建设湖长制管理信息系统并投入运行。

（3）资金保障、宣传教育与交流情况。主要考核内容包括：湖长制工作经费纳入政府财政预算；采取多种方式宣传普及湖长制知识，主流媒体宣传报道湖长制工作；举办多种活动，吸引群众参与；建立湖长制工作交流平台。

2. 严格湖泊水域空间管控

这一类考核指标有湖泊管理范围划界确权、涉湖项目管理。

（1）湖泊管理范围划界确权。主要考核内容包括：完成湖泊管理范围划定，并确权。

（2）涉湖项目管理。主要考核内容包括：明确湖泊开发利用要求和控制范围；明确养殖范围、种类、饵料使用控制等要求，达到养殖控制目标；按照明确的审批权限开展涉湖建设项目行政许可审批；涉湖建设项目事中事后监管到位。

3. 强化湖泊岸线管理保护

这一类考核指标有湖泊岸线控制、湖岸开发利用程度、湖泊岸线自然形态和湖岸带植被覆盖度指标。

（1）湖泊岸线控制。主要考核内容为划定湖泊岸线临水控制线和外缘控制线划定，实际划定岸线与应划定控制岸线比例等。

（2）湖岸开发利用程度。主要考核内容为明确湖泊岸线功能分区和确定湖岸人工干扰程度。具体考核内容与季节性湖泊一致。

（3）湖泊岸线自然形态。主要考核内容为通过遥感按照特定时间尺度实时监测湖泊岸线变化情况，保持湖泊岸线自然形态。

（4）湖岸带植被覆盖度指标。主要考核内容为评估河湖岸带植被（包括自然和人工）垂直投影面积占河湖岸带面积比例。可采用参照系比对赋分法或直接评判赋分法，具体考核方式详见《湖泊健康评价导则》。

4. 加强湖泊水资源保护与水污染防治

这一类指标具体备选考核指标有涉湖取用水管理、涉湖排水管理、水污染问题及治理程度、农村生活污水及生活垃圾处理。

（1）涉湖取用水管理。主要考核内容为涉湖取水户新、改、扩建建设项目执行节水“三同时”管理制度情况、涉湖取水户在取水许可和严格执行用水定额情况；涉湖农业取水户灌溉计量率和非农取水户取水计量率达标情况；环湖地区城镇非居民用水单位纳入计划用水管理情况；环湖地区农田灌溉水有效利用系数满足年度控制目标情况；重要湖泊年度取水总量不大于年度取水总量控制指标、重要湖泊取水监测设施全覆盖等。

（2）涉湖排水管理。主要考核内容为完成入湖排污口摸底调查。若确实存在合法排污口，需入湖排污口设置审批和监测全覆盖；若存在非法排污口，落实入湖排污口督导检查整改要求；合法排污口年度入湖污染物总量未超过水功能区限排总量要求。

（3）水污染问题及治理程度。主要考核内容为完成环湖地区污染产业结构调整或升级改造。按照湖泊所在盟市及旗县制定的水污染防治行动计划考核实施方案，完成环湖地区污水处理率目标；推进湖泊汇水范围内城市管网建设和初期雨水收集处理设施建设，环湖地区实现全覆盖；环湖地区规模畜禽养殖场或养殖小区配套建设废弃物处理利用设施；划定湖泊及周边水产养殖禁养区、限养区；若存在合法养殖，需制定环湖地区养殖尾水处理排放标准；环湖地区单位面积主要农作物肥药使用量较上一年实现零增长。

（4）农村生活污水及生活垃圾处理。主要考核内容为环湖地区农村生活污水处理率达标；开展环湖地区农村卫生厕所建设和改造；环湖地区农村生活垃圾无害化处理率达标。

5. 加大湖泊水环境综合整治力度

这一类指标具体备选考核指标有湖泊生态清淤、入湖河道整治、污水处理率、再生水回用率。

（1）湖泊生态清淤。主要考核内容为按照规划或工作方案完成湖泊生态清淤任务。

（2）入湖河道整治。主要考核内容为开展重要湖泊入湖河道综合整治后是否达到规划初期设定的水质改善目标或污染物削减目标。

（3）污水处理率。主要考核内容为环湖地区生活和工业污废水收集处理情况是否符合规划目标或水污染防治方案等的要求。

（4）再生水回用率。主要考核内容为环湖地区污水处理回用设施再生水利用情况是否符合规划目标或水污染防治方案等的要求。

6. 开展湖泊生态治理修复

这一类指标具体备选考核指标有沿湖湿地建设/湿地保有量。主要考核内容为制定退田还湖还湿、退渔还湖规划或实施方案并组织实施；根据现状生态用水需求维持保有湿地；在不影响湖泊功能的前提下，因地制宜开展沿湖湿地、滨湖绿化带建设。评估对象为国家、地方湿地名录及保护区名录内与评估河流有直接水力连通关系的湿地，其水力联系包括地表水和地下水的联系。具体考核方式详见《湖泊健康评价导则》。

7. 健全湖泊执法监管机制

这一类指标具体备选考核指标有涉湖执法监管。主要考核内容为建立环湖地区部门联合执法机制并组织实施；建立环湖地区跨行政区联合执法机制并实施；环湖地区涉湖违法行为移送司法得到有效处置的；建立湖泊日常监管巡查制度；针对湖泊水域岸线、水利工程和违法行为进行动态监控。

4.3.4.2 定量考核

定量考核指标主要涵盖“量、质、域、流”四大方面。

1. 水量（水位）考核

这一类指标具体备选考核指标有湖泊生态水量或生态水位。主要考核内容为湖泊生态水量或生态水位符合控制目标或达到预期水平。确定方法包括天然水位资料法、湖泊形态法、生物空间最小需求法等。

2. 水质考核

这一类指标具体备选考核指标有水功能区水质或湖泊水质。主要考核内容为湖泊及入湖河道水功能区达到年度水质考核目标。对于已划定水功能区的湖泊呼伦湖、岱海、乌梁素海、居延海、达里湖、黄旗海、哈素海等，按照水功能区目标水质进行考核；对于水质达标率按全因子评估。对于未划定水功能区的湖泊，再细分成两种情形：一是水质改善型湖泊（目标水质优于现状的湖泊），污染源排放控制推荐采用容量总量控制，同时根据水污染控制管理目标确定水质目标，并合理分配污染负荷削减量；二是水质较好的湖泊（保持现状水质的湖泊），该类湖泊的污染源控制，应以现有排放水平为基准，进一步适度削减入湖污染负荷量，为湖泊水质的保持和改善及生境恢复创造空间，实现湖泊水环境长期稳定维持在较好水平。水质评估标准与方法遵循《地表水资源质量评价技术规程》（SL 395—2007）相关规定。

3．水域考核

这一类指标具体备选考核指标有湖泊水域面积管控、湖面积连续萎缩年数。

（1）湖泊水域面积管控。主要考核内容为同口径下的湖泊水域面积较考核目标或参考年不减少或有所增加。

（2）湖面积连续萎缩年数。主要考核内容为同口径下的湖泊水域面积不出现连续3年（含3年）萎缩，即连续3年（含3年）湖泊水面面积年变化率不小于0。

4．水流考核

这一类指标具体备选考核指标有加大湖泊引排水、水生生物资源养护及水生生物多样性。

（1）加大湖泊引排水或生态补水。主要考核内容为因地制宜制定重要湖泊引排水计划或生态补水方案并实施，增强湖泊水体流动性。

（2）水生生物资源养护及水生生物多样性。主要考核内容为制定区域湖泊水生生物多样性保护方案并实施，对于可考核浮游植物数量的湖泊，以湖库水质及形态重大变化前的历史参考时段的监测数据为基点（宜采用20世纪50—60年代或80年代监测数据），以评估年藻类密度除以该历史基点计算其倍数；对于可考核浮游动物损失指数的湖泊，采用现状浮游动物物种类数量（剔除外来物种）与80年代以前评估湖泊浮游动物种类数量的比值进行衡量；对于可考核大型水生植物覆盖度的湖泊，以同一生态分区或湖泊地理分区中、湖泊类型相近、未受人类活动影响或影响轻微的湖泊，或选择评估湖泊在湖泊形态及水体水质重大改变前的某一历史时段，作为参考系，确定评估湖泊大型水生植物覆盖度评估标准，并以此为依据评估大型水生植物年覆盖度除以该参考系标准计算其百分比；对于可考核鱼类保有指数的湖泊，评估鱼类种数现状与鱼类历史参照年的种数的差异状况（调查鱼类种数不包括外来鱼种）。

综上所述，常年有水湖泊共设置考核指标25项，其中定性考核指标19项，定量考核指标6项，考核对象为3.2.3节确定的377个湖泊。常年有水湖泊考核指标体系详见图4-3-4及表4-3-4。

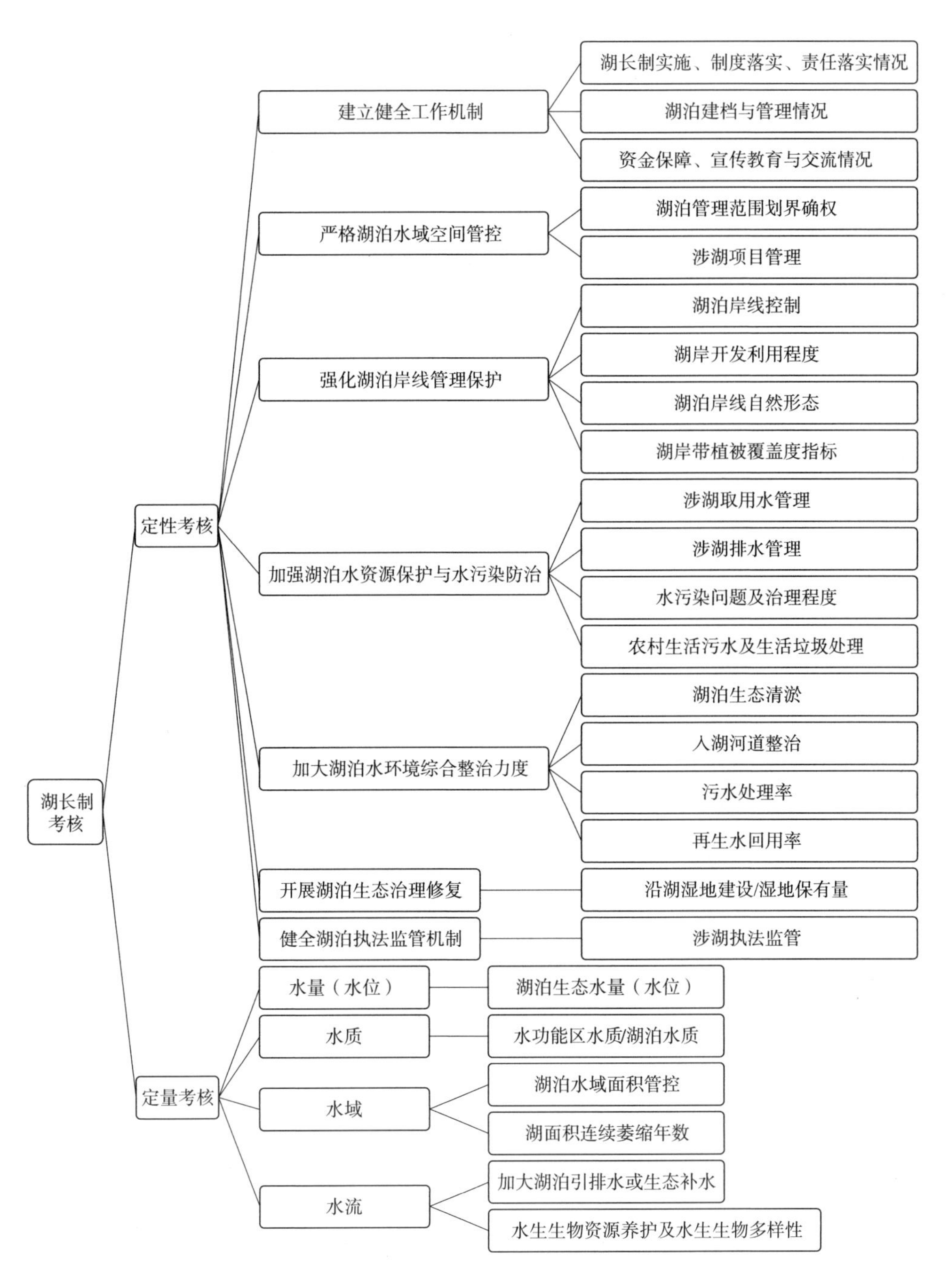

图 4-3-4　内蒙古自治区常年有水湖泊类湖长制考核指标体系

表4-3-4 内蒙古自治区常年有水湖泊类湖长制考核三层次指标体系

目标层	准则层	指标层
定性考核	建立健全工作机制	湖长制实施、制度落实、责任落实情况
		湖泊建档与管理情况
		资金保障、宣传教育与交流情况
	严格湖泊水域空间管控	湖泊管理范围划界确权
		涉湖项目管理
	强化湖泊岸线管理保护	湖泊岸线控制
		湖岸开发利用程度
		湖泊岸线自然形态
		湖岸带植被覆盖度指标
	加强湖泊水资源保护与水污染防治	涉湖取用水管理
		涉湖排水管理
		水污染问题及治理程度
		农村生活污水及生活垃圾处理
	加大湖泊水环境综合整治力度	湖泊生态清淤
		入湖河道整治
		污水处理率
		再生水回用率
	开展湖泊生态治理修复	沿湖湿地建设/湿地保有量
	健全湖泊执法监管机制	涉湖执法监管
定量考核	水量（水位）	湖泊生态水量（水位）
	水质	水功能区水质/湖泊水质
	水域	湖泊水域面积管控
		湖面积连续萎缩年数
	水流	加大湖泊引排水或生态补水
		水生生物资源养护及水生生物多样性

4.4 考核基准

由于内蒙古自治区湖泊分布广泛、湖泊演变成因复杂，导致各流域不同类型湖泊水面面积年际变化较大。因此，湖泊水面面积参照基准的选取是否合理将直接关系湖长制考核结果。为了直观对比湖长制实施前后的湖泊治理与保护成效，参照基准应选择近 5 年或湖长制实施年（2018 年）。下面将从历史同期变化、湖泊萎缩情况及面积变化百分比等方面出发，识别合适的参照基准。

4.4.1 湖泊面积现状与历史同期对比

根据遥感解译成果，对各流域二级区的湖泊水面面积采用 SPSS 软件进行统计分析。结果表明，1987—2019 年各流域二级区湖泊水面面积的变化幅度较大，主要分布在额尔古纳河二级区、西辽河二级区、内流区二级区、内蒙古高原二级区和河西走廊二级区，详见图 4-4-1。

将各二级区 2019 年的湖泊水面面积（图中短实线）与历史时期进行对比，可以发现松花江与黄河流域的湖泊水面面积处于历史同期的较高水平，而海河、辽河和西北诸河的内蒙古高原处于历史同期的较低水平。

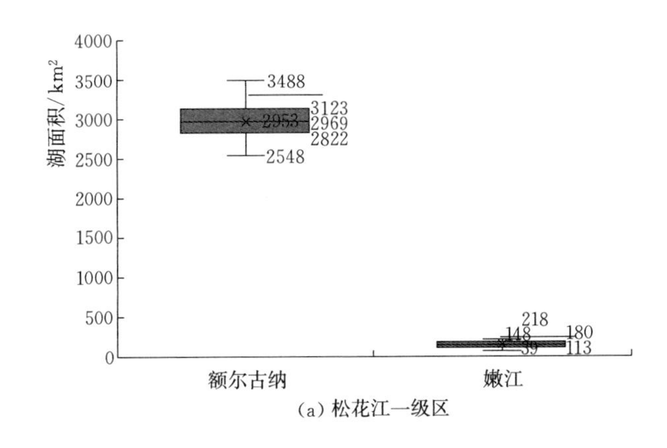

(a) 松花江一级区

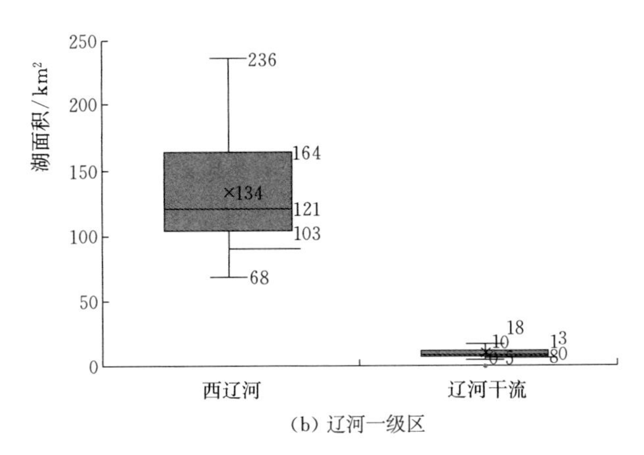

(b) 辽河一级区

图 4-4-1（一） 各一级区湖面积统计特征与 2019 年现状湖面积（短实线）

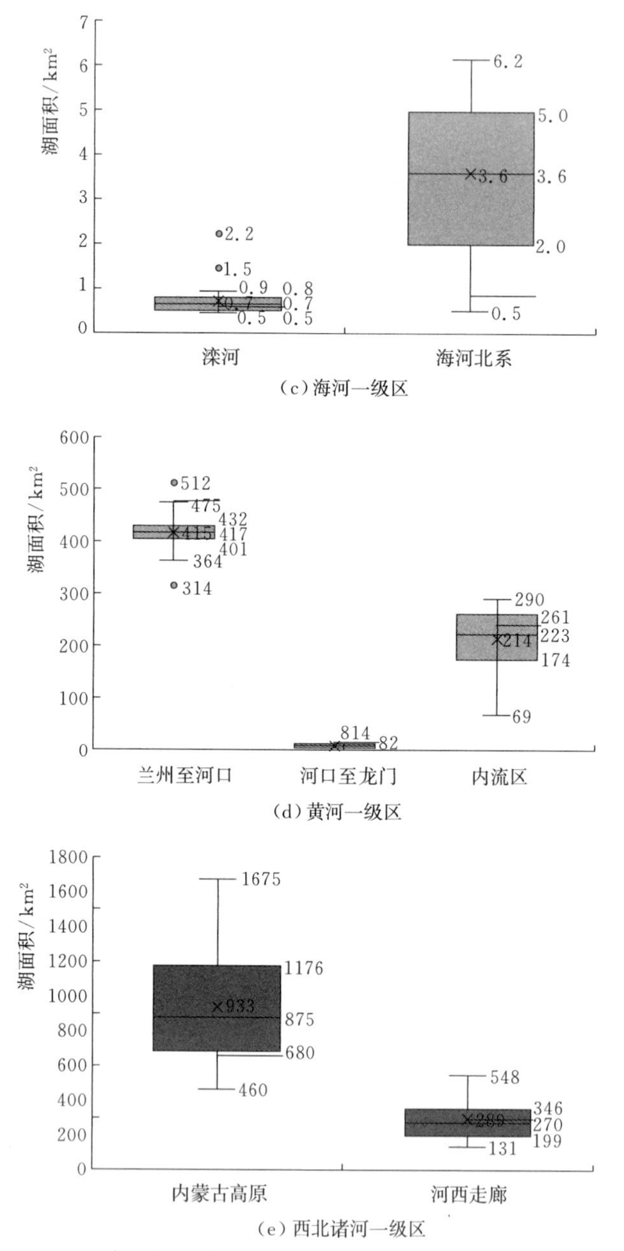

(c) 海河一级区

(d) 黄河一级区

(e) 西北诸河一级区

图 4-4-1（二）　各一级区湖面积统计特征与 2019 年现状湖面积（短实线）

4.4.2　湖泊面积萎缩情况分析

根据遥感解译成果，对各流域二级区的湖泊干涸情况进行统计分析，并与同期降水距平进行时序对比，其中滦河、海河北系二级区没有干湖，此处不分析。可以发现，无论是水量较为丰富的额尔古纳河和嫩江二级区，还是水量匮乏的内蒙古高原和内流区，内蒙古自治区各二级流域干涸湖泊数量的增加与降水丰枯变化呈较显著的相关性和一致性，详见图 4-4-2。

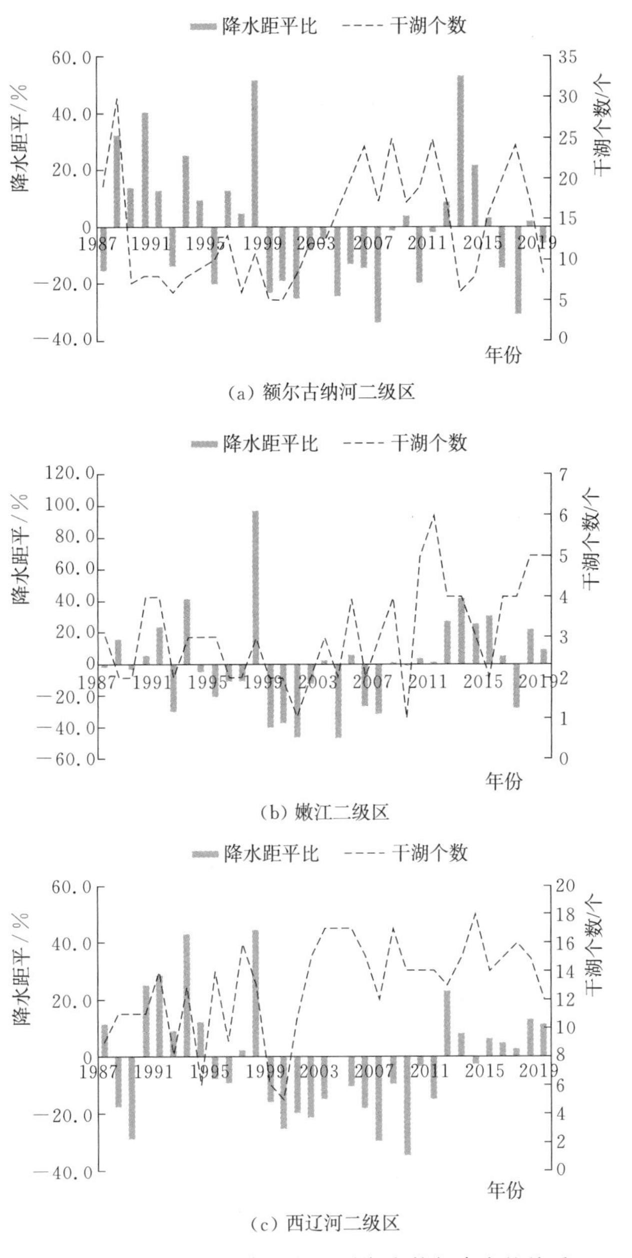

图 4-4-2（一） 各二级区干湖个数与降水的关系

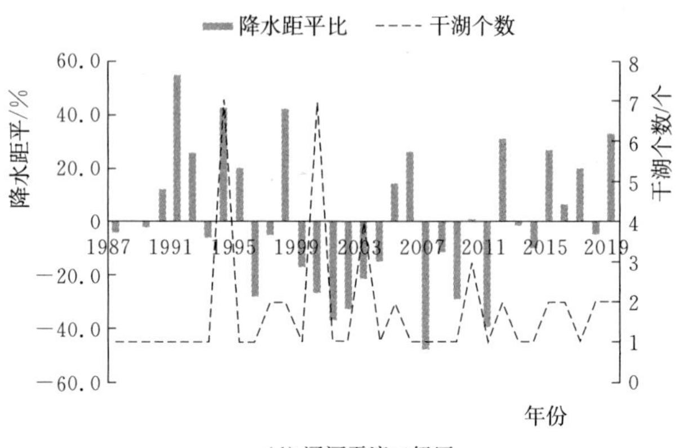

(d) 辽河干流二级区

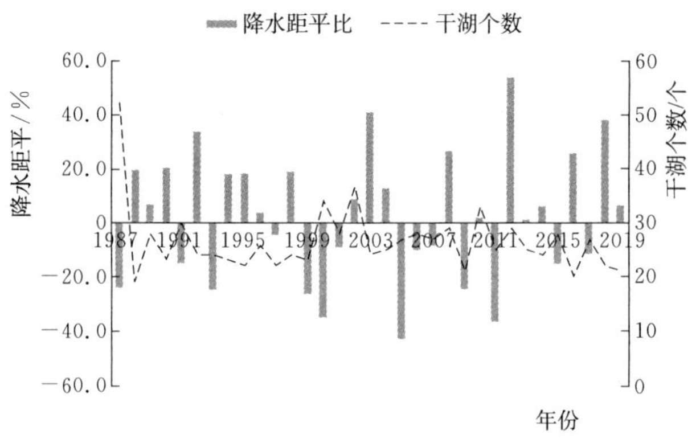

(e) 兰州至河口二级区

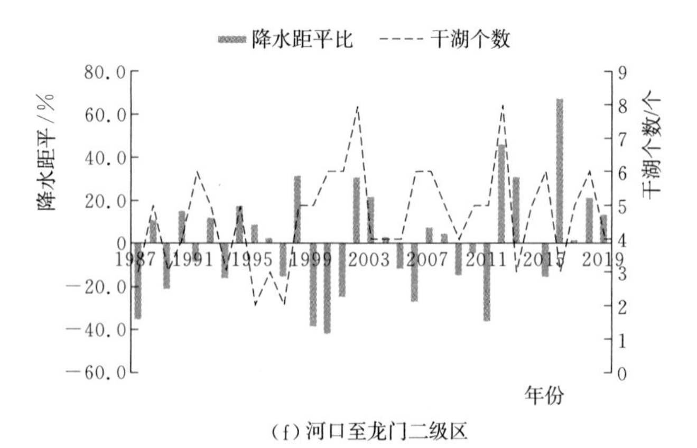

(f) 河口至龙门二级区

图 4-4-2（二）　各二级区干湖个数与降水的关系

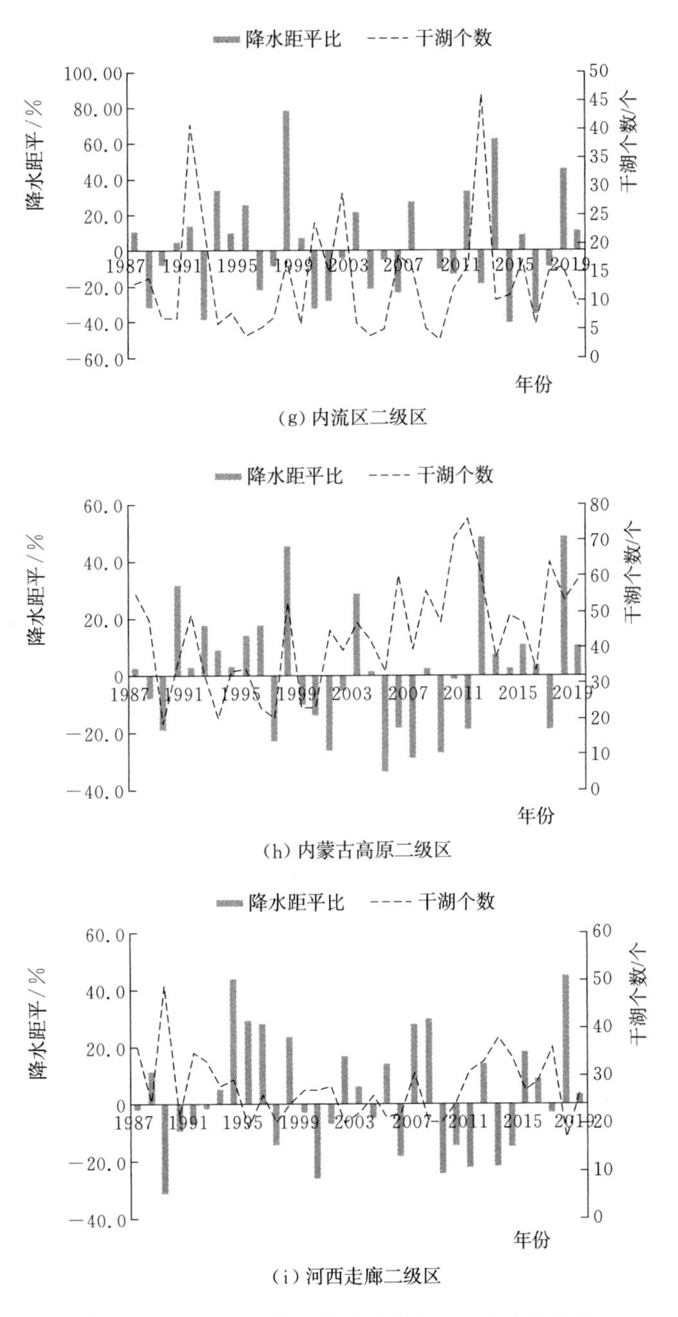

(g) 内流区二级区

(h) 内蒙古高原二级区

(i) 河西走廊二级区

图 4-4-2（三） 各二级区干湖个数与降水的关系

根据遥感解译成果，对各流域二级区近5年常年有水湖泊的水面面积变化趋势进行统计分析。将湖泊水面面积年变化率大于或等于0.25km²/年的划分为扩张型湖泊，湖泊水面面积年变化率小于−0.25km²/年的划分为萎缩型湖泊，介于−0.25～0.25km²/年之间划分为稳定型湖泊。分析结果表明，在1987—2019年33年长时间尺度下，205个常年有水湖泊中，扩张型湖泊有6个，占3%；稳定型湖泊有194个，占95%；萎缩型湖泊有5个，占2%。2015—2019年5年短时间尺度下，377个常年有水湖泊中，扩张型湖泊有58个，占15%；稳定型湖泊有274个，占73%；萎缩型湖泊有45个，占12%。详见表4-4-1。

表4-4-1　内蒙古自治区常年有水湖泊不同时间尺度面积变化趋势的湖泊数量

单位：个

一级区	二级区	1987—2019年			2015—2019年		
		扩张	稳定	萎缩	扩张	稳定	萎缩
松花江	额尔古纳	1	63	1	1	61	9
	嫩江	2	7	0	1	13	4
	小计	3	70	1	2	74	13
辽河	西辽河	0	11	1	0	47	7
	辽河干流	0	0	0	0	4	1
	小计	0	11	1	0	51	8
海河	滦河	0	2	0	0	2	0
	海河北系	0	1	0	0	1	0
	小计	0	3	0	0	3	0
黄河	兰州至河口	0	28	0	23	31	1
	河口至龙门	0	0	0	1	2	0
	内流区	0	18	2	13	29	1
	小计	0	46	2	37	62	2
西北诸河	内蒙古高原	1	36	0	9	48	21
	河西走廊	2	28	1	10	36	1
	小计	3	64	1	19	84	22
总　计		6	194	5	58	274	45

从空间分布来看，在1987—2019年33年长时间尺度下，各流域分区湖泊

水面面积年变化趋势以稳定型为主，由于内蒙古湖泊受气候变化、地形、人类活动等共同影响，湖泊水面面积年际变化幅度差异较大，变化趋势无明显的线性扩张或线性萎缩趋势。在 2015—2019 年 5 年短时间尺度下，各流域分区湖泊水面面积年变化趋势仍然以稳定型为主，但扩张型湖泊和萎缩型湖泊的数量较长时间序列，有明显增加，其中扩张型湖泊有占 15%，萎缩型湖泊占 12%。可见，在 5 年短时间尺度内，湖泊水面面积的年际变化呈现一定线性变化规律。

4.4.3 湖泊水域面积考核基准的确定

根据遥感解译成果，分别以 5 年平均和时段年末各流域二级区湖泊的水面面积变化趋势进行统计分析。结果表明，由于内蒙古自治区湖泊年际变化大等特点，无论是哪一个流域二级区，以某一时段末期为考核基准与以五年平均为考核基准的变化趋势都存在显著的不一致性，详见图 4-4-3。

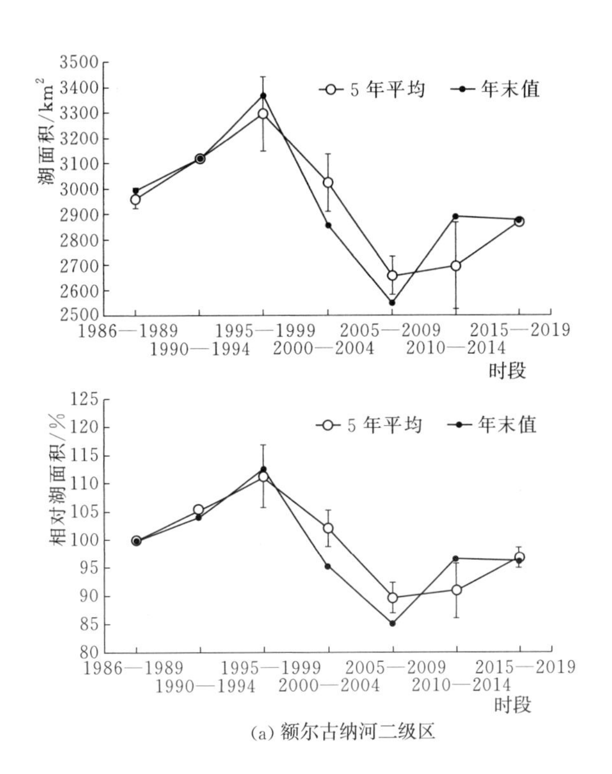

图 4-4-3（一） 各二级区不同考核基准在不同时期湖泊面积变化情况

（各分图中：上图为面积变化绝对值，下图为相对于 1986—1989 年的变化率）

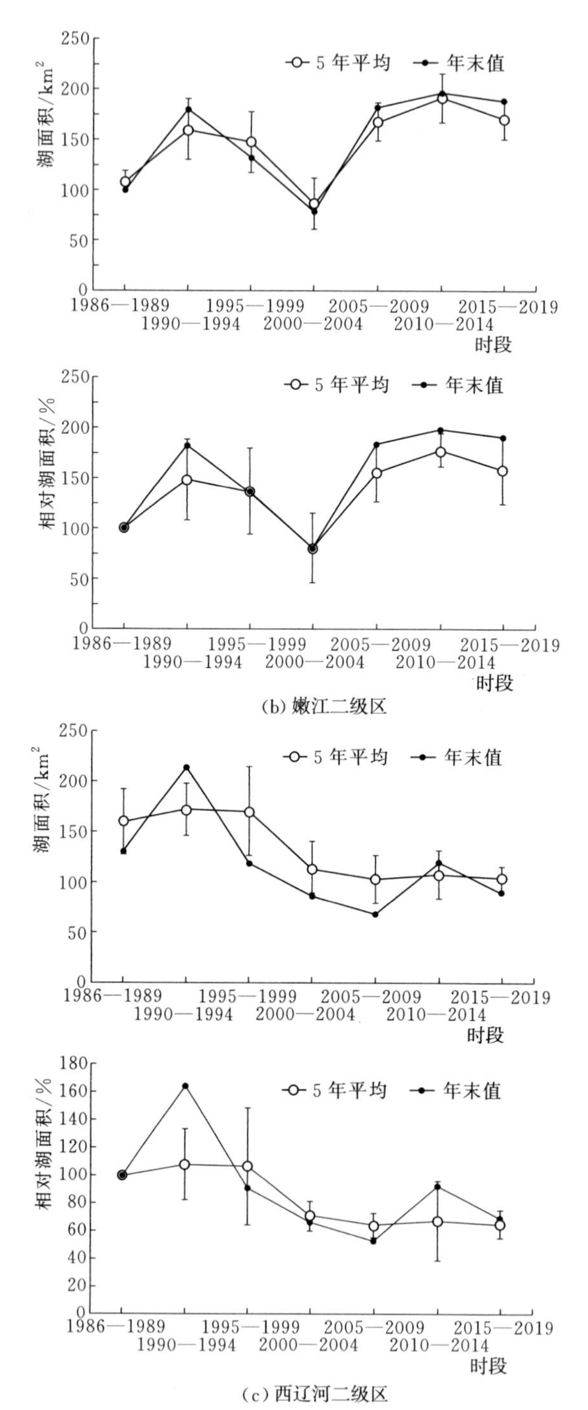

(b) 嫩江二级区

(c) 西辽河二级区

图4-4-3（二）　各二级区不同考核基准在不同时期湖泊面积变化情况

（各分图中：上图为面积变化绝对值，下图为相对于1986—1989年的变化率）

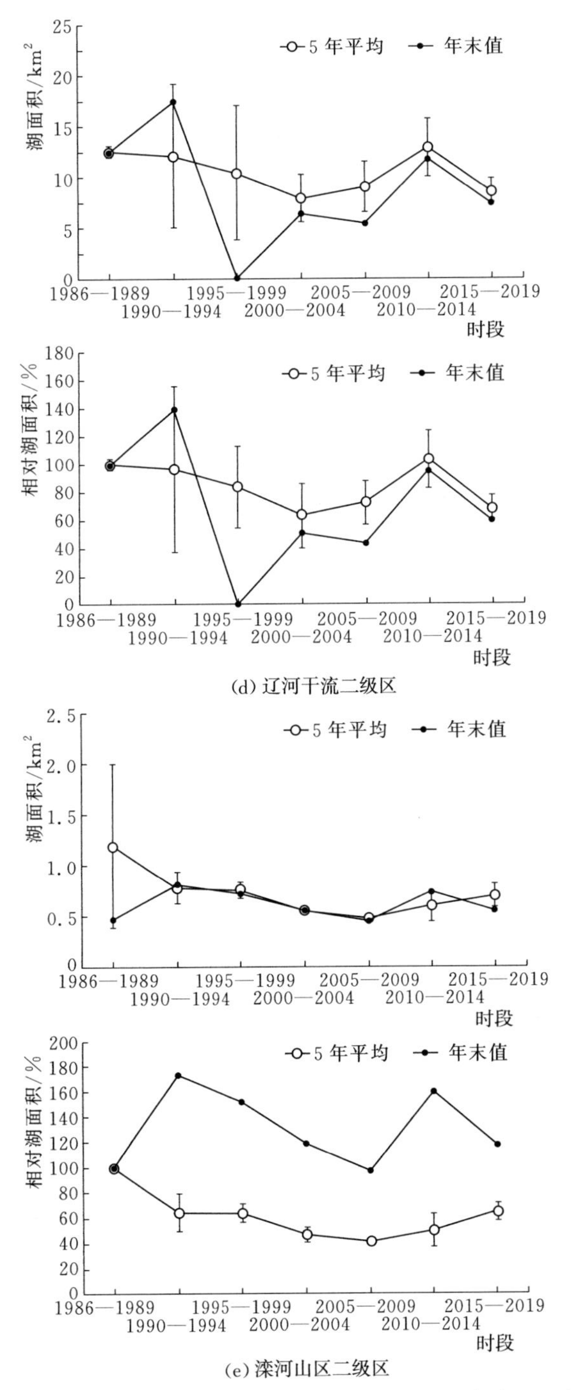

(d) 辽河干流二级区

(e) 滦河山区二级区

图 4-4-3（三） 各二级区不同考核基准在不同时期湖泊面积变化情况

（各分图中：上图为面积变化绝对值，下图为相对于 1986—1989 年的变化率）

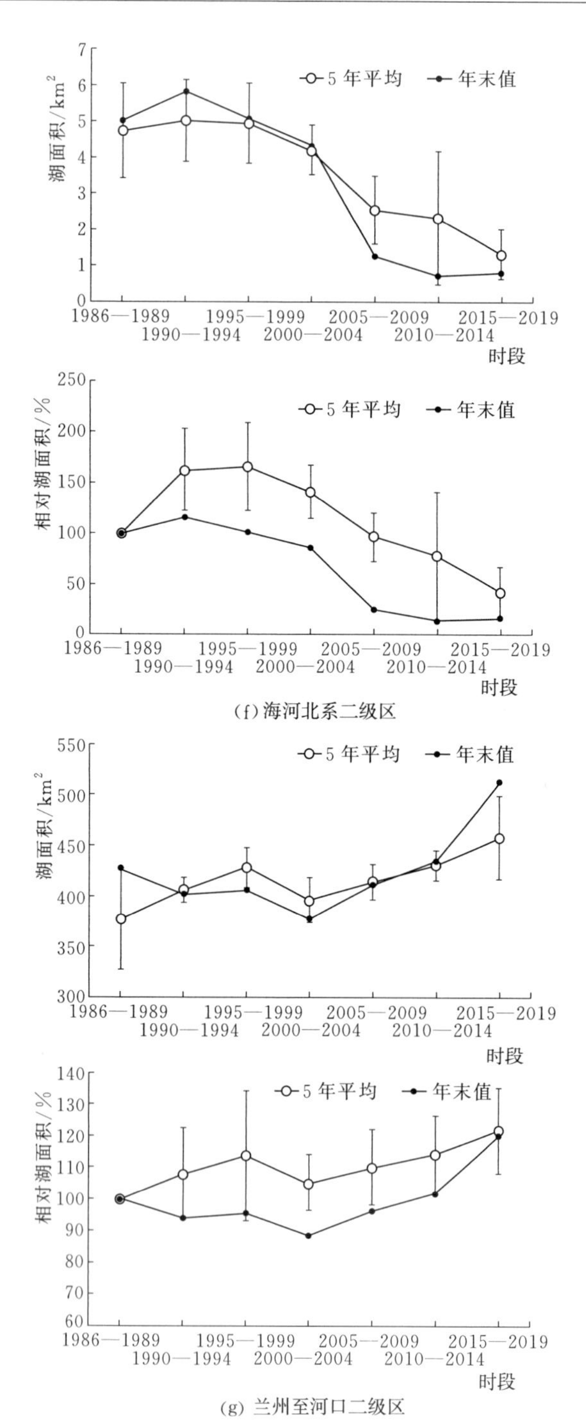

(f)海河北系二级区

(g)兰州至河口二级区

图 4-4-3（四）　各二级区不同考核基准在不同时期湖泊面积变化情况

（各分图中：上图为面积变化绝对值，下图为相对于 1986—1989 年的变化率）

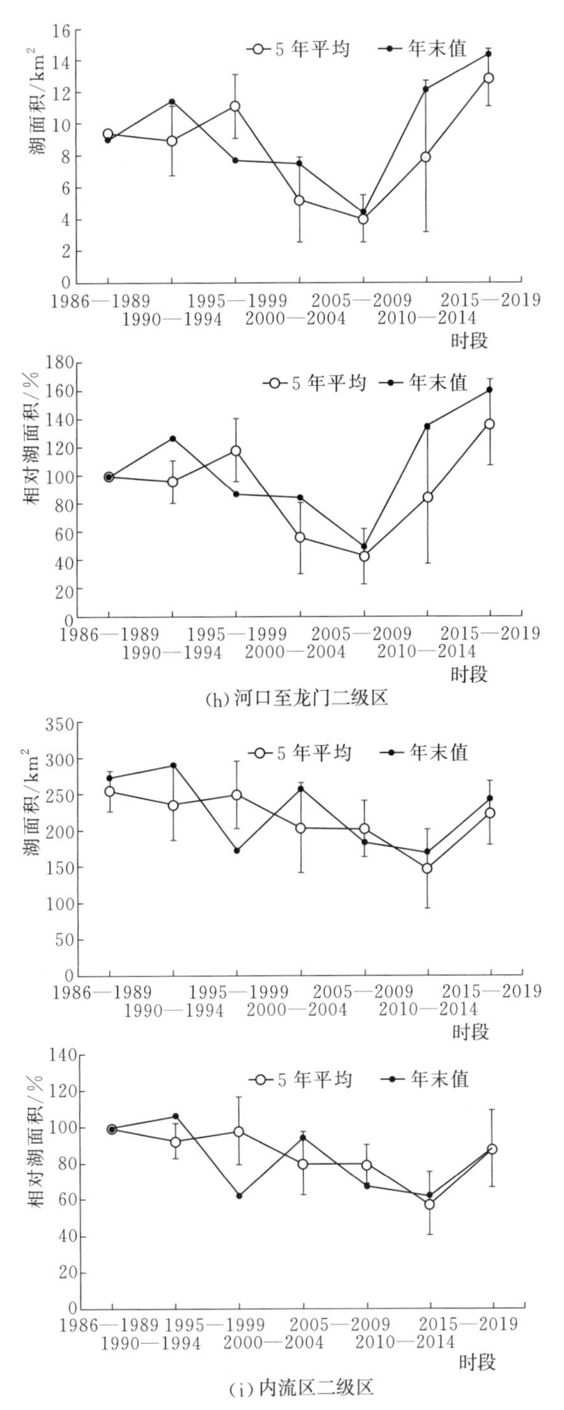

(h)河口至龙门二级区

(i)内流区二级区

图 4-4-3（五）　各二级区不同考核基准在不同时期湖泊面积变化情况

（各分图中：上图为面积变化绝对值，下图为相对于 1986—1989 年的变化率）

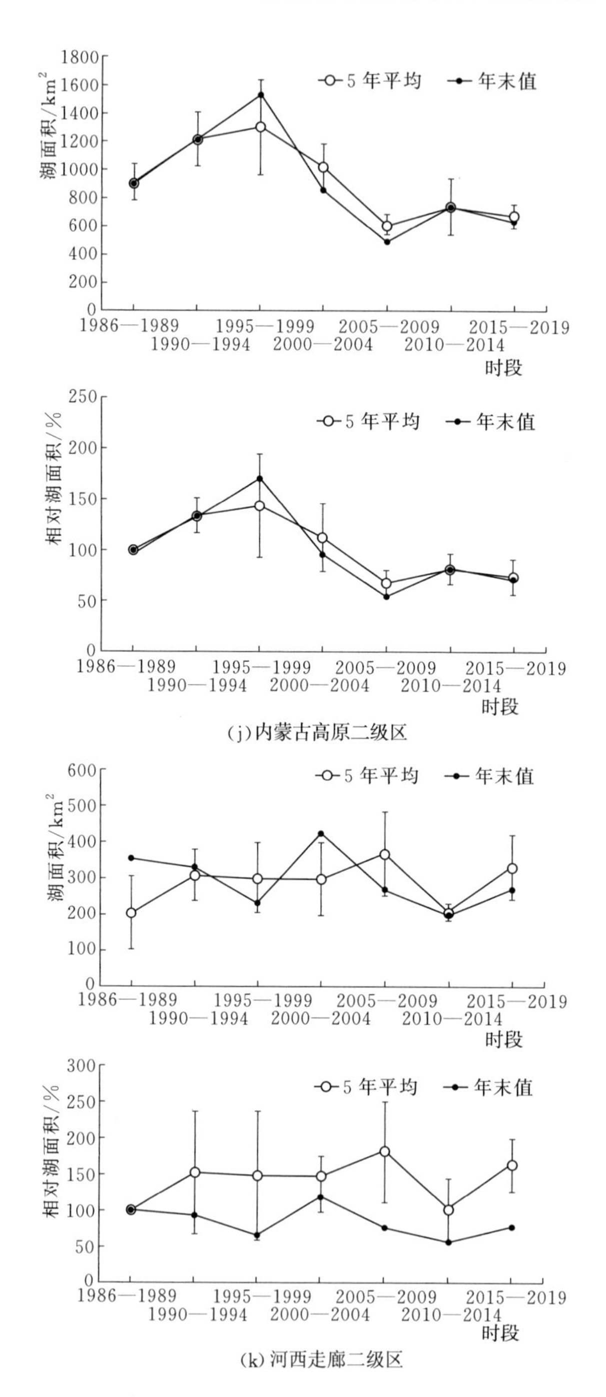

图 4-4-3（六）　各二级区不同考核基准在不同时期湖泊面积变化情况

（各分图中：上图为面积变化绝对值，下图为相对于 1986—1989 年的变化率）

此外，由图4-4-1可以看出，松花江流域与黄河流域2019年的湖泊水面面积处于历史同期的较高水平。可见，从统计学角度来看，这些区域湖泊在未来一段时期内萎缩的可能性要大于扩张。若以2019年湖泊水面面积为考核基准，当降水偏枯时仍要维持高水平的水域面积不萎缩，则导致未来一段时期内该流域湖长制量化考核难以达到预期目标。

综上所述，以某一时段末期为考核基准可能导致难以划定适宜的考核参照目标，也难以避免特枯水年或特枯水年湖面积显著变化带来的影响。因此，选择近5年湖泊水域面积的平均值作为参照基准更符合内蒙古湖泊的实际。

4.5 赋分标准与赋分说明

将上述需要考核的内容细化分解为若干单项考核内容，并根据每项指标工作进展情况和工作成效进行赋分，所有得分合计为考核总分值。本指标体系采用百分制计分，量化反映各地工作进展及成效，并力求体现考核评价结果的差异性，各项考核评价内容及指标分值具体如下。

4.5.1 基本说明

根据指标体系构建结果，干涸湖泊设置8个考核指标（全为定性考核指标），季节性湖泊设置15个考核指标（其中定性考核指标13个、定量考核指标2个），常年有水湖泊设置25个考核指标（其中定性考核指标19个、定量考核指标6个）。从指标设置层面已经逐步体现了问题较少湖泊减少考核指标和增加可操作性的思路，对于常年有水湖泊则力求全面考核反映湖泊治理成效。

为了使考核指标体系更符合实际，在分析各盟市“一湖一策”报告和收集相关资料的基础上，对不同考核指标进行赋分。对于非常重要指标，赋予最高分值，强化湖长制实施和治理成效，也对地方湖长履职和开展工作形成指导作用。但为了突出问题和实际可操作，这类指标数量最少。对于需要考核但重要性不强指标，赋予最低分值。因此，三类考核指标体系的赋分原则具体如下。

（1）干涸湖泊采取百分制考核，根据3.3.3节成果，干涸湖泊主要分布在西北诸河区，现状存在的水问题较少，受自然降水条件影响为主。故不考虑非常重要指标，仅设置需要考核指标和重要指标，分值分别为10分和20分。这类湖泊应重点突出后期监管，与水利发展总基调中“强监管”的要求相适应。因此，重要指标2项，即涉湖项目管理和涉湖执法监管，各20分，其余6项指标各为10分。

（2）季节性湖泊采取百分制考核，根据3.3.4小节成果，季节性湖泊主要分布在黄河流域和西北诸河区，这类湖泊除受自然降水条件影响外，还受到周边矿山开采、农业灌溉等影响，但总体影响程度较小。故不考虑非常重要指标，仅设置需要考核指标和重要指标，分值分别为5分和10分。这类湖泊一方面要强化现状取用水管理，另一方面与干涸湖泊一样需要强化后期监管。因此，重要指标5项，即涉湖项目管理、涉湖取用水管理、涉湖执法监管、湖泊生态水量和湖泊水质，各10分，其余10项指标各为5分。

（3）常年有水湖泊采取百分制考核，根据3.3.2节成果，主要分布在松花江流域和西北诸河区，其次是黄河流域和辽河流域，这类湖泊除受自然降水条件影响外，还受到周边矿山开采、农业灌溉等影响，部分湖泊受影响程度较大，故按照需要考核、重要指标和非常重要指标3个等级来赋分，分值分别为2分、4分和10分。这类湖泊一方面要强化现状取用水管理，另一方面与干涸湖泊一样需要强化后期监管。因此，湖泊水量和水质是最关键的两大指标，因此赋予最高分值，各10分，其次重要指标17项，各4分，其余6项指标各为2分。

各类考核指标体系赋分标准与赋分说明具体如下所述。

4.5.2 干涸湖泊赋分标准与赋分说明

4.5.2.1 定性考核

1. 建立健全工作机制

（1）湖长制实施、制度落实、责任落实情况。该项指标总分值10分。赋分标准主要包括落实行政区内各级湖长，湖长人事变动及时履行程序；湖长制公示牌设立在干涸湖泊管理范围内，湖长信息在媒体、信息化管理平台和公示牌及时公告、更新；明确湖长责任，落实湖长确定的事项。

（2）湖泊建档与管理情况。该项指标总分值10分。赋分标准主要包括按照要求建立“一湖一档”，完成“一湖一策”编制；“一湖一策”成果质量符合工作要求，且经湖长审定后印发。

（3）资金保障、宣传教育与交流情况。该项指标总分值10分。赋分标准主要包括湖长制工作经费纳入政府财政预算；采取多种方式宣传普及湖长制知识，主流媒体宣传报道湖长制工作。

2. 严格湖泊水域空间管控

（1）湖泊管理范围划界确权。该项指标总分值10分。赋分标准主要包括完成干涸湖泊管理范围划定，并确权。

（2）涉湖项目管理。该项指标总分值20分。赋分标准主要包括明确干涸湖泊管理范围内限制开发行为；涉湖建设项目事中事后监管到位。

3. 强化湖泊岸线管理保护

湖岸开发利用程度，该项指标总分值 10 分。赋分标准主要包括管理范围内是否存在以下 11 类非法活动：采砂、沿岸建筑物（房屋）、公路（铁路）、垃圾填埋场或垃圾堆放、管道、农业耕种、畜牧养殖、打井、挖窖、葬坟、开采地下资源。

4. 加大湖泊水环境综合整治力度

入湖河道整治，该项指标总分值 10 分。赋分标准主要包括开展湖泊入湖河道综合整治，避免出现水环境问题。

5. 健全湖泊执法监管机制

涉湖执法监管，该项指标总分值 20 分。赋分标准主要包括建立环湖地区部门联合执法机制并组织实施；环湖地区涉湖违法行为移送司法得到有效处置的；建立湖泊日常监管巡查制度。

4.5.2.2 定量考核

干涸湖泊未设置定量考核指标，故不对该项赋分。

各分项指标具体赋分标准与赋分说明详见表 4-5-1。

表 4-5-1　内蒙古自治区干涸湖泊类考核指标赋分标准与赋分说明

考核指标	赋分标准	赋分说明	总分值
湖长制实施、制度落实、责任落实情况	（本项 5 分）落实行政区内各级湖长，湖长人事变动及时履行程序，赋 5 分	通过查阅湖长干部人事变动任免文件，结合现场抽查，未按规定时间调整湖长，不予赋分	10
	（本项 5 分）湖长制公示牌设立在干涸湖泊管理范围内显著位置，湖长信息在媒体、信息化管理平台和公示牌及时公告、更新，赋 5 分	查阅有关公告信息，抽查信息化管理平台、公示牌信息，未按规定公告更新，不予赋分；现场抽查，发现公示牌信息不完整、倾斜、变形、破损、老化等问题，酌情扣分	
湖泊建档与管理情况	（本项 5 分）按照要求建立“一湖一档”，完成“一湖一策”编制，赋 5 分	按照要求完成的赋分。未按固定时间完成，酌情赋分	10
	（本项 5 分）“一湖一策”成果质量符合工作要求，且经湖长审定后印发，赋 5 分	按照“一湖一策”编制指南或工作大纲要求，对“一湖一策”的成果的完整性、针对性进行抽查，酌情赋分	
资金保障、宣传教育与交流情况	（本项 5 分）湖长制工作经费纳入政府财政预算，赋 5 分	查阅预算批复文件或其他证明，酌情赋分	10
	（本项 5 分）采取多种方式宣传普及湖长制知识，主流媒体宣传报道湖长制工作，赋 5 分	查阅报刊、广播、电视、网络、微信、微博、客户端等各种媒体宣传材料，酌情赋分	

续表

考核指标	赋分标准	赋分说明	总分值
湖泊管理范围划界确权	（本项10分）完成重要湖泊管理范围划定，并确权，赋10分	查阅划定文件，现场抽查管理范围界桩、管理保护标志等，完整的赋5分；根据历史淹没范围或已有规划完成干涸湖泊或湖盆管理范围划定开展划定并确权的，赋5分	10
涉湖项目管理	（本项10分）明确干涸湖泊管理范围内限制开发行为的，赋10分	对干涸湖泊管理范围内农牧业活动或生产建设有严格明确限制要求，赋1分	20
	（本项10分）针对一湖一策报告中提出存在问题开展整治的，赋5分；涉湖建设项目事中事后监管到位，赋5分；不涉及该项的湖泊直接赋10分	现场抽查，发现未按要求整治，不予赋分。审批部门未履行涉湖建设项目事中事后监管程序，每发现一起不予赋分	
湖岸开发利用程度	（本项10分）管理范围内不存在以下11类非法活动：采砂、沿岸建筑物（房屋）、公路（铁路）、垃圾填埋场或垃圾堆放、管道、农业耕种、畜牧养殖、打井、挖窖、葬坟、开采地下资源，赋10分	查阅证明材料或通过遥感无人机等手段进行现场调查，若存在非法岸线开发利用活动的情况，发现1项扣5分	10
入湖河道整治	（本项10分）开展湖泊入湖河道综合整治，避免出现水环境问题，赋10分	若考核期不出现水环境问题，全部赋分	10
涉湖执法监管	（本项6分）建立环湖地区部门联合执法机制并组织实施，赋6分	建立部门联合执法机制，有制度文件或会议纪要，赋3分； 涉水有关执法部门联合开展专项执法和集中整治行动，有证明材料，赋3分	20
	（本项6分）环湖地区涉湖违法行为移送司法得到有效处置的，赋6分	查阅涉水案件移交记录及处理结果，酌情赋分	
	（本项8分）建立湖泊日常监管巡查制度，赋8分	查阅相关制度文件，酌情赋分	

4.5.3　季节性湖泊赋分标准与赋分说明

4.5.3.1　定性考核

1. 建立健全工作机制

（1）湖长制实施、制度落实、责任落实情况。该项指标总分值5分。赋分标准主要包括落实行政区内各级湖长，湖长人事变动及时履行程序；湖长制公示牌设立在水域沿岸显著位置，湖长信息在媒体、信息化管理平台和公示牌及时公告、更新；明确湖长责任，湖长按照规定履行巡湖职责；落实湖长制工作机构，组织实施湖长制具体工作，落实湖长确定的事项。

(2) 湖泊建档与管理情况。该项指标总分值5分。赋分标准主要包括按照要求建立“一湖一档”，完成“一湖一策”编制；“一湖一策”成果质量符合工作要求，且经湖长审定后印发；湖长制工作制度按规定落实；建设完成湖泊基础信息库。

(3) 资金保障、宣传教育与交流情况。该项指标总分值5分。赋分标准主要包括湖长制工作经费纳入政府财政预算；采取多种方式宣传普及湖长制知识，主流媒体宣传报道湖长制工作。

2. 严格湖泊水域空间管控

(1) 湖泊管理范围划界确权。该项指标总分值5分。赋分标准主要包括完成湖泊管理范围划定，并确权。

(2) 涉湖项目管理。该项指标总分值10分。赋分标准主要包括明确湖泊开发利用要求和控制范围；按照明确的审批权限开展涉湖建设项目行政许可审批；涉湖建设项目事中事后监管到位。

3. 强化湖泊岸线管理保护

(1) 湖泊岸线控制。该项指标总分值5分。赋分标准主要包括是否明确湖泊岸线控制线。

(2) 湖岸开发利用程度。该项指标总分值5分。赋分标准主要包括是否明确或划分岸线功能区划；湖岸是否存在以下11类非法活动：采砂、沿岸建筑物（房屋）、公路（铁路）、垃圾填埋场或垃圾堆放、管道、农业耕种、畜牧养殖、打井、挖窖、葬坟、开采地下资源。

(3) 湖泊岸线自然形态。该项指标总分值5分。赋分标准主要包括是否保持湖泊岸线自然形态。

4. 加强湖泊水资源保护与水污染防治

(1) 涉湖取用水管理。该项指标总分值10分。赋分标准主要包括涉湖取水户新（改、扩）建建设项目执行节水“三同时”管理制度；涉湖取水户在水资源论证、取水许可、节水载体认定等工作中，严格执行用水定额情况；涉湖农业取水户灌溉计量率、非农取水户取水计量率达标；重要湖泊取水监测设施全覆盖。

(2) 农村生活污水及生活垃圾处理。该项指标总分值5分。赋分标准主要包括环湖地区农村生活污水处理率达标。

5. 加大湖泊水环境综合整治力度

(1) 入湖河道整治。该项指标总分值5分。赋分标准主要包括开展湖泊入湖河道综合整治，入湖河道水质改善。

(2) 污水处理率。该项指标总分值5分。赋分标准主要包括环湖地区生活和工业污废水收集处理情况是否符合规划目标或水污染防治方案等的要求。

6. 健全湖泊执法监管机制

涉湖执法监管，该项指标总分值10分。赋分标准主要包括建立环湖地区部门联合执法机制并组织实施；环湖地区涉湖违法行为移送司法得到有效处置的；建立湖泊日常监管巡查制度。

4.5.3.2 定量考核

定量考核指标主要涵盖水域管控方面的两项指标。

1. 水面面积年变化率

该项指标总分值10分。赋分标准主要包括近5年湖泊水域面积变化比例符合控制目标或达到预期水平。当降水量较多年平均有所增加或接近多年平均情景时，湖泊水域面积年变化率应大于0，即湖泊水域不萎缩；当降水量较多年平均有所减少时，按照水量平衡丰增枯减的原则，湖泊水域面积允许一定范围的萎缩，但这种水面面积年变化率应不大于降水减少程度（降水减少量与多年平均值之比）。满足上述条件的，赋分为10分，不满足的，赋分为0分。

2. 连续干涸年数

该项指标总分值10分。考核要求为湖泊水域面积达到3个自然年度达到考核目标，即连续3年水域面积不为0。满足上述条件的，赋分为10分，不满足的，赋分为0分。

各分项指标具体赋分标准与赋分说明详见表4-5-2。

表4-5-2 内蒙古自治区季节性湖泊类考核指标赋分标准与赋分说明

考核指标	赋分标准	赋分说明	总分值
湖长制实施、制度落实、责任落实情况	（本项1分）落实行政区内各级湖长，湖长人事变动及时履行程序，赋1分	通过查阅湖长干部人事变动任免文件，结合现场抽查，未按规定时间调整湖长，不予赋分	5
	（本项1分）湖长制公示牌设立在水域沿岸显著位置，湖长信息在媒体、信息化管理平台和公示牌及时公告、更新，赋1分	查阅有关公告信息，抽查信息化管理平台、公示牌信息，未按规定公告更新，不予赋分；现场抽查，发现公示牌信息不完整、倾斜、变形、破损、老化等问题，酌情扣分	
	（本项1分）明确湖长责任，湖长按照规定履行巡湖职责，赋1分	查阅文件资料，对照湖长巡湖相关要求，查阅行政区湖长巡湖记录，酌情赋分	

续表

考核指标	赋 分 标 准	赋 分 说 明	总分值
湖长制实施、制度落实、责任落实情况	（本项2分）落实湖长制工作机构，组织实施湖长制具体工作，落实湖长确定的事项，赋2分	查阅材料，将湖长制工作纳入河长制办公室组织实施，酌情赋分；查阅资料，制定（拟定）有关湖长制工作制度，履行组织协调、分办督办等职责，定期组织开展湖长制宣传培训，酌情赋分	5
湖泊建档与管理情况	（本项2分）按照要求建立“一湖一档”，完成“一湖一策”编制，赋2分	按照要求完成的赋分。未按固定时间完成，酌情赋分	5
	（本项1分）“一湖一策”成果质量符合工作要求，且经湖长审定后印发，赋1分	按照“一湖一策”编制指南或工作大纲要求，对“一湖一策”的成果的完整性、针对性进行抽查，酌情赋分	
	（本项1分）湖长制工作制度按规定落实，赋1分	查阅资料，发现一项制度未落实到位，扣0.2分，扣完为止	
	（本项1分）建设完成湖泊基础信息库，赋1分	查阅有关文件和材料，根据信息完整性，酌情赋分	
资金保障、宣传教育与交流情况	（本项3分）湖长制工作经费纳入政府财政预算，赋3分	查阅预算批复文件或其他证明，酌情赋分	5
	（本项2分）采取多种方式宣传普及湖长制知识，主流媒体宣传报道湖长制工作，赋2分	查阅报刊、广播、电视、网络、微信、微博、客户端等各种媒体宣传材料，酌情赋分	
湖泊管理范围划界确权	（本项5分）完成重要湖泊管理范围划定，并确权，赋5分	查阅划定文件，现场抽查界桩、管理保护标志等，完整的赋2分；完成管理范围划定开展划定并确权的，赋3分	5
涉湖项目管理	（本项2分）明确湖泊开发利用要求和控制范围，赋2分	对湖泊水域岸线及其生态缓冲带开发利用行为有严格明确限制要求，赋1分	10
	（本项3分）按照明确的审批权限开展涉湖建设项目行政许可审批，赋3分；不涉及该项的湖泊直接赋3分	现场抽查，发现一起未经批准先行建设的项目，不予赋分	
	（本项5分）涉湖建设项目事中事后监管到位，赋5分；不涉及该项的湖泊直接赋5分	现场抽查，审批部门未履行涉湖建设项目事中事后监管程序，每发现一起不予赋分	

续表

考核指标	赋分标准	赋分说明	总分值
湖泊岸线控制	（本项5分）明确湖泊岸线控制线，赋5分	查阅湖泊岸线临水控制线和外缘控制线划定情况，抽查管理现状。临水控制线按照（划定临水控制线的湖泊岸线长度/湖泊岸线总长）×3分赋分；外缘控制线按照（划定外缘控制线的湖泊岸线长度/湖泊岸线总长）×2分赋分	5
湖岸开发利用程度	（本项5分）其中明确或划分岸线功能区划，赋2分；湖岸人工干扰不存在以下11类非法活动：采砂、沿岸建筑物（房屋）、公路（铁路）、垃圾填埋场或垃圾堆放、管道、农业耕种、畜牧养殖、打井、挖窖、葬坟、开采地下资源，赋3分	查阅岸线功能分区划定情况。按照（明确功能分区的湖泊岸线长度/湖泊岸线总长）×2分赋分；若开发利用区比例控制目标大于等于35%，此项不得分；查阅证明材料或通过遥感无人机等手段进行现场调查，若存在非法岸线开发利用活动的情况，不予赋分	5
湖泊岸自然形态	（本项5分）保持湖泊岸线自然形态，赋5分	查阅相关历史资料，并通过遥感实时监测湖泊岸线变化情况，酌情赋分	5
涉湖取用水管理	（本项4分）涉湖取水户新（改、扩建）建设项目执行节水“三同时”管理制度，赋4分，若不涉及该项，直接赋分	在上级部门水资源管理监督检查或现场抽查中，未落实节水“三同时”制度的，每发现一起扣2分，扣完为止	10
	（本项2分）涉湖取水户在水资源论证、取水许可、节水载体认定等工作中，严格执行用水定额，赋2分，若不涉及该项，直接赋分	监督检查或现场抽查中，未按规定使用用水定额的，每发现起扣1分，扣完为止	
	（本项2分）涉湖农业取水户灌溉计量率、非农取水户取水计量率达标，赋2分，若不涉及该项，直接赋分	农业取水户灌溉计量率大于等于60%，赋分；其余不予赋分	
	（本项2分）湖泊取水监测设施全覆盖，赋2分，若不涉及该项，直接赋分	现场抽查，湖泊取水口未设置监测设施，每发现一起扣1分，扣完为止	
农村生活污水及生活垃圾处理	（本项5分）环湖地区农村生活污水处理率达标，赋5分	参照水污染防治行动计划实施情况考核结果。如未进行水污染防治行动计划实施情况考核，本项参照水污染防治行动计划实施情况考核数据口径、计算方法进行评价。环湖地区农村生活污水处理率60%～100%，按照0～2分插值赋分；小于60%，不得分	5

续表

考核指标	赋分标准	赋分说明	总分值
入湖河道整治	（本项5分）开展湖泊入湖河道综合整治，入湖河道水质改善，赋5分	若考核期水质不劣于目标水质，全部赋分	5
污水处理率	（本项5分）环湖地区生活和工业污废水收集处理情况是否符合规划目标或水污染防治方案等的要求，赋5分	根据查阅证明材料或工程验收材料判分	5
涉湖执法监管	（本项3分）建立环湖地区部门联合执法机制并组织实施，赋3分	建立部门联合执法机制，有制度文件或会议纪要，赋1.5分； 涉水有关执法部门联合开展专项执法和集中整治行动，有证明材料，赋1.5分	10
	（本项3分）环湖地区涉湖违法行为移送司法得到有效处置的，赋3分	查阅涉水案件移交记录及处理结果，酌情赋分	
	（本项4分）建立湖泊日常监管巡查制度，赋4分	查阅相关制度文件，酌情赋分	
湖泊水面面积年变化率	（本项10分）当降水量较多年平均有所增加或接近多年平均情景时，湖泊水域面积年变化率应大于0；当降水量较多年平均有所减少时，水面面积年变化率应不大于降水减少程度（降水减少量与多年平均值之比）。满足上述条件的，赋分为10分，不满足的，赋分为0分	根据遥感解译成果和地方现场核查共同进行赋分	10
连续干涸年数	（本项10分）考核要求为湖泊水域面积达到3个自然年度达到考核目标，即连续3年水域面积不为0。满足上述条件的，赋分为10分，不满足的，赋分为0分	根据遥感解译成果和地方现场核查共同进行赋分	10

4.5.4 常年有水湖泊赋分标准与赋分说明

4.5.4.1 定性考核

1. 建立健全工作机制

（1）湖长制实施、制度落实、责任落实情况。该项指标总分值4分。赋分标准主要包括落实行政区内各级湖长，湖长人事变动及时履行程序；

湖长制公示牌设立在水域沿岸显著位置，湖长信息在媒体、信息化管理平台和公示牌及时公告、更新；明确湖长责任，湖长按照规定履行巡湖职责；落实湖长制工作机构，组织实施湖长制具体工作，落实湖长确定的事项。

（2）湖泊建档与管理情况。该项指标总分值4分。赋分标准主要包括按照要求建立“一湖一档”，完成“一湖一策”编制；“一湖一策”成果质量符合工作要求，且经湖长审定后印发；湖长制工作制度按规定落实；建设完成湖泊基础信息库，建设湖长制管理信息系统并投入运行。

（3）资金保障、宣传教育与交流情况。该项指标总分值4分。赋分标准主要包括湖长制工作经费纳入政府财政预算；采取多种方式宣传普及湖长制知识，主流媒体宣传报道湖长制工作；建立湖长制工作交流平台；建立流域区域湖泊管理保护议事协调机制。

2. 严格湖泊水域空间管控

（1）湖泊管理范围划界确权。该项指标总分值2分，赋分标准主要包括完成湖泊管理范围划定，并确权。

（2）涉湖项目管理。该项指标总分值4分。赋分标准主要包括明确湖泊开发利用要求和控制范围；明确养殖范围、种类、饵料使用控制等要求，达到养殖控制目标；按照明确的审批权限开展涉湖建设项目行政许可审批；涉湖建设项目事中事后监管到位。

3. 强化湖泊岸线管理保护

（1）湖泊岸线控制。该项指标总分值2分。赋分标准主要包括是否明确湖泊岸线控制线。

（2）湖岸开发利用程度。该项指标总分值4分。赋分标准主要包括是否明确或划分岸线功能区划；湖岸是否存在以下11类非法活动：采砂、沿岸建筑物（房屋）、公路（铁路）、垃圾填埋场或垃圾堆放、管道、农业耕种、畜牧养殖、打井、挖窖、葬坟、开采地下资源。

（3）湖泊岸线自然形态。该项指标总分值2分。赋分标准主要包括是否保持湖泊岸线自然形态。

（4）湖岸带植被覆盖度指标。该项指标总分值4分。赋分标准主要包括乔木（6m以上）、灌木（6m以下）和草本植物的覆盖状况是否符合规划目标值；或河湖岸带植被（包括自然和人工）总植被覆盖度是否符合规划目标值。

4. 加强湖泊水资源保护与水污染防治

（1）涉湖取用水管理。该项指标总分值4分。赋分标准主要包括涉湖取水户新（改、扩建）建设项目执行节水“三同时”管理制度；涉湖取水户在水资源论证、取水许可、节水载体认定等工作中，严格执行用水定额情况；涉湖农业取水户灌溉计量率、非农取水户取水计量率达标；重要湖泊取水监测设施全覆盖。

（2）涉湖排水管理。该项指标总分值4分。赋分标准主要包括是否完成入湖排污口摸底调查；是否合法入湖排污口设置审批全覆盖、监测及非法排污口全取缔和整改；对于存在水功能区考核要求的湖泊，年度入湖污染物总量未超过水功能区限排总量要求；对于不存在水功能区考核要求的湖泊，入湖污水排放是否达到削减目标。

（3）水污染问题及治理程度。该项指标总分值4分。若存在城镇或工业污染治理问题，按照盟市制定的水污染防治行动计划考核实施方案，完成环湖地区污水处理率目标；若存在城镇或工业污染治理问题，环湖地区地级及以上城市污泥无害化处理处置率达到水污染防治行动计划实施情况考核年度要求；若存在养殖污染治理问题，环湖地区规模畜禽养殖场或养殖小区配套建设废弃物处理利用设施及养殖尾水处理达标；若存在养殖污染治理问题，环湖地区单位面积主要农作物肥药使用量较上一年实现零增长。

（4）农村生活污水及生活垃圾处理。该项指标总分值2分。赋分标准主要包括环湖地区农村生活污水处理率达标。

5. 加大湖泊水环境综合整治力度

（1）湖泊生态清淤。该项指标总分值2分。赋分标准主要包括按照规划或工作方案完成湖泊生态清淤任务。

（2）入湖河道整治。该项指标总分值4分。赋分标准主要包括开展湖泊入湖河道综合整治，入湖河道水质改善。

（3）污水处理率。该项指标总分值4分。赋分标准主要包括环湖地区生活和工业污废水收集处理情况是否符合规划目标或水污染防治方案等的要求。

（4）再生水回用率。该项指标总分值2分。赋分标准主要包括环湖地区污水处理回用设施再生水利用情况是否符合规划目标或水污染防治方案等的要求。

6. 开展湖泊生态治理修复

沿湖湿地建设，该项指标总分值4分。赋分标准主要包括在不影响湖泊功能的前提下，因地制宜开展沿湖湿地、滨湖绿化带建开展沿湖湿地、滨湖绿化带建设。

7. 健全湖泊执法监管机制

涉湖执法监管，该项指标总分值4分。赋分标准主要包括建立环湖地区部门联合执法机制并组织实施；环湖地区涉湖违法行为移送司法得到有效处置的；建立湖泊日常监管巡查制度；针对湖泊水域岸线、水利工程和违法行为进行动态监控。

4.5.4.2　定量考核

定量考核指标主要涵盖“量、质、域、流”四大方面。

1. 水量（水位）考核

湖泊生态水量（水位）。该项指标总分值10分。赋分标准主要包括制定湖泊生态水位（水量）控制目标；湖泊生态水位（水量）达到控制目标；该项指标主要针对已有水文站或其他符合水文要求监测站的湖泊，对于不满足条件的湖泊此项不考核，直接赋分。

2. 水质考核

水功能区水质/湖泊水质。该项指标总分值10分。对于涉及水功能区考核的湖泊，考核要求湖泊及入湖河道水功能区达到年度水质考核目标；对于不涉及水功能区考核的湖泊，考核要求对照《地表水环境质量标准》和湖泊现状水质，设置水质考核目标；对于不具备水质检测条件，或水质考核存在问题的湖泊，提供相关证明材料，酌情赋分。

3. 水域考核

（1）湖泊水域面积管控。该项指标总分值4分。主要考核内容为同口径下的湖泊水域面积较考核目标或参考年不减少或有所增加。对于常年有水湖泊，较考核目标或参考年维持或增加湖泊水域面积，直接赋分。

对于常年有水的吞吐型湖泊，要求在现状基础上维持或增加湖泊水域面积；对于常年有水的闭流型湖泊，要求达到相关规划治理目标或“一湖一策”制定目标；对于阿尔山天池等特殊成因的常年性湖泊，可直接赋分。

（2）湖面积连续萎缩年数。该项指标总分值4分。通过遥感解译分析，同口径下的湖泊水域面积不出现连续3年（含3年）萎缩，直接赋分。

4. 水流考核

（1）加大湖泊引排水或生态补水。该项指标总分值4分。因地制宜制定重要湖泊引排水计划（方案）并实施，增强湖泊水体流动性，此项考核指标主要针对常年性吞吐型湖泊，其他闭流湖泊不作要求，直接赋分。

（2）水生生物资源养护及水生生物多样性。该项指标总分值4分。制定区域湖泊水生生物多样性保护方案并实施，此项考核指标主要针对承载生物服务功能的湖泊，其他不涉及此问题湖泊可直接赋分。

各分项指标具体赋分标准与赋分说明详见表4-5-3。

表 4-5-3 内蒙古自治区常年有水湖泊类考核指标赋分标准与赋分说明

考核指标	赋分标准	赋分说明	总分值
湖长制实施、制度落实、责任落实情况	（本项1分）落实行政区内各级湖长，湖长人事变动及时履行程序，赋1分	通过查阅湖长干部人事变动任免文件，结合现场抽查，未按规定时间调整湖长，不予赋分	4
	（本项1分）湖长制公示牌设立在水域沿岸显著位置，湖长信息在媒体、信息化管理平台和公示牌及时公告、更新，赋1分	查阅有关公告信息，抽查信息化管理平台、公示牌信息，未按规定公告更新，不予赋分；现场抽查，发现公示牌信息不完整、倾斜、变形、破损、老化等问题，酌情扣分	
	（本项1分）明确湖长责任，湖长按照规定履行巡湖职责，赋1分	查阅文件资料，对照湖长巡湖相关要求，查阅行政区湖长巡湖记录，酌情赋分	
	（本项1分）落实湖长制工作机构，组织实施湖长制具体工作，落实湖长确定的事项，赋1分	查阅材料，将湖长制工作纳入河长制办公室组织实施，酌情赋分；查阅资料，制定（拟定）有关湖长制工作制度，履行组织协调、分办督办等职责，定期组织开展湖长制宣传培训，酌情赋分	
湖泊建档与管理情况	（本项1分）按照要求建立“一湖一档”，完成“一湖一策”编制，赋1分	按照要求完成的赋分。未按固定时间完成，酌情赋分	4
	（本项1分）“一湖一策”成果质量符合工作要求，且经湖长审定后印发，赋1分	按照“一湖一策”编制指南或工作大纲要求，对“一湖一策”的成果的完整性、针对性进行抽查，酌情赋分	
	（本项1分）湖长制工作制度按规定落实，赋1分	查阅资料，发现一项制度未落实到位，扣0.2分，扣完为止	
	（本项1分）建设完成湖泊基础信息库，建设湖长制管理信息系统并投入运行，赋1分	查阅有关文件和材料，根据信息完整性，酌情赋分	
资金保障、宣传教育与交流情况	（本项1分）湖长制工作经费纳入政府财政预算，赋1分	查阅预算批复文件或其他证明，酌情赋分	4
	（本项1分）采取多种方式宣传普及湖长制知识，主流媒体宣传报道湖长制工作，赋1分	查阅报刊、广播、电视、网络、微信、微博、客户端等各种媒体宣传材料，酌情赋分	

续表

考核指标	赋分标准	赋分说明	总分值
资金保障、宣传教育与交流情况	（本项1分）建立湖长制工作交流平台，赋1分	搭建业务培训或经验交流平台，对湖长制经验做法进行交流、总结和推广，查阅会议纪要或报道材料，酌情赋分	4
	（本项1分）建立流域区域湖泊管理保护议事协调机制，赋1分	建立湖泊管理保护议事协调机制，跨行政区的湖泊管理责任明细，针对湖泊管理保护联防联控研究制定措施，查阅会议纪要或证明材料，酌情赋分	
湖泊管理范围划界确权	（本项2分）完成重要湖泊管理范围划定，并确权，赋2分	查阅划定文件，现场抽查界桩、管理保护标志等；开展划定，按照（已划定管理范围的湖泊岸线长度/湖泊岸线总长）×1分赋分；开展确权，按照（已完成管理范围确权的湖泊岸线长度/湖泊岸线总长）×1分赋分	2
涉湖项目管理	（本项1分）明确湖泊开发利用要求和控制范围，赋1分	对湖泊水域岸线及其生态缓冲带开发利用行为有严格明确限制要求，赋1分	4
	（本项1分）明确养殖范围、种类、饵料使用控制等要求，达到养殖控制目标，赋1分；不涉及该项的湖泊直接赋1分	查阅相关文件；明确围网养殖范围、种类、饵料使用控制等要求，且达到围网养殖控制目标，赋1分	
	（本项1分）按照明确的审批权限开展涉湖建设项目行政许可审批，赋1分；不涉及该项的湖泊直接赋1分	现场抽查，发现一起未经批准先行建设的项目，不予赋分	
	（本项1分）涉湖建设项目事中事后监管到位，赋1分；不涉及该项的湖泊直接赋1分	现场抽查，发现下列情形之一扣0.5分，扣完为止。审批部门未履行涉湖建设项目事中事后监管程序，每发现一起不予赋分	
湖泊岸线控制线	（本项2分）明确湖泊岸线控制线，赋2分	查阅湖泊岸线临水控制线和外缘控制线划定情况，抽查管理现状。临水控制线按照（划定临水控制线的湖泊岸线长度/湖泊岸线总长）×1分赋分；外缘控制线按照（划定外缘控制线的湖泊岸线长度/湖泊岸线总长）×1分赋分	2

续表

考核指标	赋　分　标　准	赋　分　说　明	总分值
湖岸开发利用程度	（本项4分）其中明确或划分岸线功能区划，赋2分；湖岸人工干扰不存在以下11类非法活动：采砂、沿岸建筑物（房屋）、公路（铁路）、垃圾填埋场或垃圾堆放、管道、农业耕种、畜牧养殖、打井、挖窖、葬坟、开采地下资源，赋2分	查阅岸线功能分区划定情况。按照（明确功能分区的湖泊岸线长度/湖泊岸线总长）×2分赋分；若开发利用区比例控制目标大于等于35%，此项不得分；查阅证明材料或通过遥感无人机等手段进行现场调查，若存在非法岸线开发利用活动的情况，不予赋分	4
湖泊岸线自然形态	（本项2分）保持湖泊岸线自然形态，赋2分	查阅相关历史资料，并通过遥感实时监测湖泊岸线变化情况，酌情赋分	2
湖岸带植被覆盖度指标	（本项4分）方法①评估河湖岸带植被（包括自然和人工）垂直投影面积占河湖岸带面积比例，即评估河湖岸带陆向范围乔木（6m以上）、灌木（6m以下）和草本植物的覆盖状况，采用参照系比对赋分法或直接评判赋分法，符合规划目标值的赋4分；方法②采用直接评判赋分，计算河湖岸带植被（包括自然和人工）总植被覆盖度，符合规划目标值的赋4分	方法①评估河湖岸带植被（包括自然和人工）垂直投影面积占河湖岸带面积比例，乔木（6m以上）、灌木（6m以下）和草本植物的覆盖状况均超过目标值的，赋4分，未超过目标值但各分项比例差异在10%以内的，赋2分，其余情况不赋分；方法②计算河湖岸带植被（包括自然和人工）总植被覆盖度，覆盖状况均超过目标值的，赋4分，未超过目标值但各分项比例差异在10%以内的，赋2分，其余情况不赋分	4
涉湖取用水管理	（本项1分）涉湖取水户新（改、扩建）建设项目执行节水“三同时”管理制度，赋1分，若不涉及该项，直接赋1分	在上级部门水资源管理监督检查或现场抽查中，未落实节水“三同时”制度的，每发现一起扣0.5分，扣完为止	4
	（本项1分）涉湖取水户在水资源论证、取水许可、节水载体认定等工作中，严格执行用水定额，赋1分，若不涉及该项，直接赋1分	监督检查或现场抽查中，未按规定使用用水定额的，每发现一起扣0.5分，扣完为止	
	（本项1分）涉湖农业取水户灌溉计量率、非农取水户取水计量率达标，赋1分，若不涉及该项，直接赋1分	农业取水户灌溉计量率不小于60%，赋分；其余不予赋分	
	（本项1分）重要湖泊取水监测设施全覆盖，赋1分	现场抽查，湖泊取水口未设置监测设施，每发现一起扣0.5分，扣完为止	

续表

考核指标	赋　分　标　准	赋　分　说　明	总分值
涉湖排水管理	（本项 1 分）完成入湖排污口摸底调查，赋 1 分	查阅规模以上、规模以下排污口名录及基本情况等资料。完成入湖排污口摸底调查，赋 1 分；未完成不赋分	4
	（本项 1 分）合法入湖排污口设置审批全覆盖、监测及非法排污口全取缔和整改，赋 1 分	现场抽查，入湖排污口设置未履行审批程序或监测，每发现一处不予赋分；对于需要整改的排污口，查阅上级检查文件、整改落实情况报告等，酌情赋分	
	（本项 2 分）对于存在水功能区考核要求的湖泊，年度入湖污染物总量未超过水功能区限排总量要求，赋 1 分；对于不存在水功能区考核要求的湖泊，入湖污水排放达到削减目标的，赋 1 分	按照相关规划进行核算，酌情赋分	
水污染问题及治理程度	（1）若存在城镇或工业污染治理问题，按该项目赋分，按照盟市制定的水污染防治行动计划考核实施方案，完成环湖地区污水处理率目标，赋 2 分	参照水污染防治行动计划实施情况考核结果，未达目标不赋分。如未进行水污染防治行动计划实施情况考核，本项参照水污染防治行动计划实施情况考核数据口径，计算方法进行评价赋分	4
	（2）若存在城镇或工业污染治理问题，按该项目赋分，环湖地区地级及以上城市污泥无害化处理处置率达到水污染防治行动计划实施情况考核年度要求，赋 2 分	参照水污染防治行动计划实施情况考核结果，未达目标不赋分。如未进行水污染防治行动计划实施情况考核，本项参照水污染防治行动计划实施情况考核数据口径，计算方法进行评价赋分	
	（3）若存在养殖污染治理问题，按该项目赋分，环湖地区规模畜禽养殖场或养殖小区配套建设废弃物处理利用设施及养殖尾水处理达标，赋 4 分	查阅划定文件，现场抽查，参照水污染防治行动计划实施情况考核结果。如未进行水污染防治行动计划实施情况考核，本项参照水污染防治行动计划实施情况考核数据口径、计算方法进行评价。按照（环湖地区配套建设废弃物处理利用设施的规模畜禽养殖场或养殖小区数量/环湖地区规模畜禽养殖场或养殖小区总数）×4 分赋分	

续表

考核指标	赋 分 标 准	赋 分 说 明	总分值
水污染问题及治理程度	（4）若存在养殖污染治理问题，按该项目赋分，环湖地区单位面积主要农作物肥药使用量较上一年实现0增长，赋4分	环湖地区单位面积主要农作物化肥施用量较上一年实现0增长，赋2分；环湖地区单位面积主要农作物农药使用量较上一年实现0增长，赋2分	4
	（本项4分）首先进行水污染问题诊断，若存在城镇或工业污染治理问题，按（1）和（2）赋分；若存在养殖污染治理问题，按（3）赋分；若存在农业面源污染治理问题，按（4）赋分；若同时存在2种或2种以上问题，按首要问题考核赋分，该项总得分不超过4分		
农村生活污水及生活垃圾处理	（本项2分）环湖地区农村生活污水处理率达标，赋2分	参照水污染防治行动计划实施情况考核结果。如未进行水污染防治行动计划实施情况考核，本项参照水污染防治行动计划实施情况考核数据口径、计算方法进行评价。环湖地区农村生活污水处理率60%～100%，按照0～1分插值赋分；小于60%，不得分	2
湖泊生态清淤	（本项2分）按照规划或工作方案完成湖泊生态清淤任务，赋2分	根据各地湖泊生态清淤规划或工作方案实施完成情况，酌情赋分	2
入湖河道整治	（本项4分）开展湖泊入湖河道综合整治，入湖河道水质改善，赋4分	若考核期水质不劣于目标水质，全部赋分	4
污水处理率	（本项4分）环湖地区生活和工业污废水收集处理情况是否符合规划目标或水污染防治方案等的要求，赋4分	根据查阅证明材料或工程验收材料判分	4
再生水回用率	（本项2分）环湖地区污水处理回用设施再生水利用情况是否符合规划目标或水污染防治方案等的要求，赋2分	根据查阅证明材料或工程验收材料判分	2
沿湖湿地建设	（本项4分）在不影响湖泊功能的前提下，因地制宜开展沿湖湿地、滨湖绿化带建设，赋4分	开展沿湖湿地、滨湖绿化带建设，酌情赋分	4

续表

考核指标	赋　分　标　准	赋　分　说　明	总分值
涉湖执法监管	（本项1分）建立环湖地区部门联合执法机制并组织实施，赋1分	建立部门联合执法机制，有制度文件或会议纪要，赋0.5分；涉水有关执法部门联合开展专项执法和集中整治行动，有证明材料，赋0.5分	4
	（本项1分）环湖地区涉湖违法行为移送司法得到有效处置的，赋1分	查阅涉水案件移交记录及处理结果，酌情赋分	
	（本项1分）建立湖泊日常监管巡查制度，赋1分	查阅相关制度文件，酌情赋分	
	（本项1分）针对泊水域岸线、水利工程和违法行为进行动态监控，赋1分	利用卫星遥感、无人机航拍、实时监控、自动监测等多种手段进行动态监控。现场查看有关装备及动态监控资料，酌情赋分	
湖泊生态水量（水位）	（本项5分）制定湖泊生态水位（水量）控制目标，赋5分，该项指标主要针对已有水文站或其他符合水文要求监测站的湖泊，不满足条件的湖泊此项不考核，直接赋分	查阅相关证明材料，酌情赋分	10
	（本项5分）湖泊生态水位（水量）达到控制目标，赋5分，该项指标主要针对已有水文站或其他符合水文要求监测站的湖泊，不满足条件的湖泊此项不考核，直接赋分	查阅监测记录，现场抽查，生态水位（水量）未达到控制目标，酌情赋分	
水功能区水质/湖泊水质	（本项10分）适用于涉及水功能区考核的湖泊，按此项考核，湖泊及入湖河道水功能区达到年度水质考核目标，赋10分	对照水功能区目标水质标准进行考核，达标赋分，不达标酌情赋分	10
	（本项10分）适用于不涉及水功能区考核的湖泊，对照《地表水环境质量标准》和湖泊现状水质，设置水质考核目标，赋10分	遵循《地表水资源质量评价技术规程》（SL 395—2007）选取代表性水质取样点进行考核，达标赋分；对于不具备水质检测条件，或水质考核存在问题的湖泊，提供相关证明材料，酌情赋分	

续表

考核指标	赋分标准	赋分说明	总分值
湖泊水域面积管控	（本项4分）主要考核内容为同口径下的湖泊水域面积较考核目标或参考年不减少或有所增加。对于常年有水湖泊，较考核目标或参考年维持或增加湖泊水域面积，直接赋分	通过遥感影像或实际测量，同口径下湖泊水域面积较考核目标或参考年不减少或湖泊水域面积较上一年度增加0.1%及以上，予以赋4分；其他情况不予赋分	4
湖面积连续萎缩年数	（本项4分）通过遥感解译分析，同口径下的湖泊水域面积不出现连续3年（含3年）萎缩，直接赋分	同口径下的湖泊水域面积不出现连续3年（含3年）萎缩，即连续3年（含3年）湖泊水面面积年变化率不小于0，予以赋4分；其他情况不予赋分	4
加大湖泊引排水或生态补水	（本项4分）因地制宜制定重要湖泊引排水计划（方案）并实施，增强湖泊水体流动性，赋4分，此项考核指标主要针对常年性吞吐型湖泊，其他闭流湖泊不作要求，直接赋分	查阅资料，对照引排水规划或相关文件材料，符合规划目标的赋分，不符合不予赋分	4
水生生物资源养护、水生生物多样性	（本项4分）制定区域湖泊水生生物多样性保护方案并实施，赋4分，此项考核指标主要针对承载生物服务功能的湖泊，其他不涉及此问题湖泊可直接赋分	查阅水生生物多样性保护方案及实施等相关材料，酌情赋分	4

4.6 激励加分项、惩罚扣分项及约束性指标

4.6.1 激励加分

为激励湖长制工作继续探索创新、丰富内涵、形成特色，针对湖长制中提高要求或标准、创新方式方法并取得显著成效的工作设置激励加分指标，引导各地勇于创新，不断提升湖长制工作成效。激励加分指标有：湖长制机制创新、湖长制法规创新、湖泊治理科技创新、机构能力建设创新、建立补偿激励机制、经验推广等。

激励加分考核指标赋分标准与赋分说明见表4-6-1。

表 4-6-1　　激励加分考核指标赋分标准与赋分说明

评价内容	评价指标	赋分标准	赋分说明
激励加分（最多 5 分）	湖长制机制创新	（本项 1 分）建立湖长与河长联动机制，赋 1 分	查阅相关文件资料，酌情赋分
	湖长制法规创新	（本项 2 分）推进湖长制立法，赋 2 分	出台湖长制专项立法，赋 1.5 分； 将湖长制工作纳入地方性法规，酌情赋分，上限 1 分
	湖泊治理科技创新	（本项 1 分）在湖泊治理方面创新治理技术手段取得显著成效，赋 1 分	有关成果得到省部级及以上主管部门认可并提供证明文件，酌情赋分
	机构能力建设创新	（本项 1 分）在河长制基础上新增湖长制人员编制，赋 1 分	查阅机构编制批复文件，酌情赋分
	建立补偿激励机制	（本项 1 分）建立针对湖泊的生态保护补偿等激励机制并组织实施，赋 1 分	查阅有关制度文件、会议纪要或实施证明材料，酌情赋分
	经验推广	（本项 1 分）湖长制经验做法得到上级部门推广，赋 1 分	查阅有关文件资料，酌情赋分
		（本项 1 分）推广其他地区湖长制经验做法，赋 1 分	查阅有关文件资料，酌情赋分

4.6.2　惩罚扣分

针对湖长制有关基础工作薄弱、重点任务落实不力、成效差以及涉河湖违法违规行为等内容，设置惩罚扣分指标，督促各个乡镇（苏木）和涉湖管理的相关行业切实重视并大力推进湖长制长效机制构建、河湖管理保护重点工作和社会关注较高的工作任务。惩罚扣分有：相关规划未开展规划环评、打击涉湖违法行为不力、入湖排污口管理不力、入湖污染物总量管理不力、工业污染防治不力、水产养殖污染防治不力、媒体曝光整改落实不力等。

惩罚扣分考核指标赋分标准与赋分说明见表 4-6-2。

4.6.3　约束性指标

为推动河湖管理保护突出问题得到切实，结合最严格水资源管理制度考核和水污染防治行动计划实施情况考核要求，针对考核评价数据弄虚作假、发生水污染事件应对不利、违法占用水域等方面，设置部分约束性指标，约束性指标将直接影响考核评价能否合格或获得何种考核等次。

约束性指标按两种情况处理：一是出现该指标直接评价为不合格，如存在报送考核评价数据弄虚作假、以任何形式围湖造田造地、湖泊发生水污染事件应对不力等；二是考核总分扣分并在此基础上考核登记再下调一级。

约束性考核指标赋分标准与赋分说明见表 4-6-3。

表 4-6-2　　惩罚扣分考核指标赋分标准与赋分说明

评价内容	评价指标	赋分标准	赋分说明
惩罚扣分	相关规划未开展规划环评	涉及湖治开发利用的相关规划未依法开展规划环评，每发现一起扣 1 分	查阅相关规划审查资料，现场抽查
	打击涉湖违法行为不力	违法违规涉湖行为，每发现一起扣 1 分	现场抽查
	入湖排污口管理不力	入湖排污口水质不达标，每发现一处扣 1 分	查阅规模以上排污口监测数据等资料，抽查排污口水质
	入湖污染物总量管理不力	年度入湖污染物总量超过限排总量要求未制定减量方案，扣 1 分	查阅相关资料，按照相关规划要求进行核算，酌情扣分
	工业污染防治不力	环湖地区应纳入取缔范围而未纳入、未取缔的“十小项目”，每发现一起扣 1 分	参照水污染防治行动计划实施情况考核结果。 如未进行水污染防治行动计划实施情况考核，本项参照水污染防治行动计划实施情况考核数据口径、计算方法进行评价。 根据日常检查、督查以及调查群众举报投诉环境问题等结果进行扣分
		环湖地区工业集聚区集中式污水处理设施未按要求建设运行，每发现一处扣分 1 处	参照水污染防治行动计划实施情况考核结果。 如未进行水污染防治行动计划实施情况考核，本项参照水污染防治行动计划实施情况考核数据口径、计算方法进行评价。 查阅相关资料，现场抽查。 环湖地区工业集聚区集中式污水处理设施未按期建设的、集中式污水处理设施总排污口在线监控 未按期安装并联网，每发现一处扣 1 分； 工业废水预处理不达标，每发现一处扣 2 分； 集中式污水处理设施运行不稳定、超标排放，每发现一处扣 0.5 分

续表

评价内容	评价指标	赋分标准	赋分说明
惩罚扣分	水产养殖污染治理不力	环湖地区未执行禁养区、限养区相关要求，每发现一处扣1分	现场抽查，禁养区内新建养殖场、养殖小区和养殖专业户，限养区污染物排放超标、网箱养殖面积超标等情况，予以扣分
	媒体曝光整改落实不力	针对媒体曝光的湖泊问题未能整改落实到位，每发现一起扣1分	查阅问题整改资料

表4-6-3　约束性考核指标赋分标准与赋分说明

评价内容	评价指标	赋分标准及说明
约束性指标	存在报送考核评价数据弄虚作假	考核结果为不合格
	以任何形式围湖造地、造田	考核结果为不合格
	湖泊发生水污染事件应对不力，严重影响供水安全	考核结果为不合格
	违法占用湖泊水域	总分扣3分，并在此基础上考核评价等级再下调一级
	不执行水量调度计划，情节严重	总分扣3分，并在此基础上考核评价等级再下调一级
	未严格执行节水“三同时”管理制度	总分扣3分，并在此基础上考核评价等级再下调一级
	被中央环保督察发现湖泊管理存在严重问题	总分扣3分，并在此基础上考核评价等级再下调一级
	对明察暗访反映问题整改不力	总分扣3分，并在此基础上考核评价等级再下调一级
	被省级及以上主流媒体曝光2次及以上	总分扣3分，并在此基础上考核评价等级再下调一级

4.7　考核方法与考核等级

4.7.1　分阶段考核

考核分为以下三个阶段。

(1) 旗县区级自查。各旗县区应做好水资源、水环境、水生态等过程监测资料、相关说明材料和佐证材料的整理、汇总和归档，按照考核方法和指标进行自评，及时配合盟市级评价和自治区级抽查与考核。

(2) 盟市级评价。盟市级河湖长办或相关部门定期组织对本盟市范围内实施湖长制的湖泊进行绩效评价与考核，也可委托第三方依据评价考核指标及方法进行。绩效评价与考核结束后，将结果报送自治区级河湖长办或相关部门。

(3) 自治区级抽查与考核。自治区级河湖长办或相关部门根据各盟市级河湖长办或相关部门上报的绩效评价与考核情况，进行抽查和综合评定，对考核工作中存在弄虚作假、瞒报、虚报等情况的旗县区或盟市，将予以通报批评。

4.7.2 考核内容

湖长制考核指标体系不能孤立存在，必须与其他湖长制相关任务进行统一考核，具体包括以下考核内容。

(1) 上级河湖长安排部署事项落实情况。

(2) 年度工作任务完成情况。

(3) 督察督办事项落实情况。

(4) 工作制度建立和执行情况。

(5) 湖长考核指标体系评分结果。

(6) 其他本年度新增重点任务。

4.7.3 考核评分方法

通过3类考核指标体系构建，将有助于对水资源配置、水资源保护及水生态安全有较大影响的湖泊真实健康状态进行直观了解。同时，可准确衡量涉湖治理措施落实成效。考核实行百分制，考核评分结果划分为优秀（大于等于90分）、良好（大于等于80分且小于90分）、合格（大于等于70分且小于80分）和不合格（小于70分）4种。

建议与最严格水资源管理制度和水污染防治计划等考核同时进行。在赋分上，对环境质量等体现人民获得感的目标赋予较高的分值，对约束性、部署性等目标依据其重要程度，分别赋予相应的分值。在得分上，体现“奖罚分明”“适度偏严”，对超额完成目标的地区按照超额比例进行加分，对3项约束性目标未完成的地区考核等级直接确定为不合格。

考核坚持的基本原则为坚持突出工作重点、注重工作实效；坚持问题导向、注重整改落实；坚持实事求是、注重激励问责；坚持客观公正、注重社会监督。

应用本指标体系开展考核评价工作，可由上一级党委政府或湖长组织。相应的湖长制办公室负责具体实施，或以委托第三方评价的方式进行。可由被考核地区或湖长对照本指标体系以及湖长制相关要求组织开展自评，形成自评报告，并附相关证明材料，提交上一级党委政府或湖长。相应的湖长制办公室或第三方评价机构授权在资料核查的基础上，采取暗访明察、座谈交流、查阅资料等方式，对被考核党委政府或湖长的湖长制各项任务落实情况进行核查和赋分。

第5章　湖长制考核指标体系实践应用

5.1　干涸湖泊湖长制考核指标体系实践应用

干涸湖泊采取百分制考核，干涸湖泊现状存在的水问题较少，受自然降水条件影响为主，这类湖泊应重点突出后期监管，与水利发展总基调中“强监管”的要求相适应。由于西北诸河区东西跨度大，降水与人类活动影响程度不同。因此，本次实践应用分别选取西北诸河区黑河流域拐子湖（阿拉善盟额济纳旗）和内蒙古高原东部都贵淖日（锡林郭勒盟东乌珠穆沁旗）作为考核对象。

5.1.1　拐子湖（阿拉善盟额济纳旗）湖长制考核

拐子湖位于阿拉善盟额济纳旗，属于西北诸河区黑河流域，处于巴丹吉林沙漠西北边缘，属于本次工作划定的92个干涸湖泊之一。

5.1.1.1　定性考核

1. 建立健全工作机制

(1) 湖长制实施、制度落实、责任落实情况。该项指标总分值10分。根据《阿拉善盟2018年河长制湖长制工作考核细则》（阿河长办发〔2018〕57号）等文件，落实了拐子湖由盟委副书记担任盟级湖长、额济纳旗人大副主任担任旗级湖长和温图高勒苏木副苏木达担任苏木级湖长，明确了各级湖长责任分工；公示牌全部设立，内容全面、设置规范；湖长信息在媒体、信息化管理平台和公示牌及时公告、更新等，符合考核要求，赋10分。

(2) 湖泊建档与管理情况。该项指标总分值10分。根据阿拉善盟水务局河长办提供资料，《巴丹吉林沙漠管理保护“一湖一策”实施方案》已于2018年5月编制完成，且通过阿拉善盟水务局组织的技术审查，且经湖长审定后由阿拉善盟河长制办公室印发实施，符合考核要求，赋10分。

(3) 资金保障、宣传教育与交流情况。该项指标总分值10分。根据阿拉善盟水务局河长办提供资料，额济纳旗河长办已将拐子湖相关工作经费纳入政府财政预算，并采取多种方式宣传普及湖长制知识，符合考核要求，赋10分。

2. 严格湖泊水域空间管控

（1）湖泊管理范围划界确权。该项指标总分值10分。根据阿拉善盟水务局河长办和额济纳旗河长办提供资料，拐子湖已按照《阿拉善盟巴丹吉林沙漠湖泊岸线保护与利用规划》等成果完成岸线管理范围划定，经度102°17′51″～102°29′55″，纬度41°21′59″～41°22′28″。其中湖泊干涸前水域临水边界线划定长度33.97km，外缘边界线长度34.63km，控制范围面积10.02km²，符合考核要求，赋10分。

（2）涉湖项目管理。该项指标总分值20分。根据《阿拉善盟巴丹吉林沙漠湖泊岸线保护与利用规划》等成果，虽然拐子湖的岸线功能已划定为开发利用区，但拐子湖周边布局有灌溉饲草料地规模在逐年增加，此外湖里已进行盐化工开发。因此，湖泊管理范围难以划定，且管理主体不明确，缺少明确的审批权限开展涉湖建设项目行政许可审批等材料，且现状涉湖建设项目事中事后监管仍有不足，因此，此项指标考核赋10分。

3. 强化湖泊岸线管理保护

湖岸开发利用程度，该项指标总分值10分。根据实际遥感监测，拐子湖存在农业耕种、开采地下资源等2项活动，虽不违法，但饲草料地规模和盐矿开采均已超出规划目标。根据阿拉善盟水务局河长办提供资料，由于盐硝化的过度开发，拐子湖周边地下水位已出现下降。因此，此项指标考核赋0分。

4. 加大湖泊水环境综合整治力度

入湖河道整治，该项指标总分值10分。拐子湖属沙成湖，入湖河流为季节性河流，根据阿拉善盟水务局河长办提供资料，现状入拐子湖河道（拐子音高勒、准拐子音高勒）不存在水环境问题。因此，该项指标考核赋10分。

5. 健全湖泊执法监管机制

涉湖执法监管，该项指标总分值20分。根据阿拉善盟水务局河长办提供资料，拐子湖已开展湖泊日常监管巡查制度，现状未出现违法行为。因此，该项指标考核赋20分。

5.1.1.2 定量考核

干涸湖泊未设置定量考核指标，故不对该项赋分。

5.1.1.3 考核结果

汇总上述各项考核指标得分，拐子湖湖长制考核结果为80分，考核等级为良，各分项考核得分情况详见表5-1-1。

表 5-1-1 拐子湖湖长制考核打分表

指标层	分值	考核得分
湖长制实施、制度落实、责任落实情况	10	10
湖泊建档与管理情况	10	10
资金保障、宣传教育与交流情况	10	10
湖泊管理范围划界确权	10	10
涉湖项目管理	20	10
湖岸开发利用程度	10	0
入湖河道整治	10	10
涉湖执法监管	20	20
考核总分	100	80

5.1.2 都贵淖日（锡林郭勒盟东乌珠穆沁旗）湖长制考核

都贵淖日位于锡林郭勒盟东乌珠穆沁旗呼热图苏木，属于西北诸河区内蒙古高原东部内陆区，处于典型草原与草甸草原的过渡带，在流域上属于乌拉盖水系，属于本次工作划定的92个干涸湖泊之一。

5.1.2.1 定性考核

1. 建立健全工作机制

（1）湖长制实施、制度落实、责任落实情况。该项指标总分值10分。根据《锡林郭勒盟实施湖长制工作方案》（锡盟办字〔2018〕72号）和《全盟2019年河长制湖长制工作要点》等文件，落实了盟级湖长、旗级湖长和副苏木达担任苏木级湖长，明确了各级湖长责任分工。公示牌全部设立，内容全面、设置规范；湖长信息在媒体、信息化管理平台和公示牌及时公告、更新等，符合考核要求，赋10分。

（2）湖泊建档与管理情况。该项指标总分值10分。根据东乌珠穆沁旗林业局河长办提供资料，《“一湖一策”实施方案》已于2018年12月编制完成，且通过锡林郭勒盟水务局组织的技术审查，且经湖长审定后由河长制办公室印发实施，符合考核要求，赋10分。

（3）资金保障、宣传教育与交流情况。该项指标总分值10分。根据东乌珠穆沁旗林业局河长办提供资料，已将都贵淖日相关工作经费纳入政府财政预算，并采取多种方式宣传普及湖长制知识，符合考核要求，赋10分。

2. 严格湖泊水域空间管控

（1）湖泊管理范围划界确权。该项指标总分值10分。根据东乌珠穆沁旗林业局河长办提供资料，都贵淖日尚未划定或管理范围，不符合考核要求，赋0分。

（2）涉湖项目管理。该项指标总分值 20 分。根据东乌珠穆沁旗林业局河长办提供资料，都贵淖日尚未划定岸线保护区、保留区或开发利用区，且管理主体不明确。因此，此项指标考核赋 10 分。

3. 强化湖泊岸线管理保护

湖岸开发利用程度，该项指标总分值 10 分。根据实际遥感监测，都贵淖日周边不存在人类活动干扰。因此，此项指标考核赋 10 分。

4. 加大湖泊水环境综合整治力度

入湖河道整治，该项指标总分值 10 分。都贵淖日属河成湖，入湖河流为季节性河流，根据东乌珠穆沁旗林业局河长办提供资料，现状入都贵淖日河道（布尔嘎斯台高勒）不存在水环境问题。因此，该项指标考核赋 10 分。

5. 健全湖泊执法监管机制

涉湖执法监管，该项指标总分值 20 分。根据东乌珠穆沁旗林业局河长办提供资料，拐子湖已开展湖泊日常监管巡查制度，现状未出现违法行为。因此，该项指标考核赋 20 分。

5.1.2.2　定量考核

干涸湖泊未设置定量考核指标，故不对该项赋分。

5.1.2.3　考核结果

汇总上述各项考核指标得分，都贵淖日湖长制考核结果为 80 分，考核等级为良，各分项考核得分情况详见表 5-1-2。

表 5-1-2　　都贵淖日湖长制考核打分表

指　标　层	分值	考核得分
湖长制实施、制度落实、责任落实情况	10	10
湖泊建档与管理情况	10	10
资金保障、宣传教育与交流情况	10	10
湖泊管理范围划界确权	10	0
涉湖项目管理	20	10
湖岸开发利用程度	10	10
入湖河道整治	10	10
涉湖执法监管	20	20
考核总分	100	80

5.2　季节性湖泊湖长制考核指标体系实践应用

季节性湖泊采取百分制考核。这类湖泊除受自然降水条件影响外，部分还受到周边矿山开采、农业灌溉等影响。这类湖泊一方面要强化现状取用水管理，另一方面与干涸湖泊一样需要强化后期监管。因此，本次实践应用分别选取黄河流域内流区呼勒斯淖（鄂尔多斯市鄂托克前旗）和内蒙古高原东部巴彦淖尔（锡林郭勒盟锡林浩特市）作为考核对象。

5.2.1 呼勒斯淖（鄂尔多斯市鄂托克前旗）湖长制考核

5.2.1.1 定性考核

1. 建立健全工作机制

（1）湖长制实施、制度落实、责任落实情况。该项指标总分值5分。根据《鄂尔多斯市实施湖长制工作方案》等文件，落实了鄂尔多斯市副市长担任盟级湖长、鄂托克前旗副旗长担任旗级湖长和昂素镇副镇长达担任镇级湖长，明确了各级湖长责任分工。公示牌全部设立，内容全面、设置规范。湖长信息在媒体、信息化管理平台和公示牌及时公告、更新等，符合考核要求，赋5分。

（2）湖泊建档与管理情况。该项指标总分值5分。根据鄂托克前旗水务局河长办提供资料，《“一湖一策”实施方案》已于2018年12月编制完成，且通过鄂尔多斯市水务局组织的技术审查，且经湖长审定后由河长制办公室印发实施，符合考核要求，赋10分。

（3）资金保障、宣传教育与交流情况。该项指标总分值5分。根据鄂托克前旗水务局河长办提供资料，已将呼勒斯淖相关工作经费纳入政府财政预算，并采取多种方式宣传普及湖长制知识，符合考核要求，赋5分。

2. 严格湖泊水域空间管控

（1）湖泊管理范围划界确权。该项指标总分值5分。根据鄂托克前旗水务局河长办提供资料，呼勒斯淖尚已划定湖泊管理范围87km，故考核为5分。

（2）涉湖项目管理。该项指标总分值10分。根据河长办提供资料，呼勒斯淖尚未划定或明确湖泊开发利用要求和控制范围，湖泊周边灌溉饲草料地规模逐年增加，但缺少相关用水计量和监测。因此，该项指标考核不得分。

3. 强化湖泊岸线管理保护

（1）湖泊岸线控制。该项指标总分值5分。根据河长办提供资料，呼勒斯淖尚未明确湖泊岸线控制线。因此，该项指标考核不得分。

（2）湖岸开发利用程度。该项指标总分值5分。根据实际遥感监测，呼勒斯淖存在加大地下水开采进行灌溉的情况，虽不违法，但开采规模逐年扩大，未设定规划管理目标，不利于湖泊生态保护。因此，此项指标考核赋0分。

（3）湖泊岸线自然形态。该项指标总分值5分。根据遥感监测，对比近几年湖泊岸线自然形态变化情况，符合考核要求，赋5分。

4. 加强湖泊水资源保护与水污染防治

（1）涉湖取用水管理。该项指标总分值10分。根据鄂托克前旗水务局河长办提供资料，涉湖取水不规范，缺少取水计量或监测设备，农业灌溉取水许可审批尚未完成。因此，此项指标考核赋0分。

（2）农村生活污水及生活垃圾处理。该项指标总分值5分。湖泊周边不存在农村生活污水，故该指标赋5分。

5. 加大湖泊水环境综合整治力度

（1）入湖河道整治。该项指标总分值5分。呼勒斯淖属于沙成湖，不存在入湖河道，由泉眼补给，因此该项指标赋5分。

（2）污水处理率。该项指标总分值5分。环湖地区不存在生活和工业污废水，周边农业灌溉已采取时针式喷灌机等高效节水灌溉，因此，此项指标赋5分。

6. 健全湖泊执法监管机制

涉湖执法监管，该项指标总分值10分。根据鄂托克前旗河长办提供资料，各级湖长已按要求巡湖，且执法队伍严格巡查监管，因此，符合考核要求，赋10分。

5.2.1.2　定量考核

定量考核指标主要为水源面积变化是否合理，包括湖泊水面面积年变化率和连续干涸年数两大方面。

1. 湖泊水面面积年变化率

该项指标总分值10分，呼勒斯淖水面面积年变化率大于0。因此，该项直接赋10分。

2. 连续干涸年数

该项指标总分值10分。2017—2019年呼勒斯淖水面面积未出现连续3年干涸，该项直接赋10分。

5.2.1.3　考核结果

汇总上述各项考核指标得分，呼勒斯淖湖长制考核结果为70分，考核等级为合格，各分项考核得分情况详见表5-2-1。

表5-2-1　　呼勒斯淖湖长制考核打分表

目标层	指　标　层	分值	考核得分
定性考核	湖长制实施、制度落实、责任落实情况	5	5
	湖泊建档与管理情况	5	5
	资金保障、宣传教育与交流情况	5	5
	湖泊管理范围划界确权	5	5

续表

目标层	指　标　层	分值	考核得分
定性考核	涉湖项目管理	10	0
	湖泊岸线控制	5	0
	湖岸开发利用程度	5	0
	湖泊岸线自然形态	5	5
	涉湖取用水管理	10	0
	农村生活污水及生活垃圾处理	5	5
	入湖河道整治	5	5
	污水处理率	5	5
	涉湖执法监管	10	10
定量考核	湖泊水面面积年变化率	10	10
	连续干涸年数	10	10
考核总分		100	70

5.2.2 查干诺尔（锡林郭勒盟锡林浩特市）湖长制考核

5.2.2.1 定性考核

1. 建立健全工作机制

（1）湖长制实施、制度落实、责任落实情况。该项指标总分值 5 分。根据《锡林郭勒盟实施湖长制工作方案》（锡盟办字〔2018〕72 号）和《全盟 2019 年河长制湖长制工作要点》等文件，落实了盟级湖长、旗级湖长和副苏木达担任苏木级湖长，明确了各级湖长责任分工。公示牌全部设立，内容全面、设置规范；湖长信息在媒体、信息化管理平台和公示牌及时公告、更新等，符合考核要求，赋 5 分。

（2）湖泊建档与管理情况。该项指标总分值 5 分。根据锡林浩特市林业水利局河长办提供资料，“一湖一策”实施方案已于 2018 年 12 月编制完成，且通过锡林郭勒盟水务局组织的技术审查，且经湖长审定后由河长制办公室印发实施，符合考核要求，赋 10 分。

（3）资金保障、宣传教育与交流情况。该项指标总分值 5 分。根据锡林浩特市林业水利局河长办提供资料，已将查干诺尔相关工作经费纳入政府财政预算，并采取多种方式宣传普及湖长制知识，符合考核要求，赋 5 分。

2. 严格湖泊水域空间管控

（1）湖泊管理范围划界确权。该项指标总分值 5 分。根据锡林浩特市林业水利局河长办提供资料，查干诺尔尚未划定湖泊管理范围，故考核为 0 分。

（2）涉湖项目管理。该项指标总分值10分。根据锡林浩特市林业水利局河长办提供资料，查干诺尔尚未划定或明确湖泊开发利用要求和控制范围，湖泊存在芒硝的生产开采，但缺少相关审批手续。因此，该项指标考核不得分。

3. 强化湖泊岸线管理保护

（1）湖泊岸线控制。该项指标总分值5分。根据锡林浩特市林业水利局河长办提供资料，查干诺尔尚未明确湖泊岸线控制线，因此，该项指标考核不得分。

（2）湖岸开发利用程度。该项指标总分值5分。根据实际遥感监测，查干诺尔湖存在芒硝开发、开采地下资源等2项活动，虽不违法，但盐矿开采规模逐年扩大，未设定规划管理目标，不利于湖泊生态保护。因此，此项指标考核赋0分。

（3）湖泊岸线自然形态。该项指标总分值5分。根据遥感监测，对比近几年湖泊岸线自然形态变化情况，符合考核要求，赋5分。

4. 加强湖泊水资源保护与水污染防治

（1）涉湖取用水管理。该项指标总分值10分。根据锡林浩特市林业水利局河长办提供资料，涉湖取水不规范，缺少取水计量或监测设备，芒硝生产也未按照用水定额取水，不利于湖泊生态保护。因此，此项指标考核赋0分。

（2）农村生活污水及生活垃圾处理。该项指标总分值5分。查干诺尔湖周边不存在农村生活污水，故该指标赋5分。

5. 加大湖泊水环境综合整治力度

（1）入湖河道整治。该项指标总分值5分。查干诺尔湖不存在入湖河道，由泉眼补给，因此该项指标赋5分。

（2）污水处理率。该项指标总分值5分。查干诺尔环湖地区不存在生活和工业污废水，芒硝生产本身也不会入湖排污，因此，此项指标赋5分。

6. 健全湖泊执法监管机制

该项指标总分值10分。根据锡林浩特市林业水利局河长办提供资料，各级湖长已按要求巡湖，且执法队伍严格巡查监管。因此，符合考核要求，赋10分。

5.2.2.2　定量考核

定量考核指标主要为水源面积变化是否合理，包括湖泊水面面积年变化率和连续干涸年数两大方面。

1. 湖泊水面面积年变化率

该项指标总分值10分，查干诺尔水面面积年变化率大于0，因此，该项直接赋10分。

2. 连续干涸年数

该项指标总分值10分。2017—2019年查干诺尔水面面积未出现连续3年干涸，该项直接赋10分。

5.2.2.3 考核结果

汇总上述各项考核指标得分，查干诺尔湖长制考核结果为75分，考核等级为合格，各分项考核得分情况详见表5-2-2。

表5-2-2 查干诺尔湖长制考核打分表

目标层	指标层	分值	考核得分
定性考核	湖长制实施、制度落实、责任落实情况	5	5
	湖泊建档与管理情况	5	5
	资金保障、宣传教育与交流情况	5	5
	湖泊管理范围划界确权	5	0
	涉湖项目管理	10	0
	湖泊岸线控制	5	0
	湖岸开发利用程度	5	0
	湖泊岸线自然形态	5	5
	涉湖取用水管理	10	0
	农村生活污水及生活垃圾处理	5	5
	入湖河道整治	5	5
	污水处理率	5	5
	涉湖执法监管	10	10
定量考核	湖泊水面面积年变化率	10	10
	连续干涸年数	10	10
考核总分		100	75

5.3 常年有水湖泊湖长制考核指标体系实践应用

常年有水湖泊采取百分制考核，本次实践应用分别选取松花江流域呼伦湖（呼伦贝尔市新巴尔虎左旗、新巴尔虎右旗、扎赉诺尔区）和西北诸河区内蒙古高原西部岱海（乌兰察布市凉城县）作为考核对象。

5.3.1　呼伦湖长制（呼伦贝尔市）考核

5.3.1.1　定性考核

1. 建立健全工作机制

（1）湖长制实施、制度落实、责任落实情况。该项指标总分值4分。根据《内蒙古自治区2018年河长制湖长制工作要点》（内蒙古自治区河长办，2018年）及《呼伦贝尔市2018年河长制湖长制工作要点》（呼伦贝尔市河长办，2018年），呼伦湖已建立自治区、盟市、旗县（市、区）、苏木（乡、镇）三级湖长体系，自治区级湖长由自治区常务副主席担任，盟市级湖长有呼伦贝尔副市长担任，同时设立新巴尔虎左旗、新巴尔虎右旗、扎赉诺尔区3个旗县区湖长和吉布胡郎图苏木、嵯岗镇、呼伦镇、达赉苏木、宝格德乌拉苏木、阿拉坦额莫勒镇、灵泉镇5个镇级、苏木级湖长，明确了各级湖长责任分工；湖长调整后，公示牌的相关内容及时更新，河长公示牌监督电话保持畅通，公布施行了《呼伦贝尔市河湖长制工作督察制度（试行）》《呼伦贝尔市河湖长制工作考核问责和激励制度（试行）》《呼伦贝尔市河湖长制会议制度（试行）》《呼伦贝尔市河湖长制信息共享及通报制度（试行）》和《呼伦贝尔市市级河湖长制巡查制度（试行）》等5项制度，符合考核要求，赋4分。

（2）湖泊建档与管理情况。该项指标总分值4分。呼伦贝尔水务局河长办已委托内蒙古自治区水利水电勘测设计院于2019年完成《呼伦湖流域生态与环境综合治理实施方案》和《呼伦湖管理保护“一湖一策”实施方案（2018—2020年）》，成果质量符合工作要求，且经湖长审定后印发。湖长制工作制度按规定落实；建设完成湖泊基础信息库，建设湖长制管理信息系统并投入运行，符合考核要求，赋4分。

（3）资金保障、宣传教育与交流情况。该项指标总分值4分。根据呼伦贝尔水务局河长办提供资料，已将呼伦湖相关工作经费纳入政府财政预算，并采取多种方式宣传普及湖长制知识，符合考核要求，赋4分。

2. 严格湖泊水域空间管控

（1）湖泊管理范围划界确权。该项指标总分值2分。根据呼伦贝尔水务局河长办提供资料，呼伦湖已按照《呼伦湖流域生态与环境综合治理实施方案》和《呼伦湖管理保护“一湖一策”实施方案（2018—2020年）》完成或管理范围划界并确权，已于2019年11月在新巴尔虎左旗、新巴尔虎右旗、扎赉诺尔区政府网站进行公示。其中新巴尔虎左旗管理范围边界线全长65.335km，湖片管理范围面积240.28km^2；新巴尔虎右旗段管理范围边界线全长212.449km，湖片管理范围面积为2022.05km^2；扎赉诺尔区段管理范围边界线全长5.673km，湖片管理范围面积为1.43km^2。符合考核要求，赋2分。

（2）涉湖项目管理。该项指标总分值 4 分。根据呼伦贝尔水务局河长办提供资料，呼伦贝尔市多措并举削减人为因素对呼伦湖自然环境的不利影响，实施环呼伦湖周边环境整治，已累计拆除各类违规经营设施 11.55 万 m^2，完成生态移民 456 户，涉湖建设项目事中事后监管到位。符合考核要求，赋 4 分。

3. 强化湖泊岸线管理保护

（1）湖泊岸线控制。该项指标总分值 2 分。根据呼伦贝尔水务局河长办提供资料，呼伦湖已完成水域岸线划定 447km 及控制线划定，符合考核要求，赋 2 分。

（2）湖岸开发利用程度。该项指标总分值 4 分。根据呼伦贝尔水务局河长办提供资料，按照《呼伦湖流域生态与环境综合治理实施方案（修编稿）》和《呼伦湖管理保护“一湖一策”实施方案（2018—2020 年）》，呼伦湖已明确岸线功能区划；呼伦贝尔市政府 2019 年对涉湖旅游景区及农家乐进行了整顿和治理，取缔旅游企业 24 家，关停小型旅游景点 4 处，全面停止湖区周边旅游经营企业审批权和周边矿产资源开发项目的审批权，但是根据内蒙古农业大学《呼伦湖健康评估报告》，呼伦湖周边仍存在 4 处旅游设施及放牧点未按要求治理，未完全符合考核要求，赋 2 分。

（3）湖泊岸线自然形态。该项指标总分值 2 分。根据本次遥感监测结果，呼伦湖现状岸线保持湖泊岸线自然形态，符合考核要求，赋 2 分。

（4）湖岸带植被覆盖度指标。该项指标总分值 4 分。由于《呼伦湖流域生态与环境综合治理实施方案（修编搞）》和《呼伦湖管理保护“一湖一策”实施方案（2018—2020 年）》均未明确提出呼伦湖湖岸带植被覆盖度恢复目标，因此，根据内蒙古农业大学《呼伦湖健康评估报告》，呼伦湖现状植被总覆盖度为 61.6％，对比《河湖健康评估技术导则》提出的 40％～75％要求，处于中间水平，赋 2 分。

4. 加强湖泊水资源保护与水污染防治

（1）涉湖取用水管理。该项指标总分值 4 分。根据呼伦贝尔水务局河长办提供资料，新巴尔虎左旗、新巴尔虎右旗及扎赉诺尔区均已停止涉湖取水户建设项目，不存在非法取用水情况，符合考核要求，赋 4 分。

（2）涉湖排水管理。该项指标总分值 4 分。根据呼伦贝尔水务局河长办提供资料，新巴尔虎左旗、新巴尔虎右旗及扎赉诺尔区均已停止涉湖取水户建设项目，不存在非法排污口及排水情况，符合考核要求，赋 4 分。

（3）水污染问题及治理程度。该项指标总分值 4 分。根据呼伦贝尔水务局河长办提供资料，呼伦贝尔市人民政府先后审议通过了《呼伦湖国家级自然保护区禁牧工作实施方案》《呼伦湖国家级自然保护区退捕转产工作实施方案》

《呼伦湖周边及补给河流沿线垃圾无害化处理实施方案》，并落实了水污染防治实施方案，符合考核要求，赋4分。

（4）农村生活污水及生活垃圾处理。该项指标总分值2分。根据呼伦贝尔水务局河长办提供资料，阿镇西庙嘎查、希日塔拉嘎查、巴音德日斯嘎查、东庙嘎查生活垃圾闪蒸矿化处理站均已陆续开工建设，但环湖地区农村生活污水处理厂尚未完工，不符合考核要求，赋0分。

5. 加大湖泊水环境综合整治力度

（1）湖泊生态清淤。该项指标总分值2分。根据呼伦贝尔水务局河长办提供资料，已按照规划或工作方案完成湖泊生态清淤任务，且根据内蒙古农业大学《呼伦湖健康评估报告》，底泥污染检测符合标准要求，赋2分。

（2）入湖河道整治。该项指标总分值4分。根据内蒙古农业大学《呼伦湖健康评估报告》，入湖河流经整治后未发现水环境问题和水污染事件，符合考核要求，赋4分。

（3）污水处理率。该项指标总分值4分。根据呼伦贝尔水务局河长办提供资料，已执行呼伦湖景区拆迁补偿项目以及保护区周边城镇中型污水处理厂及冬储池建设项目（新巴尔虎右旗阿拉坦额莫勒镇生活污水管网工程），但环湖污水处理厂尚未完工，故该项赋0分。

（4）再生水回用率。该项指标总分值2分。根据呼伦贝尔水务局河长办提供资料，环湖地区未实现再生水回用，故该项赋0分。

6. 开展湖泊生态治理修复

沿湖湿地建设/湿地保有量，该项指标总分值4分。根据呼伦贝尔水务局河长办提供资料，呼伦湖流域沙化土地治理项目已铺设沙障3200亩、完成乔木造林2900亩，但未完全达到《呼伦湖流域生态与环境综合治理实施方案（修编稿）》提出的治理规模，未完全符合考核要求，赋2分。

7. 健全湖泊执法监管机制

涉湖执法监管，该项指标总分值4分。根据呼伦贝尔水务局河长办提供资料，呼伦贝尔市人民政府、新巴尔虎右旗、新巴尔虎左旗和扎赉诺尔区均已建立环湖地区部门联合执法机制并组织实施。针对湖泊水域岸线、水利工程和违法行为进行动态监控；开展各类专项执法行动6次，累计办理各类破坏自然资源违法案件268起，处理违法人员450余人。但根据内蒙古农业大学《呼伦湖健康评估报告》，呼伦湖周边岸线50m范围内仍有4处私家旅游点未按规定整治。因此，该项指标未完全符合要求，赋2分。

5.3.1.2　定量考核

定量考核指标主要涵盖“量、质、域、流”四大方面。

1. 水量（水位）考核

湖泊生态水量（水质），该项指标总分值 10 分。根据内蒙古农业大学《呼伦湖健康评估报告》，在引河济湖等工程的作用下，2018 年呼伦湖实测年均水位 543.82m，高于最低生态水位 542.82m，满足规划制定的生态水位控制目标，赋 10 分。

2. 水质考核

水功能区水质/湖泊水质，该项指标总分值 10 分。根据自治区水利厅水文监测专报数据及呼伦贝尔市北方寒冷干旱地区内陆湖泊研究院提供的监测资料，2019 年上半年呼伦湖小河口、甘珠花两个国控断面的水质监测数据，化学需氧量、高锰酸盐指数、总磷、总氮等水质监测指标，较上年同期均有所好转，根据内蒙古农业大学《呼伦湖健康评估报告》，水功能区水质均未达到目标水质要求，该项指标考核赋 0 分。

3. 水域考核

（1）湖泊水域面积管控。该项指标总分值 4 分。根据自治区水利厅水文监测专报数据，截至 2019 年 7 月 25 日，呼伦湖水域面积为 2026.5km^2，稳定保持在国家发改委批复《呼伦湖流域生态与环境综合治理实施方案》规定的合理区间（2006.5～2065.8km^2）内，符合水域面积管控要求，赋 4 分。

（2）湖面积连续萎缩年数。该项指标总分值 4 分。通过遥感解译分析，2019 年 8 月呼伦湖湖面面积 2037km^2，同口径下的湖泊水域面积不出现连续 3 年（含 3 年）萎缩，对比历史同等降水条件下 1986 年湖面积 2096.87km^2，2019 年湖面积萎缩比例为 2.85%，湖长制实施后较现状年的萎缩速率有所减缓，且小于《河湖健康评估技术导则》中 5%的要求，赋 4 分。

4. 水流考核

（1）加大湖泊引排水。该项指标总分值 4 分。为进一步做好呼伦湖水资源配置和调度工作，呼伦贝尔市委托中水东北勘测设计研究有限责任公司加紧编制《呼伦湖生态工程补水调度运行方案》，并按规划实施生态补水，符合考核要求，赋 4 分。

（2）水生生物资源养护及水生生物多样性。该项指标总分值 4 分。根据呼伦湖国家级自然保护区管理局提供资料，2019 年，呼伦湖自然保护区内记录到的野生鸟类种数，对比 2013 年，由 333 种增加至 345 种，鱼类由 30 种增加至 32 种，兽类由 35 种增加至 38 种，两栖爬行类由 4 种增加至 5 种。符合考核要求，该项指标赋 4 分。

5.3.1.3 考核结果

汇总上述各项考核指标得分，呼伦湖湖长制考核结果为 78 分，考核等级为合格，各分项考核得分情况详见表 5-3-1。

表5-3-1 呼伦湖湖长制考核打分表

目标层	指 标 层	分值	考核得分
定性考核	湖长制实施、制度落实、责任落实情况	4	4
	湖泊建档与管理情况	4	4
	资金保障、宣传教育与交流情况	4	4
	湖泊管理范围划界确权	2	2
	涉湖项目管理	4	4
	湖泊岸线控制	2	2
	湖岸开发利用程度	4	2
	湖泊岸线自然形态	2	2
	湖岸带植被覆盖度指标	4	2
	涉湖取用水管理	4	4
	涉湖排水管理	4	4
	水污染问题及治理程度	4	4
	农村生活污水及生活垃圾处理	2	2
	湖泊生态清淤	2	2
	入湖河道整治	4	4
	污水处理率	4	0
	再生水回用率	2	0
	沿湖湿地建设/湿地保有量	4	2
	涉湖执法监管	4	2
定量考核	湖泊生态水量（水位）	10	10
	水功能区水质/湖泊水质	10	0
	湖泊水域面积管控	4	4
	湖面积连续萎缩年数	4	4
	加大湖泊引排水	4	4
	水生生物资源养护及水生生物多样性	4	4
考 核 总 分		100	78

5.3.2 岱海（乌兰察布市凉城县）湖长制考核

5.3.2.1 定性考核

1. 建立健全工作机制

（1）湖长制实施、制度落实、责任落实情况。该项指标总分值4分。根据《内蒙古自治区2018年河长制湖长制工作要点》（内蒙古自治区总河湖长令

2018年第1号）及《乌兰察布市总河长令（第1号）关于加快落实河长制湖长制有关工作的决定》，岱海已建立自治区、盟市、旗县（市、区）、苏木（乡、镇）三级湖长体系，自治区级湖长由自治区副书记担任，盟市级湖长有乌兰察布市市长担任，同时设立凉城县县长为县级湖长，岱海镇、麦胡图镇5个镇长为镇级湖长，明确了各级湖长责任分工；湖长调整后，公示牌的相关内容及时更新，符合考核要求，赋4分。

（2）湖泊建档与管理情况。该项指标总分值4分。《岱海管理保护“一湖一策”实施方案（2018—2020年）》已编制完成，成果质量符合工作要求，且经湖长审定后印发；湖长制工作制度按规定落实；建设完成湖泊基础信息库，建设湖长制管理信息系统并投入运行，符合考核要求，赋4分。

（3）资金保障、宣传教育与交流情况。该项指标总分值4分。根据水务局河长办提供资料，已将岱海相关工作经费纳入政府财政预算，并采取多种方式宣传普及湖长制知识，符合考核要求，赋4分。

2. 严格湖泊水域空间管控

（1）湖泊管理范围划界确权。该项指标总分值2分。根据岱海自然保护区管理局提供资料，岱海已按照《乌兰察布市岱海水生态保护规划》完成或管理范围划界并确权，符合考核要求，赋2分。

（2）涉湖项目管理。该项指标总分值4分。根据水务局河长办提供资料，凉城县多措并举削减人为因素对岱海自然环境的不利影响，实施环岱海周边环境整治，对乱垦、乱种、乱牧、乱渔、乱建进行了清理整顿，涉湖建设项目事中事后监管到位。符合考核要求，赋4分。

3. 强化湖泊岸线管理保护

（1）湖泊岸线控制。该项指标总分值2分。根据凉城县水务局河长办提供资料，已完成水域岸线划定及控制线划定，现已建设网围栏55km，管护用房7处，保护区为西南—东北走向的不规则矩形，保护区面积为129.7km^2，保护区内设置了核心区、缓冲区和实验区，其中核心区面积为27.5km^2，缓冲区面积为19.7km^2，实验区面积为82.5km^2，符合考核要求，赋2分。

（2）湖岸开发利用程度。该项指标总分值4分。根据凉城县水务局河长办提供资料，按照《岱海管理保护“一湖一策”实施方案（2018—2020年）》，已明确岸线功能区划，完全符合考核要求，赋4分。

（3）湖泊岸线自然形态。该项指标总分值2分。根据本次遥感监测结果，岱海现状岸线保持湖泊岸线自然形态，符合考核要求，赋2分。

（4）湖岸带植被覆盖度指标。该项指标总分值4分。由于《岱海管理保护“一湖一策”实施方案（2018—2020年）》均未明确提出呼伦湖湖岸带植被覆盖度恢复目标。因此，根据岱海保护区管理局提供资料，岱海现状植被总覆盖度为68.6%。对比《河湖健康评估技术导则》提出的40%～75%范围要求，处于中间水平，赋2分。

4. 加强湖泊水资源保护与水污染防治

（1）涉湖取用水管理。该项指标总分值4分。根据凉城县水务局河长办提供资料，已停止岱海电厂等涉湖取水户建设项目，不存在非法取用水情况，符合考核要求，赋4分。

（2）涉湖排水管理。该项指标总分值4分。根据凉城县水务局河长办提供资料，均已停止岱海电厂等涉湖排水户，不存在非法排污口及排水情况，符合考核要求，赋4分。

（3）水污染问题及治理程度。该项指标总分值4分。根据凉城县水务局河长办提供资料，凉城县人民政府落实了水污染防治实施方案，符合考核要求，赋4分。

（4）农村生活污水及生活垃圾处理。该项指标总分值2分。根据凉城县水务局河长办提供资料，环湖地区生活垃圾处理站均已陆续开工建设，鸿茅镇农村生活污水处理厂已完工，符合考核要求，赋2分。

5. 加大湖泊水环境综合整治力度

（1）湖泊生态清淤。该项指标总分值2分。根据凉城县水务局河长办提供资料，已按照规划或工作方案完成湖泊生态清淤任务，且根据内蒙古农业大学《岱海健康评估报告》，底泥污染检测符合标准要求，赋2分。

（2）入湖河道整治。该项指标总分值4分。已完成8条入湖河道整治清淤，现状调查表明，弓坝河、五号河均断流，而岱海的支流中除弓坝河入湖之前断面有水，其余支流均断流。根据内蒙古农业大学《岱海健康评估报告》，入湖河流经整治后未发现水环境问题和水污染事件，符合考核要求，赋4分。

（3）污水处理率。该项指标总分值4分。根据凉城县水务局河长办提供资料，环湖地区鸿茅镇污水处理厂已投入使用，原项目优化为鸿茅镇污水收集管网改造工程。已完成污水管网建设，污水收集率达85%。但麦胡图镇污水处理厂尚未完工，故该项赋2分。

（4）再生水回用率。该项指标总分值2分。根据凉城县水务局河长办提供资料，环湖地区鸿茅镇污水处理厂已投入使用，且污水处理后回用，故该项赋2分。

6. 开展湖泊生态治理修复

沿湖湿地建设/湿地保有量，该项指标总分值4分。根据凉城县水务局河长办提供资料，在岱海滩涂湿地内建设监控系统8套及指挥中心1处，在北岸种植野花组合1000亩，湿地面积扩大至55km²，完全符合考核要求，赋4分。

7. 健全湖泊执法监管机制

涉湖执法监管，该项指标总分值4分。根据凉城县水务局河长办提供资料，滩涂湿地内乱垦、乱种、乱牧、乱渔、乱建得到制止，根据项目组现场调查，无放牧现象、农田已全部完成退灌、鱼塘和养殖场已搬迁。因此，该项指标完全符合要求，赋4分。

5.3.2.2 定量考核

定量考核指标主要涵盖“量、质、域、流”四大方面。

1. 水量（水位）考核

湖泊生态水量/水质，该项指标总分值10分。根据内蒙古农业大学《岱海健康评估报告》，岱海年均水位满足规划制定的生态水位控制目标，赋10分。

2. 水质考核

水功能区水质/湖泊水质，该项指标总分值10分。根据自治区水利厅水文监测专报数据，COD、高锰酸盐指数、总磷、总氮等水质监测指标，较上年同期均有所好转。根据内蒙古农业大学《岱海健康评估报告》，水功能区水质为劣Ⅴ类，未达到目标水质要求，该项指标考核赋0分。主要原因一是流域内污染负荷的增加，导致入湖污染物增多，二是湖区水量不断减少导致污染物浓缩。

3. 水域考核

（1）湖泊水域面积管控。该项指标总分值4分。根据内蒙古自治区政府批复《乌兰察布市岱海水生态保护规划》（简称《规划》），维持岱海湖面积在$50km^2$左右。根据遥感监测，2019年9月底，岱海湖面积为$54.8km^2$，同口径下的湖泊水域面积较考核目标不减少，符合水域面积管控要求，赋4分。

（2）湖面积连续萎缩年数。该项指标总分值4分。由于岱海湖泊面积持续的萎缩，原本为湖泊外周水域地带，因水位下降，逐步形成沿湖滩地，随时间的推移，这些滩地表面彻底干化，存在于湖水中的盐分析出，集中散布在沿湖地带，形成后续年份中的盐碱地。

根据遥感数据，2017—2019年虽然湖泊萎缩速率放缓，但同口径下的湖泊水域面积仍呈现萎缩态势。从萎缩空间分布状况来看，岱海西南部萎缩较明显。不符合考核要求，赋0分。

4. 水流考核

（1）加大湖泊引排水。该项指标总分值4分。根据1987—2016年30年长系列资料岱海生态应急补水工程规模分析和近年两个偏枯系列验证结果，并考虑工程投资的经济性，建议岱海生态应急补水规模为6000万m^3/a，设计引水流量$3.02m^3/s$。由于岱海生态应急补水工程尚处在论证阶段，未按规划实施生态补水，不符合考核要求，赋0分。

(2) 水生生物资源养护及水生生物多样性。该项指标总分值4分。根据岱海自然保护区管理局提供资料，2019年，呼伦湖自然保护区内记录到的野生鸟类种数，由68种增加至91种，但鱼类有所减少，本次调查经过连续几天挂网捕鱼，没有采集到鱼类标本。据当地渔政人员介绍，岱海已几乎没有鱼类生存，特别是经济鱼类。虽然在湖中西部采集到的水草上可见有附着的鱼卵，但由于个体太小无法辨别种类。目前，岱海由于水域环境的改变，鱼类患病严重，成活率降低，至2017年3月以来，岱海湖鱼类产量每天只有几十斤，全年鱼产量仅有3t，而且全部是病鱼。从2018年开春到现在多次试捕都没有捕到鱼。不符合考核要求，该项指标赋0分。

5.3.2.3　考核结果

汇总上述各项考核指标得分，岱海湖长制考核结果为74分，考核等级为良好，各分项考核得分情况详见表5-3-2。

表5-3-2　　岱海湖长制考核打分表

目标层	指标层	分值	考核得分
定性考核	湖长制实施、制度落实、责任落实情况	4	4
	湖泊建档与管理情况	4	4
	资金保障、宣传教育与交流情况	4	4
	湖泊管理范围划界确权	2	2
	涉湖项目管理	4	4
	湖泊岸线控制	2	2
	湖岸开发利用程度	4	4
	湖泊岸线自然形态	2	2
	湖岸带植被覆盖度指标	4	2
	涉湖取用水管理	4	4
	涉湖排水管理	4	4
	水污染问题及治理程度	4	4
	农村生活污水及生活垃圾处理	2	2
	湖泊生态清淤	2	2
	入湖河道整治	4	4
	污水处理率	4	2
	再生水回用率	2	2
	沿湖湿地建设/湿地保有量	4	4
	涉湖执法监管	4	4

续表

目标层	指　标　层	分值	考核得分
定量考核	湖泊生态水量（水位）	10	10
	水功能区水质/湖泊水质	10	0
	湖泊水面面积管控	4	4
	湖面积连续萎缩年数	4	0
	加大湖泊引排水	4	0
	水生生物资源养护及水生生物多样性	4	0
考　核　总　分		100	74

5.4 内蒙古自治区有水湖泊水域定量指标考核结果

湖泊水域面积虽然只是季节性湖泊和常年有水湖泊的湖长制考核定量指标之一，但它却是整个湖长制考核的关键，主要体现在以下三个方面。

（1）在技术角度，湖泊水域面积已成为可操作性强、直观简便的考核指标。随着遥感卫星技术的不断发展，湖泊水域面积变化已成为湖长制定量考核中最易考核、最能直观体现湖泊治理与保护效果的关键指标。对于干湖，可通过多源遥感数据，快速识别是否向季节性湖泊转化；对于季节性湖泊，可通过多源遥感数据，快速识别水域面积变化是否在预期范围内；对于常年有水湖泊，可通过多源遥感数据，快速诊断水域面积的变化趋势是否合理。

（2）在湖长制实施角度，只有当人们更准确及时地掌握湖泊水面面积的变化，才能精准施策，才能快速、有效地管理和保护湖泊。反之，当各项湖泊治理措施和制度按计划实施后，亟须掌握湖泊水面面积变化情况。如水域面积萎缩态势是否得到减缓或水面面积是否得到维持。

（3）在指标关联性角度，水域面积的扩张必然与水量恢复、水位抬升、水质转好、水流增加存在协同关联。对于内蒙古湖泊监测体系不完善的现状，首先掌握水域面积的变化，可为其他量化指标考核提供基础。

因此，以遥感数据为基础，分析内蒙古自治区近5年186个季节性湖泊和377个湖泊水域面积的变化情况是否符合考核要求。

5.4.1 季节性湖泊水域定量指标考核结果

以遥感数据为基础，分析内蒙古自治区近5年186个季节性湖泊在2019年的水域面积变化比例是否符合控制目标或达到预期水平，同时分析2017—2019年连续3年水域面积不为0。分析结果表明，有67个湖泊同时满足水域面积变化比例和连续3年水域面积不为0两项考核指标，定量考核满分，占36.0%；有67个湖泊只满足两项考核指标之一，定量考核分数为10分，占36.0%；有52个湖泊均不满足两项考核指标，不予赋分，占28.0%。考核结果详见表5-4-1和图5-4-1、图5-4-2。

表5-4-1　内蒙古自治区2019年季节性湖泊水域面积定量考核结果

一级区	二级区	季节性湖泊/个				季节性湖泊/%		
		20分	10分	0分	小计	20分	10分	0分
松花江	额尔古纳	12	9	1	22	54.5	40.9	4.5
	嫩江	1	4	2	7	14.3	57.1	28.6
	小计	13	13	3	29	44.8	44.8	10.3
辽河	西辽河	0	16	3	19	0	84.2	15.8
	辽河干流	0	0	1	1	0	0	100.0
	小计	0	16	4	20	0	80.0	20.0
海河	滦河	0	0	0	0			
	海河北系	0	0	1	1	0	0	100.0
	小计	0	0	1	1	0	0	100.0
黄河	兰州至河口	5	4	5	14	35.7	28.6	35.7
	河口至龙门	1	2	1	4	25.0	50.0	25.0
	内流区	12	6	2	20	60.0	30.0	10.0
	小计	18	12	8	38	47.4	31.6	21.1
西北诸河	内蒙古高原	26	24	26	76	34.2	31.6	34.2
	河西走廊	10	2	10	22	45.5	9.1	45.5
	小计	36	26	36	98	36.7	26.5	36.7
全　区		67	67	52	186	36.0	36.0	28.0

5.4.2　常年有水湖泊水域定量指标考核结果

以遥感数据为基础，分析内蒙古自治区近5年377个常年有水湖泊在2019年同口径下的湖泊水域面积较考核目标不减少或有所增加。同时分析2017—2019年湖泊水域面积不出现连续3年（含3年）萎缩。分析结果表明，有153个湖泊同时同口径下的湖泊水域面积较考核目标不减少或有所增加和湖泊水域面积不出现连续3年（含3年）萎缩两项考核指标，定量考核满分8分，占40.5%；有128个湖泊只满足两项考核指标之一，定量考核分数为4分，占34.0%；有96个湖泊均不满足两项考核指标，不予赋分，占25.5%。考核结果详见表5-4-2和图5-4-3、图5-4-4。

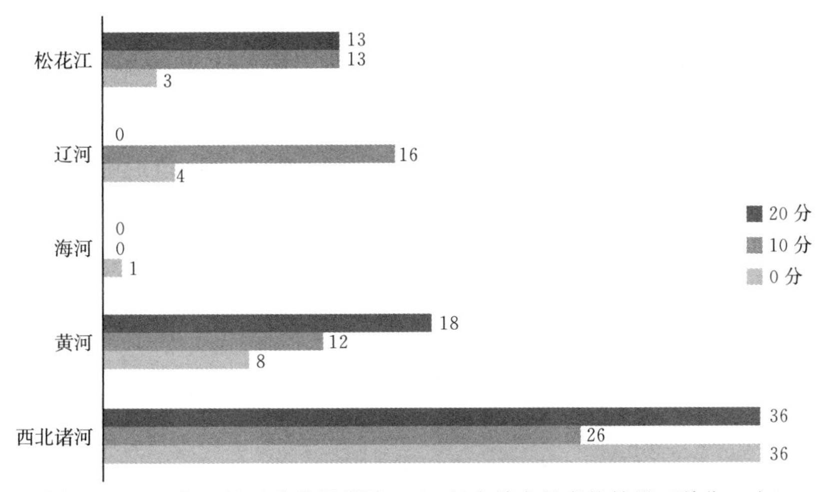

图5-4-1　各二级区季节性湖泊2019年水域定量考核结果（单位：个）

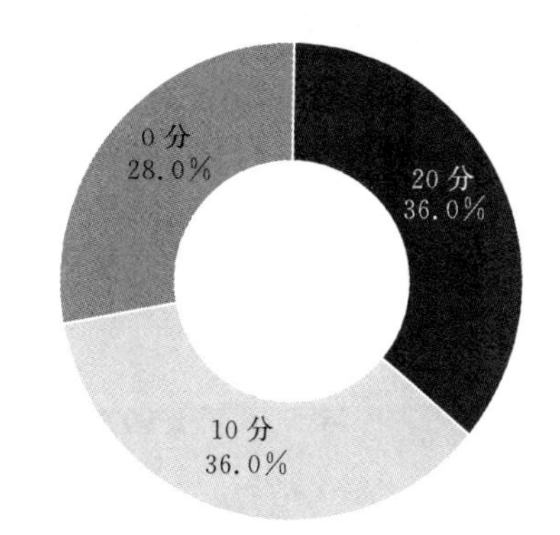

图5-4-2　内蒙古自治区季节性湖泊2019年水域定量考核达标百分比

表5-4-2　内蒙古自治区2019年常年有水湖泊水域面积定量考核结果

一级区	二级区	常年有水湖泊/个				常年有水湖泊/%		
		8分	4分	0分	小计	8分	4分	0分
松花江	额尔古纳	24	31	13	68	35.3	45.6	19.1
	嫩江	6	12	3	21	28.6	57.1	14.3
	小计	30	43	16	89	33.7	48.3	18.0
辽河	西辽河	12	28	14	54	22.2	51.9	25.9
	辽河干流	0	4	1	5	0	80.0	20.0
	小计	12	32	15	59	20.3	54.2	25.4
海河	滦河	0	2	0	2	0	100.0	0
	海河北系	0	0	1	1	0	0	100.0
	小计	0	2	1	3	0	66.7	33.3

续表

一级区	二级区	常年有水湖泊/个				常年有水湖泊/%		
		8分	4分	0分	小计	8分	4分	0分
黄河	兰州至河口	49	4	2	55	89.1	7.3	3.6
	河口至龙门	1	2	0	3	33.3	66.7	0.0
	内流区	11	14	18	43	25.6	32.6	41.9
	小计	61	20	20	101	60.4	19.8	19.8
西北诸河	内蒙古高原	21	21	36	78	26.9	26.9	46.2
	河西走廊	29	10	8	47	61.7	21.3	17.0
	小计	50	31	44	125	40.0	24.8	35.2
全　区		153	128	96	377	40.5	34.0	25.5

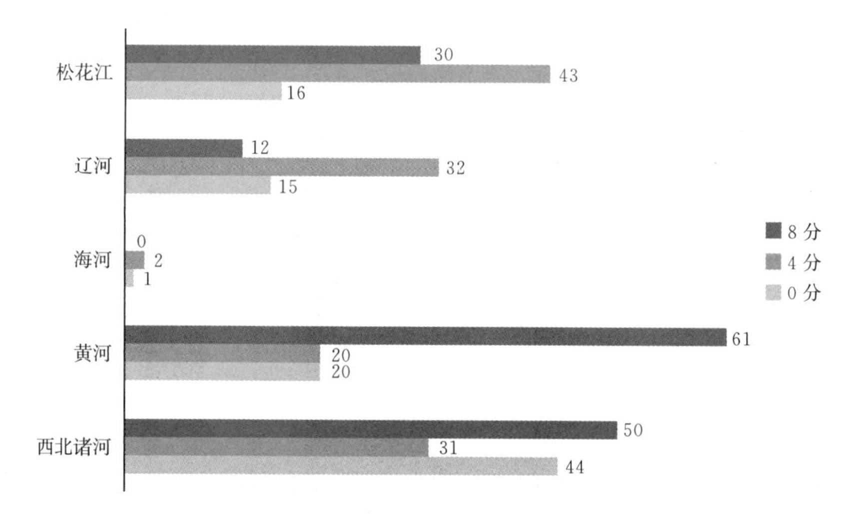

图5-4-3　各二级区常年有水湖泊2019年水域定量考核结果（单位：个）

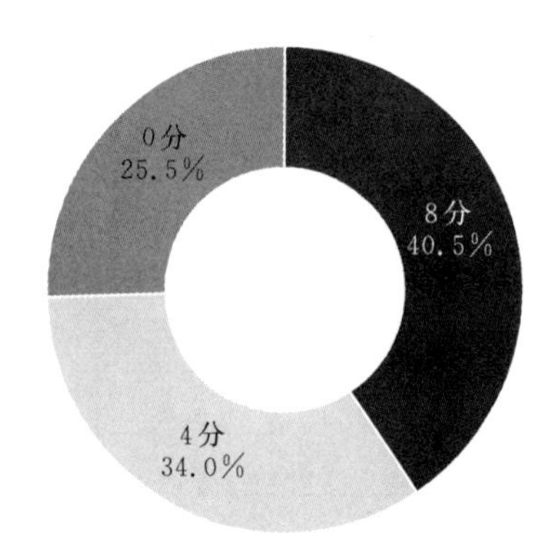

图5-4-4　内蒙古自治区常年有水湖泊2019年水域定量考核达标百分比

5.5 湖长制考核指标体系实践应用小结

本研究构建的湖长制考核指标体系涵盖了水资源、水环境、水生态等方面重要指标。在流域层面统筹水域与陆域系统治理，按照湖泊水面面积年际变化特征划分了干涸湖泊、季节性湖泊和常年有水湖泊3类考核指标体系及“定性＋定量”相结合的考核方案。

定性考核指标选自现有各类成熟指标体系或相关成果，易于获取，考核赋分规则易于操作。由于内蒙古自治区纳入考核名录的655个湖泊分布较广，湖长制考核涉及发改委、自然资源、生态环境、农业农村、卫生健康、住建、规划等诸多部门。限于本次工作时间和人力，无法一一收集定性考核指标相关的全部材料。因此，每一类考核指标体系各选取2个典型湖泊进行定性考核。

定量考核指标选自已有规划成果及“一湖一策”实施方案。由于377个常年有水湖泊和186个季节性湖泊的监测资料不完善，部分指标需要跨部门收集。如水质数据在生态环境部门和水利部门均有，水生生物多样性等数据在自然资源部门和生态环境部门均有。限于本次工作时间和人力，无法一一收集定量考核指标相关的全部材料。因此，季节性湖泊和常年有水湖泊的考核指标体系各选取2个典型湖泊进行定量考核。

考虑到湖面积变化是湖长制实施效果的最直观体现。本次工作的重点在于遥感解译不同时期各分区湖泊水面面积的变化特征，并以此完善水域管控定量指标的考核标准。通过分析内蒙古自治区近5年186个季节性湖泊和377个湖泊水域面积的变化情况。结果表明，2019年有28%的季节性湖泊和26%的常年有水湖泊无法达到预期考核目标，这为下一步考核不达标湖泊所在旗县调整河湖管控策略和优化治理措施奠定了基础，也为内蒙古自治区进一步实现湖长制从“有名”向“有实”转变提供了方向。

第6章　总 结 与 展 望

6.1　总结

本工作通过收集资料、现场调查、遥感技术与统计分析等相结合，摸清内蒙古自治区湖泊现状，调查各类湖泊的成因、类别、基本特征指标等。以流域为分区对不同类型湖泊进行湖泊水面面积解译，分析湖泊水面面积时空变化，判识气候变化和人类活动影响程度。针对湖泊水面面积年际变化特征，划分为干涸湖泊、季节性湖泊和常年有水湖泊，并以此构建考核指标体系，结合生态环境保护目标和湖泊现状存在的主要问题，制定适用于内蒙古自治区不同类型湖泊的湖长制考核指标体系及考核方案，主要成果如下。

（1）湖泊现状摸底调查。复核内蒙古自治区655个设立湖长制的湖泊分布情况及基本信息，在此基础上总结了内蒙古湖泊现状特点：湖泊分布广泛，但相对集中；湖泊类型多样，地域差异显著；湖泊分布受气候地形等因素控制，地带性鲜明。

（2）湖泊所在流域分区调查与复核。根据2012年版1∶25万地形图，并结合DEM、部分1∶5万和1∶10万地形图，结合《内蒙古自治区河流特征手册》等成果，确定流域界限并嵌套行政分区，并以此作为内蒙古自治区湖泊分类研究的基础，通过遥感解译1987—2019年湖泊水面面积。分别从流域二级区和盟市层面分析水面面积的演变情况及统计特征。结果表明，松花江流域、辽河流域、海河流域以及西北诸河流域的湖泊水面面积均整体呈递减趋势，特别是辽河流域、海河流域以及西北诸河流域的递减趋势显著。黄河流域水面面积波动明显，无显著递增或者递减趋势。

（3）结合降水、气温、水面蒸发等因素分析气候影响程度。结果表明，气候变化的影响对湖泊形成和发展作用很大。降水量的时空分布特征决定了湖泊的补给条件、水文循环和水化学特征呈纬向带状分布。结合不同水源和不同行业用水量及社会经济指标分析人为影响程度，结果表明，农业、工业和地下水开发利用对湖泊水面面积的变化具有较好的相关关系。

（4）按照湖泊水面面积年际变化特征对内蒙古自治区655个湖泊进行分类。内蒙古自治区湖泊摸底调查和湖泊分类是考量湖泊是否纳入湖长制考核范围或者考核哪些指标体系的重要前提。水面面积是湖泊核心且易于系统调查的指标，也是湖长考核指标系统中的重要环节。针对内蒙古湖泊年际变化大的特点，采用一定时段尺度来衡量各流域不同湖泊的有无水特征，将湖泊划分为常年有水湖泊、季节性湖泊和干湖，更具有代表性和可操作性。从内蒙古自治区所有气象站的监测数据统计分析来看，最大连续丰水年或连续枯水年均不超过4年。因此，考虑降水丰平枯的影响，5年系列是一个能够包括不同降水特征年份的最短时间尺度。以近5年尺度的水面面积特征进行考核分类，内蒙古自治区655个纳入湖长制考核的湖泊汇总，划分为常年有水湖泊的有377个，划分为季节性湖泊的有186个，划分为干湖的有92个。

（5）湖长制现状面临的问题。内蒙古自治区在实施湖长制工作以来，取得了一定的成效。但由于内蒙古湖泊数量众多、水资源条件和开发利用情况不同、水污染成因和生态退化程度不同。因此，在湖长制实施过程中也出现了一些问题，如河长制与湖长制衔接性不强、现有湖长制工作目标问题导向不突出、湖长制现有考核方案可操作性有待提升等。

（6）湖长制分类指标体系构建。按照代表性、时效性、系统性、科学性、可操作性的原则，基于已有湖长制指标及相关规划提出的考核指标，在评估指标相关性的基础上，初选适宜指标，再根据指标的内涵及关联程度重新归纳整理，采用定量与定性相结合的方法，构建三层次考核指标体系。第一层为目标层，分为定性考核与定量考核，用于表征湖长制实施的整体工作成效；第二层为准则层，其中定性考核设置涵盖建立健全工作机制、落实六大主要任务等方面内容，定量考核考核设置水量（水位）、水质、水域和水流四方面考核内容；第三层为指标层，进一步细化准则层的各项内容，共设置上述25项备选考核指标，其中干涸湖泊设置8个考核指标（全为定性考核指标），季节性湖泊设置15个考核指标（其中定性考核指标13个、定量考核指标2个），常年有水湖泊设置25个考核指标（其中定性考核指标19个、定量考核指标6个）。

（7）根据资料收集情况，在不同流域开展了湖长制考核指标体系实践应用。其中干涸湖泊拐子湖和都贵淖日考核结果为良，季节性湖泊呼勒斯淖和巴彦淖尔考核结果为合格，常年有水湖泊呼伦湖和岱海考核结果为合格。可见湖长制实施效果未能完全展现，湖泊管理仍需要进一步加强。

（8）考虑到湖面积变化是湖长制实施效果的最直观体现，本次工作的重点在于遥感解译不同时期各分区湖泊水面面积的变化特征，并以此完善水域管控定量指标的考核标准。通过分析内蒙古自治区近5年186个季节性湖泊和377个湖泊水域面积的变化情况。结果表明，2019年有28%的季节性湖泊和26%的常年有水湖泊无法达到预期考核目标。这为下一步考核不达标湖泊制定治理方案与措施提供了科学指导。

6.2　展望

河湖系统治理是一项长期任务。当湖泊治理的成效显现后，如何长期保持治理力度和治理效果，这还需不断扩大考核内涵，提高考核目标，健全长效机制，防止出现部分地区产生的工作懈怠心理、降低重视程度、削弱组织力度，影响湖长制作用的发挥。

针对内蒙古湖泊水面面积年际变化大的特点，构建适用于不同类型湖泊“定量+定性”相结合的湖长制考核指标体系。一是有利于完善经济社会发展评价体系。把资源消耗、环境损害、生态效益等指标的情况反映出来，有利于加快构建经济社会发展评价体系，更加全面地衡量发展的质量和效益，特别是发展的绿色化水平；二是有利于引导地方各级党委和政府形成正确的政绩观，通过考核进一步引导和督促地方各级党委和政府自觉推进生态文明建设，坚持“绿水青山就是金山银山”，在发展中保护、在保护中发展，改变“重发展、轻保护”或把发展与保护对立起来的倾向和现象。

因此，下一步工作将根据一年内蒙古自治区湖泊的遥感跟踪监测及典型湖泊的实地调查，促使定量考核指标更具有可操作性。同时，根据地方今后试点应用反馈问题，对考核方法具体实施进行细化。如当考核指标对应的基本资料不能满足湖长制考核要求时，应进行必要的补充调查和监测。

参 考 文 献

MA R H, DUAN H T, HU C M, et al. A half - century of changes in China's lakes: Global warming or human influence [J]. Geophysical Research Letters, 2010, 37 (24): L24106.

MA R H, YANG G S, DUAN H T, et al. China's lakes at present: Number, area and spatial distribution [J]. Science China: Earth Sciences, 2011, 54 (2): 283 - 289.

Mueller N, Lewis A, Robert D, et al. Water observations from space: Mapping surface water form 25 years of Landsat imagery across Australia [J]. Remote Sensing of Environment, 2016, 174: 341 - 352.

Jacob Kalff. 湖沼学：内陆水生生态系统 [M]. 古滨河，刘正文，李宽意，等译. 北京：高等教育出版社，2011.

TAO S L, FANG J Y, ZHAO X, et al. Rapid loss of lakes on the Mongolian Plateau [J]. PNAS, 2014, 112 (7): 2281 - 2286.

TAO S L, FANG J Y, MA S H, et al. Changes in China's lakes: Climate and human impacts [J]. National Science Review, 2020, 7 (1): 132 - 140.

Tulbure M G, Broich M. Spatiotemporal dynamic of surface water bodies using Landsat time - series data from 1999 to 2011 [J]. ISPRS Journal of Photogrammetry & Remote Sensing, 2013, 79: 44 - 52.

YANG X K, LU X X. Drastic change in China's lakes and reservoirs over the past decades [J]. Scientific Reports, 2014, 6041 (4): 1 - 10.

ZHANG G Q, YAO T D, CHEN W F, et al. Regional differences of lake evolution across China during 1960s - 2015 and its natural and anthropogenic causes [J]. Remote Sensing of Environment, 2019, 221: 386 - 404.

都金康，黄永胜，冯学智，等. SPOT卫星影像的水体提取方法及分类研究 [J]. 遥感学报，2001，5 (3)：214 - 219.

杜云艳，周成虎. 水体的遥感信息自动提取方法 [J]. 遥感学报，1998，2 (4)：364 - 369.

傅娇琪，陈超，郭碧云. 缨帽变换的遥感图像水边线信息提取方法 [J]. 测绘科学，2019，44 (5)：177 - 183.

刘建波，戴昌达. TM图像在大型水库库情监测管理中的应用 [J]. 遥感学报，1996，11 (1)：54 - 58.

牧寒. 内蒙古盐湖资源 [M]. 呼和浩特：内蒙古人民出版社，1989.

牧寒. 内蒙古湖泊 [M]. 呼和浩特：内蒙古人民出版社，2003.

彭欢，韩青，曹菊萍，等. 太湖流域片河湖长制考核评价指标体系研究 [J]. 中国水利，2019，6：11 - 15.

施成熙. 中国湖泊概论 [M]. 北京：科学出版社，1989.

孙佩，汪权芳，张梦茹，等. 基于NDVI - MNDWI特征空间的水体信息增强方法研究 [J]. 湖北大学学报（自然科学版），2018，40 (6)：29 - 34.

田光进，张增祥，张国平，等. 基于遥感与GIS的海口市景观格局动态变化 [J]. 生态学报，

2002，22（7）：1028－1034.
王苏民，窦鸿身．中国湖泊志［M］．北京：科学出版社，1998.
徐涵秋．利用改进的归一化差异水体指数（MNDWI）提取水体信息的研究［J］．遥感学报，2005，9（5）：79－85.
于欢，张树清，李晓峰，等．基于TM影像的典型内陆淡水湿地水体提取研究［J］．遥感技术与应用，2008，23（3）：310－315.
闫丽娟，郑绵平．我国蒙新地区近40年来湖泊动态变化与气候耦合［J］．地球学报，2014，35（4）：463－472.
张燕飞，魏永富，廖梓龙，等．内蒙古自治区湖泊调查研究［M］．北京：地质出版社，2020.
地质矿产部地质辞典办公室．地质大辞典［M］．北京：地质出版社，2005.
郑喜玉．内蒙古盐湖［M］．北京：科学出版社，1992.
郑喜玉，张明刚，徐旭，等．中国盐湖志［M］．北京：科学出版社，2002.
张磊，宫兆宁，王启为，等．Sentinel－2影像多特征优选的黄河三角洲湿地信息提取［J］．遥感学报，2019，23（2）：313－326.
中国科学院南京地理与湖泊研究所．中国湖泊调查报告［M］．北京：科学出版社，2019.
周艺，谢光磊，王世新，等．利用归一化差异水体指数提取城镇周边细小河流信息［J］．地球信息科学学报，2014，16（1）：102－107.
张志杰，张浩，常玉光，等．Landsat系列卫星光学遥感器辐射定标方法综述［J］．遥感学报，2015，19（5）：719－732.
朱宝山，张绍华，徐大龙，等．综合水体指数及其应用［J］．测绘科学技术学报，2013，30（1）：19－23.
朱长明，沈占峰，骆剑承，等．基于MODIS数据的Landsat7 SLC－off影像修复方法研究［J］．测绘学报，2010，39（3）：251－256.

附 表

附表 1

内蒙古自治区 2019 年季节性湖泊水域面积定量考核成果

序号	湖 泊 名 称	盟市	一级流域	二级流域	所在旗县（市、区）	年变化率/%	连续干涸年数	考核赋分
1	查干诺尔	呼伦贝尔市	松花江	额尔古纳河	新巴尔虎右旗	390.1	3	10
2	阿尔善乃查干诺尔	呼伦贝尔市	松花江	额尔古纳河	新巴尔虎右旗	388.0	3	10
3	巴润萨宾诺尔	呼伦贝尔市	松花江	额尔古纳河	新巴尔虎右旗	164.4	2	20
4	伊贺诺尔	呼伦贝尔市	松花江	额尔古纳河	新巴尔虎左旗	14.5	1	20
5	哈日诺尔（二）	呼伦贝尔市	松花江	额尔古纳河	新巴尔虎右旗	73.8	2	20
6	东河口湖（陶森诺尔）	呼伦贝尔市	松花江	额尔古纳河	新巴尔虎左旗	389.4	4	10
7	乌兰诺日	呼伦贝尔市	松花江	额尔古纳河	新巴尔虎左旗	148.0	3	10
8	查干诺尔	呼伦贝尔市	松花江	额尔古纳河	陈巴尔虎旗	28.4	1	20
9	呼吉尔诺尔	呼伦贝尔市	松花江	额尔古纳河	鄂温克旗	32.2	1	20
10	乌兰淖尔	呼伦贝尔市	松花江	额尔古纳河	陈巴尔虎旗	80.5	2	20
11	阿拉达尔图	呼伦贝尔市	松花江	额尔古纳河	新巴尔虎左旗	13.4	1	20
12	苏敏诺日	呼伦贝尔市	松花江	额尔古纳河	新巴尔虎左旗	71.1	2	20
13	东庙湖	呼伦贝尔市	松花江	额尔古纳河	新巴尔虎右旗	98.4	3	10
14	善丁诺尔	呼伦贝尔市	松花江	额尔古纳河	新巴尔虎右旗	88.3	2	20

续表

序号	湖泊名称	盟市	一级流域	二级流域	所在旗县（市、区）	年变化率/%	连续干涸年数	考核赋分
15	巴嘎萨宾诺日	呼伦贝尔市	松花江	额尔古纳河	新巴尔虎左旗	79.2	1	20
16	交罗不地湖	呼伦贝尔市	松花江	额尔古纳河	新巴尔虎右旗	153.4	3	10
17	准萨宾诺尔	呼伦贝尔市	松花江	额尔古纳河	新巴尔虎右旗	391.6	4	10
18	博乌拉	呼伦贝尔市	松花江	额尔古纳河	新巴尔虎左旗	−100.0	3	0
19	哈日诺尔(一)	呼伦贝尔市	松花江	额尔古纳河	新巴尔虎右旗	192.6	3	10
20	伊和雅马特	呼伦贝尔市	松花江	额尔古纳河	新巴尔虎右旗	158.7	2	20
21	加里代山湖	呼伦贝尔市	松花江	额尔古纳河	新巴尔虎右旗	327.4	4	10
22	大日给彦乃诺尔	呼伦贝尔市	松花江	额尔古纳河	新巴尔虎右旗	89.6	1	20
23	索金布勒格湖	兴安盟	松花江	嫩江	突泉县	−73.7	3	0
24	查干胡舒二道坝	兴安盟	松花江	嫩江	科右中旗	8.0	3	10
25	窑艾里碱土泡子	兴安盟	松花江	嫩江	科右中旗	−79.1	3	0
26	哈日巴达湿地	兴安盟	松花江	嫩江	科右中旗	−100.0	0	10
27	扎哈淖尔	通辽市	松花江	嫩江	扎鲁特旗	−19.3	0	10
28	敦德淖尔	通辽市	松花江	嫩江	扎鲁特旗	−25.7	0	10
29	辉腾淖尔	通辽市	松花江	嫩江	扎鲁特旗	14.3	1	20
30	西布敦化泡子	兴安盟	辽河	西辽河	科右中旗	−100.0	0	10
31	乌兰章古淖尔	兴安盟	辽河	西辽河	科右中旗	−100.0	2	10

续表

序号	湖泊名称	盟市	一级流域	二级流域	所在旗县（市、区）	年变化率/%	连续干涸年数	考核赋分
32	其和尔台哈嘎	通辽市	辽河	西辽河	扎鲁特旗	−100.0	0	10
33	五家子泡子	通辽市	辽河	西辽河	科左后旗	−13.6	4	0
34	牧一分场泡子	通辽市	辽河	西辽河	扎鲁特旗	−55.8	1	10
35	满都呼泡子	通辽市	辽河	西辽河	扎鲁特旗	−100.0	0	10
36	绍根淖尔	通辽市	辽河	西辽河	扎鲁特旗	−82.9	2	10
37	查干淖尔	通辽市	辽河	西辽河	扎鲁特旗	−100.0	2	10
38	无名称泡子	通辽市	辽河	西辽河	扎鲁特旗	−97.0	1	10
39	前德门嘎查东湖	通辽市	辽河	西辽河	扎鲁特旗	−00.0	3	0
40	达木西嘎淖尔	通辽市	辽河	西辽河	扎鲁特旗	−100.0	3	0
41	乌和朝鲁诺尔	赤峰市	辽河	西辽河	阿鲁科尔沁旗	−100.0	0	10
42	朝力干诺尔	赤峰市	辽河	西辽河	阿鲁科尔沁旗	−100.0	0	10
43	图古日格诺尔	赤峰市	辽河	西辽河	阿鲁科尔沁旗	−100.0	2	10
44	哈尔呼舒哈嘎	通辽市	辽河	西辽河	科左中旗	−74.1	1	10
45	乃门他拉泡子	通辽市	辽河	西辽河	科左中旗	−99.4	1	10
46	南好力宝	通辽市	辽河	西辽河	科左中旗	−100.0	0	10
47	乌兰托里托诺尔	通辽市	辽河	西辽河	科左中旗	−100.0	0	10
48	柴达木泡子	通辽市	辽河	西辽河	开鲁县	−100.0	0	10
49	二莫力泡子	通辽市	辽河	辽河干流	科左后旗	−100.0	4	0

续表

序号	湖泊名称	盟市	一级流域	二级流域	所在旗县（市、区）	年变化率/%	连续干涸年数	考核赋分
50	依核淖尔	乌兰察布市	海河	海河北系	察右前旗	−53.4	4	0
51	乌兰柴达木（乌兰柴登淖）	鄂尔多斯市	黄河	兰州至河口镇	鄂托克旗	26.7	1	20
52	察汗淖	鄂尔多斯市	黄河	兰州至河口镇	鄂托克旗	297.3	3	10
53	五里地海子	巴彦淖尔市	黄河	兰州至河口镇	磴口县	−6.3	3	0
54	天籁湖（孟王栓海子）	巴彦淖尔市	黄河	兰州至河口镇	五原县	−100.0	3	0
55	西翠湖	巴彦淖尔市	黄河	兰州至河口镇	磴口县	105.4	3	10
56	章嘉庙海子	巴彦淖尔市	黄河	兰州至河口镇	临河区	143.4	2	20
57	哈达淖尔海子	巴彦淖尔市	黄河	兰州至河口镇	临河区	106.7	4	10
58	改兰南海子	巴彦淖尔市	黄河	兰州至河口镇	五原县	34.6	1	20
59	改兰北海子	巴彦淖尔市	黄河	兰州至河口镇	五原县	57.5	2	20
60	巴美湖	巴彦淖尔市	黄河	兰州至河口镇	五原县	−25.8	4	0
61	鸿雁湖	巴彦淖尔市	黄河	兰州至河口镇	五原县	−100.0	3	0
62	隆兴湖	巴彦淖尔市	黄河	兰州至河口镇	五原县	−100.0	4	0
63	泰湖	巴彦淖尔市	黄河	兰州至河口镇	五原县	83.3	4	10
64	乌兰布和沙漠旅游区湖	巴彦淖尔市	黄河	兰州至河口镇	杭锦后旗	108.0	1	20
65	布寨淖尔	鄂尔多斯市	黄河	河口镇至龙门	乌审旗	34.9	1	20
66	巴嘎淖尔（布寨嘎查）	鄂尔多斯市	黄河	河口镇至龙门	乌审旗	73.0	3	10
67	查干扎达盖淖尔	鄂尔多斯市	黄河	河口镇至龙门	乌审旗	−24.2	4	0

续表

序号	湖 泊 名 称	盟市	一级流域	二级流域	所在旗县（市、区）	年变化率/%	连续干涸年数	考核赋分
68	呼吉尔特蓄洪区	鄂尔多斯市	黄河	河口镇至龙门	乌审旗	−17.8	1	10
69	纳林淖尔（大）	鄂尔多斯市	黄河	内流区	鄂托克旗	166.6	1	20
70	呼和淖（呼和淖尔）	鄂尔多斯市	黄河	内流区	鄂托克前旗	−74.1	4	0
71	哈塔兔淖湖（北哈达图淖）	鄂尔多斯市	黄河	内流区	伊金霍洛旗	−25.8	1	10
72	陶尔庙淖尔	鄂尔多斯市	黄河	内流区	乌审旗	85.2	2	20
73	乌兰淖尔	鄂尔多斯市	黄河	内流区	乌审旗	57.1	2	20
74	呼勒斯淖	鄂尔多斯市	黄河	内流区	鄂托克前旗	−35.4	3	0
75	沙克巴图淖	鄂尔多斯市	黄河	内流区	鄂托克前旗	−100.0	2	10
76	广丰淖	鄂尔多斯市	黄河	内流区	杭锦旗	−35.5	2	10
77	敖各窑淖	鄂尔多斯市	黄河	内流区	杭锦旗	91.1	4	10
78	察哈淖尔	鄂尔多斯市	黄河	内流区	杭锦旗	122.9	1	20
79	巴嘎淖尔（呼和淖尔嘎查）	鄂尔多斯市	黄河	内流区	乌审旗	8.4	1	20
80	额如和淖尔	鄂尔多斯市	黄河	内流区	乌审旗	124.7	3	10
81	铁面哈达淖（特门哈达淖）	鄂尔多斯市	黄河	内流区	乌审旗	59.1	2	20
82	沙几淖	鄂尔多斯市	黄河	内流区	乌审旗	51.7	1	20
83	哈玛日格台淖	鄂尔多斯市	黄河	内流区	乌审旗	10.4	1	20
84	达坝淖（达瓦淖尔湖）	鄂尔多斯市	黄河	内流区	乌审旗	19.1	1	20
85	木肯淖尔湖	鄂尔多斯市	黄河	内流区	乌审旗	25.7	1	20

续表

序号	湖 泊 名 称	盟市	一级流域	二级流域	所在旗县（市、区）	年变化率/%	连续干涸年数	考核赋分
86	潮河	鄂尔多斯市	黄河	内流区	乌审旗	27.5	4	10
87	桃力庙海子（阿拉善湾、阿拉善海子）	鄂尔多斯市	黄河	内流区	伊金霍洛旗	128.8	1	20
88	桃力庙海子（阿拉善湾、阿拉善海子）	鄂尔多斯市	黄河	内流区	伊金霍洛旗	128.8	1	20
89	哈尔淖尔	包头市	西北诸河	内蒙古高原内陆河	达茂旗	−100.0	3	0
90	腾格尔淖尔	包头市	西北诸河	内蒙古高原内陆河	达茂旗	133.9	2	20
91	小达来诺尔	赤峰市	西北诸河	内蒙古高原内陆河	克什克腾旗	−88.6	2	10
92	宝音图诺尔	赤峰市	西北诸河	内蒙古高原内陆河	克什克腾旗	−100.0	4	0
93	巴伦诺尔	锡林郭勒盟	西北诸河	内蒙古高原内陆河	西乌旗	−100.0	3	0
94	柴达木诺尔	锡林郭勒盟	西北诸河	内蒙古高原内陆河	西乌旗	146.0	2	20
95	柴达木诺尔	锡林郭勒盟	西北诸河	内蒙古高原内陆河	西乌旗	59.1	2	20
96	哈夏图淖日	锡林郭勒盟	西北诸河	内蒙古高原内陆河	太仆寺旗	43.6	1	20
97	新弟房湖	锡林郭勒盟	西北诸河	内蒙古高原内陆河	太仆寺旗	−100.0	3	0
98	阿拉腾嘎达斯淖尔	锡林郭勒盟	西北诸河	内蒙古高原内陆河	正镶白旗	−0.3	1	10
99	浩拉图淖尔	锡林郭勒盟	西北诸河	内蒙古高原内陆河	正镶白旗	−100.0	4	0
100	查干诺尔	锡林郭勒盟	西北诸河	内蒙古高原内陆河	锡林浩特市	−50.0	2	10
101	特格淖日	锡林郭勒盟	西北诸河	内蒙古高原内陆河	东乌珠穆沁旗	−100.0	1	10

续表

序号	湖泊名称	盟市	一级流域	二级流域	所在旗县（市、区）	年变化率/%	连续干涸年数	考核赋分
102	绍荣音诺尔	锡林郭勒盟	西北诸河	内蒙古高原内陆河	东乌珠穆沁旗	−99.9	1	10
103	乌腊德达布苏	锡林郭勒盟	西北诸河	内蒙古高原内陆河	东乌珠穆沁旗	63.6	1	20
104	吉格斯台淖尔	锡林郭勒盟	西北诸河	内蒙古高原内陆河	正蓝旗	−26.4	4	0
105	阿斯嘎淖尔	锡林郭勒盟	西北诸河	内蒙古高原内陆河	正蓝旗	−96.9	3	0
106	呼和淖尔	锡林郭勒盟	西北诸河	内蒙古高原内陆河	正蓝旗	−84.4	2	10
107	宏图淖尔	锡林郭勒盟	西北诸河	内蒙古高原内陆河	正蓝旗	−76.2	1	10
108	伊和淖尔	锡林郭勒盟	西北诸河	内蒙古高原内陆河	正蓝旗	10.1	4	10
109	哈日淖	锡林郭勒盟	西北诸河	内蒙古高原内陆河	阿巴嘎旗	168.6	2	20
110	毛瑞淖日	锡林郭勒盟	西北诸河	内蒙古高原内陆河	东乌珠穆沁旗	17.7	2	20
111	滚淖日	锡林郭勒盟	西北诸河	内蒙古高原内陆河	东乌珠穆沁旗	−99.9	1	10
112	巴润查布	锡林郭勒盟	西北诸河	内蒙古高原内陆河	东乌珠穆沁旗	64.5	2	20
113	莫石盖海子	乌兰察布市	西北诸河	内蒙古高原内陆河	察右后旗	43.6	2	20
114	韩盖淖尔	乌兰察布市	西北诸河	内蒙古高原内陆河	察右后旗	125.2	2	20
115	碱海子	乌兰察布市	西北诸河	内蒙古高原内陆河	商都县	152.7	2	20
116	二吉淖	乌兰察布市	西北诸河	内蒙古高原内陆河	商都县	155.2	2	20
117	旱海子	乌兰察布市	西北诸河	内蒙古高原内陆河	商都县	99.9	2	20

续表

序号	湖 泊 名 称	盟市	一级流域	二级流域	所在旗县（市、区）	年变化率/%	连续干涸年数	考核赋分
118	八大顷淖	乌兰察布市	西北诸河	内蒙古高原内陆河	商都县	66.3	2	20
119	八角淖	乌兰察布市	西北诸河	内蒙古高原内陆河	商都县	60.0	1	20
120	盐淖	乌兰察布市	西北诸河	内蒙古高原内陆河	商都县	72.8	2	20
121	查干淖尔	乌兰察布市	西北诸河	内蒙古高原内陆河	四子王旗	2.0	2	20
122	呼和淖尔	乌兰察布市	西北诸河	内蒙古高原内陆河	四子王旗	126.9	2	20
123	西海子	乌兰察布市	西北诸河	内蒙古高原内陆河	察右后旗	49.8	2	20
124	海青花海	乌兰察布市	西北诸河	内蒙古高原内陆河	察右后旗	−100.0	3	0
125	南湖	乌兰察布市	西北诸河	内蒙古高原内陆河	商都县	41.0	2	20
126	谭家营淖	乌兰察布市	西北诸河	内蒙古高原内陆河	商都县	400.0	4	10
127	瓜坊子塘坝	乌兰察布市	西北诸河	内蒙古高原内陆河	商都县	13.1	4	10
128	查干淖尔	乌兰察布市	西北诸河	内蒙古高原内陆河	四子王旗	91.4	2	20
129	嘎顺呼都格尔淖	乌兰察布市	西北诸河	内蒙古高原内陆河	四子王旗	−100.0	4	0
130	查干淖尔	乌兰察布市	西北诸河	内蒙古高原内陆河	四子王旗	35.6	2	20
131	哈沙图查干淖尔	乌兰察布市	西北诸河	内蒙古高原内陆河	四子王旗	73.1	1	20
132	巴润好来淖	乌兰察布市	西北诸河	内蒙古高原内陆河	四子王旗	56.2	1	20
133	哈布其盖淖尔	乌兰察布市	西北诸河	内蒙古高原内陆河	四子王旗	77.5	2	20
134	嘎尔迪音淖尔	锡林郭勒盟	西北诸河	内蒙古高原内陆河	阿巴嘎旗	−100.0	3	0

续表

序号	湖 泊 名 称	盟市	一级流域	二级流域	所在旗县（市、区）	年变化率/%	连续干涸年数	考核赋分
135	海音巴润高毕	锡林郭勒盟	西北诸河	内蒙古高原内陆河	阿巴嘎旗	−100.0	3	0
136	海音准高壁	锡林郭勒盟	西北诸河	内蒙古高原内陆河	阿巴嘎旗	−100.0	3	0
137	呼舒音淖日	锡林郭勒盟	西北诸河	内蒙古高原内陆河	阿巴嘎旗	−100.0	3	0
138	绍古门淖日	锡林郭勒盟	西北诸河	内蒙古高原内陆河	阿巴嘎旗	−100.0	3	0
139	太里本	锡林郭勒盟	西北诸河	内蒙古高原内陆河	阿巴嘎旗	−77.8	2	10
140	乌和日音高勒	锡林郭勒盟	西北诸河	内蒙古高原内陆河	苏尼特左旗	−100.0	4	0
141	乌兰淖尔	锡林郭勒盟	西北诸河	内蒙古高原内陆河	苏尼特左旗	−63.4	3	0
142	塔日干淖尔	锡林郭勒盟	西北诸河	内蒙古高原内陆河	苏尼特左旗	−96.1	4	0
143	哈嘎音淖日	锡林郭勒盟	西北诸河	内蒙古高原内陆河	正蓝旗	−100.0	2	10
144	乌日图音淖日	锡林郭勒盟	西北诸河	内蒙古高原内陆河	正蓝旗	−60.6	2	10
145	呼热淖日	锡林郭勒盟	西北诸河	内蒙古高原内陆河	正蓝旗	−97.9	2	10
146	宝绍代淖尔	锡林郭勒盟	西北诸河	内蒙古高原内陆河	正蓝旗	−95.1	4	0
147	努德盖淖尔	锡林郭勒盟	西北诸河	内蒙古高原内陆河	正蓝旗	−86.9	2	10
148	陶伊日木音淖尔	锡林郭勒盟	西北诸河	内蒙古高原内陆河	正蓝旗	−100.0	2	10
149	安给日图淖尔	锡林郭勒盟	西北诸河	内蒙古高原内陆河	正蓝旗	−100.0	3	0
150	伊和查布诺尔	锡林郭勒盟	西北诸河	内蒙古高原内陆河	东乌珠穆沁旗	−99.9	1	10
151	辉图达布苏	锡林郭勒盟	西北诸河	内蒙古高原内陆河	东乌珠穆沁旗	−100.0	3	0

续表

序号	湖泊名称	盟市	一级流域	二级流域	所在旗县（市、区）	年变化率/%	连续干涸年数	考核赋分
152	劳日特昭巴润阿尔	锡林郭勒盟	西北诸河	内蒙古高原内陆河	东乌珠穆沁旗	−99.7	1	10
153	毛都女呼都格	锡林郭勒盟	西北诸河	内蒙古高原内陆河	东乌珠穆沁旗	−100.0	4	0
154	恰本阿尔淖尔	锡林郭勒盟	西北诸河	内蒙古高原内陆河	东乌珠穆沁旗	−83.0	1	10
155	硝泡子(巴嘎额吉)	锡林郭勒盟	西北诸河	内蒙古高原内陆河	东乌珠穆沁旗	42.6	1	20
156	伊和嘎鲁特	锡林郭勒盟	西北诸河	内蒙古高原内陆河	东乌珠穆沁旗	−98.2	1	10
157	阿尔勒诺尔	锡林郭勒盟	西北诸河	内蒙古高原内陆河	东乌珠穆沁旗	−99.6	1	10
158	宝力格湖	锡林郭勒盟	西北诸河	内蒙古高原内陆河	苏尼特右旗	−100.0	3	0
159	查干淖尔	锡林郭勒盟	西北诸河	内蒙古高原内陆河	苏尼特右旗	−82.8	3	0
160	呼吉尔音淖尔	锡林郭勒盟	西北诸河	内蒙古高原内陆河	苏尼特右旗	−100.0	1	10
161	乌兰淖尔	锡林郭勒盟	西北诸河	内蒙古高原内陆河	苏尼特右旗	−100.0	4	0
162	乌兰陶伊日木	锡林郭勒盟	西北诸河	内蒙古高原内陆河	苏尼特右旗	−100.0	4	0
163	阿金台音额尔和特	锡林郭勒盟	西北诸河	内蒙古高原内陆河	东乌珠穆沁旗	−100.0	1	10
164	吉格斯台淖日	锡林郭勒盟	西北诸河	内蒙古高原内陆河	东乌珠穆沁旗	−100.0	3	0
165	敖包图	阿拉善盟	西北诸河	河西走廊内陆区	阿拉善左旗	−55.7	3	0
166	特默图	阿拉善盟	西北诸河	河西走廊内陆区	阿拉善左旗	16.2	2	20
167	多希哈勒金柴达木	阿拉善盟	西北诸河	河西走廊内陆区	阿拉善左旗	63.6	1	20
168	浑德仑柴达木	阿拉善盟	西北诸河	河西走廊内陆区	阿拉善左旗	71.4	1	20

续表

序号	湖泊名称	盟市	一级流域	二级流域	所在旗县（市、区）	年变化率/%	连续干涸年数	考核赋分
169	布牙图	阿拉善盟	西北诸河	河西走廊内陆区	阿拉善左旗	−7.7	3	0
170	二道湖脑	阿拉善盟	西北诸河	河西走廊内陆区	阿拉善左旗	49.1	1	20
171	白芨芨湖	阿拉善盟	西北诸河	河西走廊内陆区	阿拉善左旗	113.7	1	20
172	珠斯楞	阿拉善盟	西北诸河	河西走廊内陆区	阿拉善左旗	−100.0	4	0
173	三道湖脑	阿拉善盟	西北诸河	河西走廊内陆区	阿拉善左旗	133.5	1	20
174	草木次克	阿拉善盟	西北诸河	河西走廊内陆区	阿拉善左旗	116.0	1	20
175	嘴头湖	阿拉善盟	西北诸河	河西走廊内陆区	阿拉善左旗	125.9	2	20
176	霍洛木什图高勒	阿拉善盟	西北诸河	河西走廊内陆区	阿拉善左旗	−100.0	4	0
177	三道湖	阿拉善盟	西北诸河	河西走廊内陆区	阿拉善左旗	−86.9	4	0
178	黑茨坑	阿拉善盟	西北诸河	河西走廊内陆区	阿拉善左旗	−75.5	3	0
179	长湖	阿拉善盟	西北诸河	河西走廊内陆区	阿拉善左旗	−74.5	3	0
180	中碱湖	阿拉善盟	西北诸河	河西走廊内陆区	阿拉善左旗	−10.8	4	0
181	准朗	阿拉善盟	西北诸河	河西走廊内陆区	阿拉善左旗	−1.7	1	10
182	伊和霍勒	阿拉善盟	西北诸河	河西走廊内陆区	阿拉善左旗	−34.2	4	0
183	温多尔高勒	阿拉善盟	西北诸河	河西走廊内陆区	阿拉善左旗	−100.0	4	0
184	海骝其淖尔（张家湖）	阿拉善盟	西北诸河	河西走廊内陆区	阿拉善左旗	−36.0	1	10
185	头井湖	阿拉善盟	西北诸河	河西走廊内陆区	腾格里经济技术开发区	74.0	2	20
186	那仁淖勒湖	阿拉善盟	西北诸河	河西走廊内陆区	腾格里经济技术开发区	14.5	1	20

附表 2

内蒙古自治区 2019 年常年有水湖泊水域面积定量考核成果

序号	湖泊名称	盟市	普查号	一级流域	二级流域	三级流域	2019 年面积变幅/km^2	考核赋分
1	呼伦湖	呼伦贝尔市	E01	松花江	额尔古纳河	呼伦湖水系	−7.10	0
2	贝尔湖	呼伦贝尔市	E02	松花江	额尔古纳河	呼伦湖水系	−7.54	0
3	哈拉湖	呼伦贝尔市	E03	松花江	额尔古纳河	额尔古纳河	0.02	8
4	呼和诺日	呼伦贝尔市	E04	松花江	额尔古纳河	海拉尔河	−4.72	0
5	呼和诺尔	呼伦贝尔市	E07	松花江	额尔古纳河	海拉尔河	−2.45	0
6	嘎洛托伊湖	呼伦贝尔市	E08	松花江	额尔古纳河	额尔古纳河	−0.03	4
7	和日森查干诺日(查干诺尔)	呼伦贝尔市	E10	松花江	额尔古纳河	呼伦湖水系	−1.04	0
8	巴音查干诺日	呼伦贝尔市	E12	松花江	额尔古纳河	海拉尔河	0.13	8
9	浩勒包淖日	呼伦贝尔市	E13	松花江	额尔古纳河	额尔古纳河	−0.48	4
10	巴嘎哈伦沙巴尔特诺尔	呼伦贝尔市	E15	松花江	额尔古纳河	呼伦湖水系	1.04	8
11	多希诺尔	呼伦贝尔市	E17	松花江	额尔古纳河	海拉尔河	−0.07	4
12	巴嘎呼和诺尔	呼伦贝尔市	E18	松花江	额尔古纳河	海拉尔河	−0.44	4
13	安格尔图诺尔	呼伦贝尔市	E20	松花江	额尔古纳河	海拉尔河	−0.78	0
14	潘扎诺日	呼伦贝尔市	E24	松花江	额尔古纳河	额尔古纳河	−0.26	4
15	伊和沙日乌苏	呼伦贝尔市	E25	松花江	额尔古纳河	海拉尔河	−0.17	4
16	塔尔干诺尔	呼伦贝尔市	E26	松花江	额尔古纳河	海拉尔河	0.19	8
17	哈拉诺尔	呼伦贝尔市	E27	松花江	额尔古纳河	呼伦湖水系	0.27	8
18	古日班毛德乃诺日	呼伦贝尔市	E28	松花江	额尔古纳河	海拉尔河	−0.17	4

续表

序号	湖泊名称	盟市	普查号	一级流域	二级流域	三级流域	2019年面积变幅/km^2	考核赋分
19	巴里嘎湖	呼伦贝尔市	E29	松花江	额尔古纳河	额尔古纳河	−1.29	0
20	白音诺尔	呼伦贝尔市	E30	松花江	额尔古纳河	额尔古纳河	−0.92	0
21	哈布其林查干诺尔	呼伦贝尔市	E31	松花江	额尔古纳河	海拉尔河	−0.24	4
22	胡列也吐诺尔	呼伦贝尔市	E32	松花江	额尔古纳河	额尔古纳河	0.46	8
23	达布散诺尔	呼伦贝尔市	E33	松花江	额尔古纳河	海拉尔河	0.21	8
24	阿日布拉格	呼伦贝尔市	E34	松花江	额尔古纳河	额尔古纳河	−0.09	4
25	布日嘎斯特诺日	呼伦贝尔市	E35	松花江	额尔古纳河	海拉尔河	−0.06	4
26	古尔班敖包诺尔	呼伦贝尔市	E36	松花江	额尔古纳河	海拉尔河	−3.55	0
27	绍尔包格(硝矿)	呼伦贝尔市	E37	松花江	额尔古纳河	呼伦湖水系	0.79	8
28	哈日诺日(一)	呼伦贝尔市	E38	松花江	额尔古纳河	海拉尔河	−0.60	0
29	哈日干廷布日德	呼伦贝尔市	E39	松花江	额尔古纳河	海拉尔河	−0.32	4
30	呼吉尔图诺尔	呼伦贝尔市	E40	松花江	额尔古纳河	海拉尔河	−0.34	4
31	和日斯特诺日	呼伦贝尔市	E41	松花江	额尔古纳河	海拉尔河	0	4
32	柴达木	呼伦贝尔市	E42	松花江	额尔古纳河	海拉尔河	0.28	8
33	锡林布尔德	呼伦贝尔市	E43	松花江	额尔古纳河	海拉尔河	−0.73	0
34	乌兰丁图格热格	呼伦贝尔市	E44	松花江	额尔古纳河	海拉尔河	0.04	8
35	呼吉尔诺尔	呼伦贝尔市	E45	松花江	额尔古纳河	海拉尔河	−0.07	4
36	哈日诺日(二)	呼伦贝尔市	E46	松花江	额尔古纳河	额尔古纳河	−0.30	4

续表

序号	湖泊名称	盟市	普查号	一级流域	二级流域	三级流域	2019年面积变幅/km^2	考核赋分
37	道老图音查干诺日	呼伦贝尔市	E47	松花江	额尔古纳河	海拉尔河	−0.04	4
38	哈尔干图诺尔	呼伦贝尔市	E49	松花江	额尔古纳河	海拉尔河	−0.20	4
39	莫斯图查干诺日	呼伦贝尔市	E50	松花江	额尔古纳河	额尔古纳河	−0.05	4
40	小河口湖	呼伦贝尔市	E51	松花江	额尔古纳河	呼伦湖水系	−0.13	4
41	阿然吉诺尔	呼伦贝尔市	E52	松花江	额尔古纳河	海拉尔河	−0.06	4
42	莫斯图诺尔	呼伦贝尔市	E53	松花江	额尔古纳河	海拉尔河	−0.05	4
43	舒特淖日	呼伦贝尔市	E54	松花江	额尔古纳河	海拉尔河	0.48	8
44	嘎鲁特	呼伦贝尔市	E55	松花江	额尔古纳河	海拉尔河	−0.11	4
45	乌兰布拉格	呼伦贝尔市	E57	松花江	额尔古纳河	海拉尔河	−0.64	0
46	英诺尔	呼伦贝尔市	E61	松花江	额尔古纳河	海拉尔河	−0.09	4
47	宝日希勒泡子	呼伦贝尔市	E62	松花江	额尔古纳河	海拉尔河	−0.42	4
48	碱泡子	呼伦贝尔市	E63	松花江	额尔古纳河	海拉尔河	−0.17	4
49	伊和诺尔	呼伦贝尔市	EW02	松花江	额尔古纳河	海拉尔河	0.19	8
50	洪特(鸿图诺尔)	呼伦贝尔市	EW03	松花江	额尔古纳河	海拉尔河	−0.08	4
51	察罕湖	呼伦贝尔市	EW04	松花江	额尔古纳河	呼伦湖水系	−0.16	4
52	冰湖	呼伦贝尔市	EW05	松花江	额尔古纳河	海拉尔河	−0.10	4
53	甘珠尔布日德	呼伦贝尔市	EW06	松花江	额尔古纳河	呼伦湖水系	0.06	8
54	阿拉坦水库	呼伦贝尔市	EW07	松花江	额尔古纳河	海拉尔河	0.27	8

续表

序号	湖泊名称	盟市	普查号	一级流域	二级流域	三级流域	2019年面积变幅/km^2	考核赋分
55	乌苏浪子湖	兴安盟	F03	松花江	额尔古纳河	呼伦湖水系	−0.03	4
56	仙鹤湖	兴安盟	F05	松花江	额尔古纳河	呼伦湖水系	0.16	8
57	哈达乃浩来(新达赉湖)	呼伦贝尔市	EN01	松花江	额尔古纳河	呼伦湖水系	−5.84	0
58	巴彦滚西湖	呼伦贝尔市	EN02	松花江	额尔古纳河	海拉尔河	1.12	8
59	呼热诺尔	呼伦贝尔市	EN03	松花江	额尔古纳河	呼伦湖水系	−0.34	4
60	阿拉林诺日	呼伦贝尔市	EN07	松花江	额尔古纳河	呼伦湖水系	0.81	8
61	巴润乌和日廷诺尔	呼伦贝尔市	EN09	松花江	额尔古纳河	额尔古纳河	0.44	8
62	巴里嘎斯湖	呼伦贝尔市	EN10	松花江	额尔古纳河	呼伦湖水系	−0.01	4
63	准乌和日廷诺尔	呼伦贝尔市	EN12	松花江	额尔古纳河	呼伦湖水系	0.70	8
64	阿布哥特诺尔	呼伦贝尔市	EN13	松花江	额尔古纳河	呼伦湖水系	0.14	8
65	嘎布津托胡鲁克湖	呼伦贝尔市	EN17	松花江	额尔古纳河	呼伦湖水系	0.05	8
66	陶勒盖廷诺尔	呼伦贝尔市	EN20	松花江	额尔古纳河	呼伦湖水系	0.67	8
67	伊和诺尔(二)	呼伦贝尔市	EN22	松花江	额尔古纳河	呼伦湖水系	0.05	8
68	托莫尔特诺尔	呼伦贝尔市	EN23	松花江	额尔古纳河	呼伦湖水系	0.10	8
69	达来滨湖	呼伦贝尔市	E23	松花江	嫩江	尼尔基至江桥	−0.01	4
70	卧牛泡子	呼伦贝尔市	E59	松花江	嫩江	尼尔基至江桥	−0.01	4
71	杜鹃湖	兴安盟	F01	松花江	嫩江	尼尔基至江桥	0.05	8
72	鹿鸣湖	兴安盟	F02	松花江	嫩江	尼尔基至江桥	0.08	8

续表

序号	湖泊名称	盟市	普查号	一级流域	二级流域	三级流域	2019年面积变幅/km^2	考核赋分
73	松叶湖	兴安盟	F04	松花江	嫩江	尼尔基至江桥	0.13	8
74	巴彦珠日和哈嘎	兴安盟	F06	松花江	嫩江	江桥以下	−3.79	0
75	哈达泡子(百灵湖)	兴安盟	F07	松花江	嫩江	江桥以下	−0.33	4
76	九公里泡子	兴安盟	F08	松花江	嫩江	江桥以下	1.46	8
77	乌雅三道泡子	兴安盟	F09	松花江	嫩江	江桥以下	−1.96	0
78	双龙岗泡子	兴安盟	FW01	松花江	嫩江	江桥以下	−0.12	4
79	哈嘎泡子	兴安盟	FW02	松花江	嫩江	江桥以下	−0.29	4
80	查干胡舒一道坝	兴安盟	FW03	松花江	嫩江	江桥以下	0.01	8
81	布敦化牧场四队泡子	兴安盟	FW08	松花江	嫩江	江桥以下	−0.19	4
82	布敦化牧场一队泡子	兴安盟	FW09	松花江	嫩江	江桥以下	−0.04	4
83	海代哈嘎	兴安盟	FW10	松花江	嫩江	江桥以下	−0.21	4
84	十家子泡子	兴安盟	FW12	松花江	嫩江	江桥以下	−0.03	4
85	巴彦忙哈艾里泡子	兴安盟	FW13	松花江	嫩江	江桥以下	−0.29	4
86	图牧吉水库泡子	兴安盟	FW18	松花江	嫩江	江桥以下	−0.37	4
87	种里泡子	兴安盟	FW19	松花江	嫩江	尼尔基至江桥	−1.23	0
88	龙王湖	兴安盟	FW21	松花江	嫩江	江桥以下	−0.32	4
89	多兰湖	兴安盟	FW22	松花江	嫩江	江桥以下	35.67	8
90	超浩尔哈嘎	兴安盟	F11	辽河	西辽河	乌力吉木仁河	−1.08	0

续表

序号	湖泊名称	盟市	普查号	一级流域	二级流域	三级流域	2019年面积变幅/km^2	考核赋分
91	广台号东南泡子	兴安盟	F12	辽河	西辽河	乌力吉木仁河	−0.11	4
92	珠日很淖尔	兴安盟	F13	辽河	西辽河	乌力吉木仁河	−0.70	0
93	呼和图喜淖尔	兴安盟	FW14	辽河	西辽河	乌力吉木仁河	−0.47	4
94	阿古拉西泡子	通辽市	G01	辽河	西辽河	西辽河(苏家铺以下)	0.06	8
95	都喜哈嘎泡子	通辽市	G02	辽河	西辽河	西辽河(苏家铺以下)	−0.06	4
96	乌兰吐莱泡子	通辽市	G03	辽河	西辽河	西辽河(苏家铺以下)	−1.33	0
97	吉里吐泡子	通辽市	G04	辽河	西辽河	西辽河(苏家铺以下)	−0.04	4
98	哈斯拉哈嘎	通辽市	G05	辽河	西辽河	西辽河(苏家铺以下)	−0.61	0
99	胡西意得	通辽市	G06	辽河	西辽河	西辽河(苏家铺以下)	−1.27	0
100	花灯泡子	通辽市	G07	辽河	西辽河	西辽河(苏家铺以下)	−0.03	4
101	海力图哈嘎泡子	通辽市	G09	辽河	西辽河	西辽河(苏家铺以下)	−1.74	0
102	花胡硕哈嘎	通辽市	G10	辽河	西辽河	西辽河(苏家铺以下)	−2.59	0
103	查干胡硕泡子	通辽市	G11	辽河	西辽河	西辽河(苏家铺以下)	−1.40	0
104	乌布西路嘎泡子	通辽市	G13	辽河	西辽河	西辽河(苏家铺以下)	−0.62	0
105	伊和宝利稿泡子	通辽市	G16	辽河	西辽河	西辽河(苏家铺以下)	−0.42	4
106	东庙泡子	通辽市	G17	辽河	西辽河	西辽河(苏家铺以下)	−0.41	4
107	乌日都哈嘎(东巴泡子)	通辽市	G18	辽河	西辽河	西辽河(苏家铺以下)	−0.13	4
108	营沙吐泡子	通辽市	G19	辽河	西辽河	西辽河(苏家铺以下)	0.14	8

续表

序号	湖泊名称	盟市	普查号	一级流域	二级流域	三级流域	2019年面积变幅/km^2	考核赋分
109	德伦(昆都楞泡子)	通辽市	G23	辽河	西辽河	乌力吉木仁河	−0.50	4
110	塔必诺尔(太本庙泡子)	通辽市	G24	辽河	西辽河	乌力吉木仁河	0.55	8
111	浩勒包诺尔(好乐宝泡子)	通辽市	G25	辽河	西辽河	乌力吉木仁河	−0.14	4
112	西日图诺尔(西热图泡子)	通辽市	G26	辽河	西辽河	乌力吉木仁河	−0.37	4
113	布拉格图泡子	通辽市	G27	辽河	西辽河	乌力吉木仁河	−0.21	4
114	阿尔哈嘎	通辽市	GW01	辽河	西辽河	乌力吉木仁河	−0.57	0
115	胡勒斯台泡子	通辽市	GW02	辽河	西辽河	乌力吉木仁河	0.13	8
116	都冷泡子	通辽市	GW03	辽河	西辽河	西辽河(苏家铺以下)	−0.06	4
117	塔吐拉泡子	通辽市	GW04	辽河	西辽河	西辽河(苏家铺以下)	−0.19	4
118	哈根潮海泡子	通辽市	GW06	辽河	西辽河	西辽河(苏家铺以下)	0.29	8
119	胡鲁斯台泡子	通辽市	GW07	辽河	西辽河	乌力吉木仁河	−0.15	4
120	海里斯台泡子	通辽市	GW08	辽河	西辽河	乌力吉木仁河	−0.05	4
121	瞎马张泡子	通辽市	GW09	辽河	西辽河	乌力吉木仁河	−0.26	4
122	瞎莫张泡子	通辽市	GW10	辽河	西辽河	乌力吉木仁河	0	8
123	米盖吐泡子	通辽市	GW11	辽河	西辽河	乌力吉木仁河	−0.03	4
124	碱厂泡子	通辽市	GW12	辽河	西辽河	乌力吉木仁河	−0.03	4
125	原种场东泡子	通辽市	GW16	辽河	西辽河	乌力吉木仁河	−0.05	4
126	塔滨泡子	通辽市	GW19	辽河	西辽河	西辽河(苏家铺以下)	−1.07	0

续表

序号	湖泊名称	盟市	普查号	一级流域	二级流域	三级流域	2019 年面积变幅/km^2	考核赋分
127	杨森哈嘎淖尔	通辽市	GW24	辽河	西辽河	乌力吉木仁河	−0.03	4
128	旗杆大泡子	赤峰市	D01	辽河	西辽河	西拉木伦河及老哈河	0.02	8
129	哈尔诺尔	赤峰市	D02	辽河	西辽河	西拉木伦河及老哈河	−1.04	0
130	布日敦泡子	赤峰市	D03	辽河	西辽河	西拉木伦河及老哈河	0.92	8
131	达拉哈诺尔	赤峰市	D04	辽河	西辽河	乌力吉木仁河	−1.01	0
132	浑尼图诺尔	赤峰市	DW03	辽河	西辽河	乌力吉木仁河	0.09	8
133	白音泡子	赤峰市	DW05	辽河	西辽河	乌力吉木仁河	−0.19	4
134	阿日宝力格诺尔	赤峰市	DW07	辽河	西辽河	乌力吉木仁河	−0.19	4
135	巴嘎诺尔	赤峰市	DW09	辽河	西辽河	西拉木伦河及老哈河	−0.10	4
136	益和诺尔	赤峰市	DW10	辽河	西辽河	西拉木伦河及老哈河	−0.29	4
137	达林台诺尔	赤峰市	DW11	辽河	西辽河	西拉木伦河及老哈河	0.01	8
138	查干诺尔湖	赤峰市	DW12	辽河	西辽河	西拉木伦河及老哈河	0	8
139	将军泡子	赤峰市	DW14	辽河	西辽河	西拉木伦河及老哈河	−0.10	4
140	哈图渔场湖	赤峰市	DW19	辽河	西辽河	西拉木伦河及老哈河	−0.09	4
141	古伦温都尔泡子	通辽市	GN07	辽河	西辽河	西辽河(苏家铺以下)	0.07	8
142	公敖泡子	通辽市	GN15	辽河	西辽河	西辽河(苏家铺以下)	−0.03	4
143	协日嘎泡子	通辽市	G12	辽河	西辽河	西辽河(苏家铺以下)	−1.92	0
144	乌顺泡子	通辽市	G14	辽河	辽河干流	柳河口以上	−1.28	0

续表

序号	湖泊名称	盟市	普查号	一级流域	二级流域	三级流域	2019年面积变幅/km^2	考核赋分
145	乌苏恒恒格淖尔	通辽市	G15	辽河	辽河干流	柳河口以上	−0.21	4
146	伊和窑泡子	通辽市	G20	辽河	辽河干流	柳河口以上	−0.08	4
147	巴克窑泡子	通辽市	G21	辽河	辽河干流	柳河口以上	−0.20	4
148	西协力台泡子	通辽市	G22	辽河	辽河干流	柳河口以上	−0.14	4
149	蘑菇场泡子	赤峰市	DW16	海河	滦河及冀东沿海	滦河山区	−0.06	4
150	达特淖尔	锡林郭勒盟	HW02	海河	滦河及冀东沿海	滦河山区	−0.23	4
151	涝利海	乌兰察布市	JW11	海河	海河北系	永定河册田水库至三家店区间	−1.16	0
152	哈素海	呼和浩特市	A01	黄河	兰州至河口镇	石嘴山至河口镇北岸	−1.16	0
153	南湖	呼和浩特市	A02	黄河	兰州至河口镇	石嘴山至河口镇北岸	−0.03	4
154	南海子	包头市	B01	黄河	兰州至河口镇	石嘴山至河口镇北岸	−0.08	4
155	哈马太湖(哈玛尔太淖)	鄂尔多斯市	K15	黄河	兰州至河口镇	下河沿至石嘴山	0.13	8
156	小哈玛尔太湖(淖)	鄂尔多斯市	KW07	黄河	兰州至河口镇	下河沿至石嘴山	0.29	8
157	克仁格图淖	鄂尔多斯市	KW13	黄河	兰州至河口镇	下河沿至石嘴山	−0.16	4
158	大道图淖	鄂尔多斯市	KW17	黄河	兰州至河口镇	石嘴山至河口镇南岸	2.89	8
159	扎汗道图淖	鄂尔多斯市	KW18	黄河	兰州至河口镇	石嘴山至河口镇南岸	1.34	8
160	纳林湖	巴彦淖尔市	L01	黄河	兰州至河口镇	石嘴山至河口镇北岸	2.09	8
161	陈普海子	巴彦淖尔市	L02	黄河	兰州至河口镇	石嘴山至河口镇北岸	3.69	8
162	冬青湖	巴彦淖尔市	L03	黄河	兰州至河口镇	石嘴山至河口镇北岸	3.02	8

续表

序号	湖泊名称	盟市	普查号	一级流域	二级流域	三级流域	2019 年面积变幅/km^2	考核赋分
163	八连海子	巴彦淖尔市	L04	黄河	兰州至河口镇	石嘴山至河口镇北岸	0.54	8
164	包勒浩特海子	巴彦淖尔市	L05	黄河	兰州至河口镇	石嘴山至河口镇北岸	1.23	8
165	沟心庙(上河图海子)	巴彦淖尔市	L06	黄河	兰州至河口镇	石嘴山至河口镇北岸	1.94	8
166	银沙湖(西海子)	巴彦淖尔市	L07	黄河	兰州至河口镇	石嘴山至河口镇北岸	0.41	8
167	哈尔布图海子	巴彦淖尔市	L08	黄河	兰州至河口镇	石嘴山至河口镇北岸	0.99	8
168	巴彦套海 1(古龙滩海子)	巴彦淖尔市	L10	黄河	兰州至河口镇	石嘴山至河口镇北岸	1.03	8
169	九公里海子(海洁湖)	巴彦淖尔市	L11	黄河	兰州至河口镇	石嘴山至河口镇北岸	2.59	8
170	东海子	巴彦淖尔市	L12	黄河	兰州至河口镇	石嘴山至河口镇北岸	0.43	8
171	点力素海子	巴彦淖尔市	L13	黄河	兰州至河口镇	石嘴山至河口镇北岸	0.23	8
172	阿尔阿布海(沃门阿布湖)	巴彦淖尔市	L15	黄河	兰州至河口镇	石嘴山至河口镇北岸	0.33	8
173	胜利大海子(海子堰海子)	巴彦淖尔市	L16	黄河	兰州至河口镇	石嘴山至河口镇北岸	0.78	8
174	乌梁素海	巴彦淖尔市	L18	黄河	兰州至河口镇	石嘴山至河口镇北岸	−5.04	0
175	牧羊海	巴彦淖尔市	L19	黄河	兰州至河口镇	石嘴山至河口镇北岸	0.60	8
176	哈尔呼热(奈伦湖)	巴彦淖尔市	LW01	黄河	兰州至河口镇	石嘴山至河口镇北岸	25.90	8
177	万泉湖	巴彦淖尔市	LW02	黄河	兰州至河口镇	石嘴山至河口镇北岸	5.93	8
178	金马湖	巴彦淖尔市	LW03	黄河	兰州至河口镇	石嘴山至河口镇北岸	2.05	8
179	南湖	巴彦淖尔市	LW04	黄河	兰州至河口镇	石嘴山至河口镇北岸	0.42	8
180	北海	巴彦淖尔市	LW05	黄河	兰州至河口镇	石嘴山至河口镇北岸	1.46	8

续表

序号	湖泊名称	盟市	普查号	一级流域	二级流域	三级流域	2019年面积变幅/km^2	考核赋分
181	天鹅湖	巴彦淖尔市	LW07	黄河	兰州至河口镇	石嘴山至河口镇北岸	1.48	8
182	青龙湾（八连海子）	巴彦淖尔市	LW08	黄河	兰州至河口镇	石嘴山至河口镇北岸	1.23	8
183	镜湖	巴彦淖尔市	LW09	黄河	兰州至河口镇	石嘴山至河口镇北岸	1.70	8
184	多蓝湖	巴彦淖尔市	LW10	黄河	兰州至河口镇	石嘴山至河口镇北岸	5.71	8
185	青春湖	巴彦淖尔市	LW11	黄河	兰州至河口镇	石嘴山至河口镇北岸	0.40	8
186	班禅召海子	巴彦淖尔市	LW13	黄河	兰州至河口镇	石嘴山至河口镇北岸	0.64	8
187	新华南海子	巴彦淖尔市	LW14	黄河	兰州至河口镇	石嘴山至河口镇北岸	0.36	8
188	新利海子	巴彦淖尔市	LW15	黄河	兰州至河口镇	石嘴山至河口镇北岸	0.38	8
189	郝驴驹海子	巴彦淖尔市	LW16	黄河	兰州至河口镇	石嘴山至河口镇北岸	1.22	8
190	张连生海子	巴彦淖尔市	LW17	黄河	兰州至河口镇	石嘴山至河口镇北岸	0.84	8
191	熊家海子	巴彦淖尔市	LW18	黄河	兰州至河口镇	石嘴山至河口镇北岸	0.26	8
192	蛮克素海子	巴彦淖尔市	LW22	黄河	兰州至河口镇	石嘴山至河口镇北岸	0.12	8
193	烂韩贵海子	巴彦淖尔市	LW25	黄河	兰州至河口镇	石嘴山至河口镇北岸	0.30	8
194	鸭子场海子	巴彦淖尔市	LW26	黄河	兰州至河口镇	石嘴山至河口镇北岸	0.10	8
195	王陈四海子	巴彦淖尔市	LW32	黄河	兰州至河口镇	石嘴山至河口镇北岸	0.38	8
196	大仙庙海子	巴彦淖尔市	LW39	黄河	兰州至河口镇	石嘴山至河口镇北岸	0.63	8
197	黑水卜洞	巴彦淖尔市	LW40	黄河	兰州至河口镇	石嘴山至河口镇北岸	0.73	8
198	红旗力存农庄海子	巴彦淖尔市	LW41	黄河	兰州至河口镇	石嘴山至河口镇北岸	−0.05	4

续表

序号	湖泊名称	盟市	普查号	一级流域	二级流域	三级流域	2019年面积变幅/km^2	考核赋分
199	塔尔湾海子	巴彦淖尔市	LW43	黄河	兰州至河口镇	石嘴山至河口镇北岸	0.03	8
200	大碱湖	巴彦淖尔市	LW45	黄河	兰州至河口镇	石嘴山至河口镇北岸	4.95	8
201	头道桥度假村湖	巴彦淖尔市	LW46	黄河	兰州至河口镇	石嘴山至河口镇北岸	0.34	8
202	润昇湖	巴彦淖尔市	LW48	黄河	兰州至河口镇	石嘴山至河口镇北岸	1.88	8
203	冬青坑	阿拉善盟	M10	黄河	兰州至河口镇	石嘴山至河口镇北岸	3.51	8
204	永丰村南湖	包头市	BN03	黄河	兰州至河口镇	石嘴山至河口镇北岸	0.91	8
205	大青龙湖	鄂尔多斯市	KN03	黄河	兰州至河口镇	石嘴山至河口镇南岸	1.26	8
206	张吉淖	鄂尔多斯市	KN04	黄河	兰州至河口镇	石嘴山至河口镇南岸	2.70	8
207	东红海子	鄂尔多斯市	K24	黄河	河口镇至龙门	吴家堡以上右岸	−0.01	4
208	西红海子	鄂尔多斯市	K25	黄河	河口镇至龙门	吴家堡以上右岸	0.93	8
209	赛台吉湖	鄂尔多斯市	KW02	黄河	河口镇至龙门	吴家堡以上右岸	−0.03	4
210	包尔汗达布素淖	鄂尔多斯市	K02	黄河	内流区	内流区	0.19	8
211	陶高图淖尔	鄂尔多斯市	K03	黄河	内流区	内流区	0.56	8
212	凯凯淖	鄂尔多斯市	K04	黄河	内流区	内流区	−0.30	4
213	乌杜淖	鄂尔多斯市	K05	黄河	内流区	内流区	−0.91	0
214	达楞图如湖(达拉图鲁湖)	鄂尔多斯市	K07	黄河	内流区	内流区	−1.61	0
215	纳林淖尔(小)	鄂尔多斯市	K09	黄河	内流区	内流区	−2.89	0
216	巴音淖(巴彦淖)	鄂尔多斯市	K10	黄河	内流区	内流区	−0.75	0

续表

序号	湖泊名称	盟市	普查号	一级流域	二级流域	三级流域	2019年面积变幅/km²	考核赋分
217	小湖	鄂尔多斯市	K11	黄河	内流区	内流区	−0.55	0
218	小克泊尔	鄂尔多斯市	K12	黄河	内流区	内流区	−0.67	0
219	大克泊尔	鄂尔多斯市	K13	黄河	内流区	内流区	−0.33	4
220	查汉(汗)淖尔	鄂尔多斯市	K14	黄河	内流区	内流区	−0.20	4
221	北大池	鄂尔多斯市	K16	黄河	内流区	内流区	−1.80	0
222	五湖都格淖	鄂尔多斯市	K17	黄河	内流区	内流区	−0.58	0
223	察汗淖	鄂尔多斯市	K19	黄河	内流区	内流区	8.94	8
224	红海子	鄂尔多斯市	K20	黄河	内流区	内流区	2.23	8
225	红碱淖	鄂尔多斯市	K21	黄河	内流区	内流区	0.95	8
226	神海子	鄂尔多斯市	K27	黄河	内流区	内流区	−1.09	0
227	马奶湖及其和淖儿(赤盖淖)	鄂尔多斯市	K30	黄河	内流区	内流区	−0.03	4
228	哈达图淖(黑炭淖)	鄂尔多斯市	K31	黄河	内流区	内流区	−0.58	0
229	合同察汗淖尔湖(胡同察汗淖尔)	鄂尔多斯市	K33	黄河	内流区	内流区	0.78	8
230	巴汗淖尔湖	鄂尔多斯市	K34	黄河	内流区	内流区	−10.76	0
231	苏贝淖尔湖	鄂尔多斯市	K35	黄河	内流区	内流区	−1.46	0
232	奥木摆淖(呼和陶勒盖敖木白淖或者奥摆淖)	鄂尔多斯市	K36	黄河	内流区	内流区	−1.41	0
233	呼和淖尔	鄂尔多斯市	K37	黄河	内流区	内流区	−0.08	4

续表

序号	湖泊名称	盟市	普查号	一级流域	二级流域	三级流域	2019年面积变幅/km^2	考核赋分
234	巴音淖(巴彦淖尔)	鄂尔多斯市	K38	黄河	内流区	内流区	−1.39	0
235	召稍湖(早稍湖)	鄂尔多斯市	KW04	黄河	内流区	内流区	−0.15	4
236	小纳林湖	鄂尔多斯市	KW05	黄河	内流区	内流区	−0.01	4
237	什拉布都湖(什拉布日都淖)	鄂尔多斯市	KW08	黄河	内流区	内流区	−0.78	0
238	昌汗淖	鄂尔多斯市	KW16	黄河	内流区	内流区	−0.21	4
239	小淖滩	鄂尔多斯市	KW20	黄河	内流区	内流区	−0.35	4
240	巴音盖淖	鄂尔多斯市	KW21	黄河	内流区	内流区	−0.51	0
241	巴日宋古淖尔	鄂尔多斯市	KW24	黄河	内流区	内流区	−0.17	4
242	古日班乌兰淖尔	鄂尔多斯市	KW25	黄河	内流区	内流区	−0.24	4
243	呼和陶勒盖淖尔	鄂尔多斯市	KW33	黄河	内流区	内流区	0.30	8
244	木都察干淖尔湖	鄂尔多斯市	KW36	黄河	内流区	内流区	−1.46	0
245	查汗苏莫人工湖	鄂尔多斯市	KW39	黄河	内流区	内流区	−0.01	4
246	马哈图淖(芒哈图淖尔)	鄂尔多斯市	KW41	黄河	内流区	内流区	−0.37	4
247	盐海子	鄂尔多斯市	KN01	黄河	内流区	内流区	16.35	8
248	浩勒报吉淖尔	鄂尔多斯市	KN02	黄河	内流区	内流区	0.56	8
249	阿日善淖尔	鄂尔多斯市	KN05	黄河	内流区	内流区	1.23	8
250	察汗淖(查干淖湖泊)	鄂尔多斯市	K23	黄河	内流区	内流区	1.68	8
251	光明海(光明淖、光明海子)	鄂尔多斯市	K26	黄河	内流区	内流区	−0.54	0

续表

序号	湖泊名称	盟市	普查号	一级流域	二级流域	三级流域	2019 年面积变幅/km^2	考核赋分
252	奎子淖(奎生淖、葵苏淖尔湖)	鄂尔多斯市	K29	黄河	内流区	内流区	−0.37	4
253	赛打不素淖	包头市	B03	西北诸河	内蒙古高原内陆河	内蒙古高原内陆区西部	−0.81	0
254	达里诺尔	赤峰市	D05	西北诸河	内蒙古高原内陆河	内蒙古高原内陆区东部	−9.08	0
255	多伦诺尔	赤峰市	D06	西北诸河	内蒙古高原内陆河	内蒙古高原内陆区东部	0.01	8
256	岗更诺尔	赤峰市	D07	西北诸河	内蒙古高原内陆河	内蒙古高原内陆区东部	−0.52	0
257	查干淖尔	锡林郭勒盟	H01	西北诸河	内蒙古高原内陆河	内蒙古高原内陆区东部	−0.54	0
258	伊和浩勒图淖日	锡林郭勒盟	H02	西北诸河	内蒙古高原内陆河	内蒙古高原内陆区东部	−0.62	0
259	桑根达来淖尔	锡林郭勒盟	H03	西北诸河	内蒙古高原内陆河	内蒙古高原内陆区东部	−0.29	4
260	扎格斯台淖尔	锡林郭勒盟	H04	西北诸河	内蒙古高原内陆河	内蒙古高原内陆区东部	−2.87	0
261	扎嘎苏台淖日(小扎格斯台淖尔)	锡林郭勒盟	H05	西北诸河	内蒙古高原内陆河	内蒙古高原内陆区东部	−0.19	4
262	查干诺尔	锡林郭勒盟	H07	西北诸河	内蒙古高原内陆河	内蒙古高原内陆区东部	−0.19	4
263	乌兰淖日	锡林郭勒盟	H12	西北诸河	内蒙古高原内陆河	内蒙古高原内陆区东部	−0.02	4
264	达布森淖日	锡林郭勒盟	H13	西北诸河	内蒙古高原内陆河	内蒙古高原内陆区东部	1.24	8
265	德格杜乌兰淖日	锡林郭勒盟	H14	西北诸河	内蒙古高原内陆河	内蒙古高原内陆区东部	−0.38	4
266	棺材山淖尔	锡林郭勒盟	H15	西北诸河	内蒙古高原内陆河	内蒙古高原内陆区东部	3.29	8
267	九连城淖	锡林郭勒盟	H17	西北诸河	内蒙古高原内陆河	内蒙古高原内陆区东部	−1.35	0
268	霍布仁诺尔湖	锡林郭勒盟	H18	西北诸河	内蒙古高原内陆河	内蒙古高原内陆区东部	0.12	8
269	其格恩淖	锡林郭勒盟	H20	西北诸河	内蒙古高原内陆河	内蒙古高原内陆区东部	−0.54	0

续表

序号	湖泊名称	盟市	普查号	一级流域	二级流域	三级流域	2019年面积变幅/km²	考核赋分
270	夏尔噶音淖尔	锡林郭勒盟	H21	西北诸河	内蒙古高原内陆河	内蒙古高原内陆区东部	−0.56	0
271	亚姆诺尔	锡林郭勒盟	H22	西北诸河	内蒙古高原内陆河	内蒙古高原内陆区东部	−1.72	0
272	哈达其格恩淖尔	锡林郭勒盟	H24	西北诸河	内蒙古高原内陆河	内蒙古高原内陆区东部	−0.56	0
273	伊和淖尔	锡林郭勒盟	H25	西北诸河	内蒙古高原内陆河	内蒙古高原内陆区东部	−1.32	0
274	乌兰淖	锡林郭勒盟	H27	西北诸河	内蒙古高原内陆河	内蒙古高原内陆区东部	−0.84	0
275	巴彦淖尔	锡林郭勒盟	H28	西北诸河	内蒙古高原内陆河	内蒙古高原内陆区东部	−4.16	0
276	布拉格	锡林郭勒盟	H30	西北诸河	内蒙古高原内陆河	内蒙古高原内陆区东部	−1.59	0
277	扎格斯台	锡林郭勒盟	H31	西北诸河	内蒙古高原内陆河	内蒙古高原内陆区东部	−0.16	4
278	巴彦呼热淖尔	锡林郭勒盟	H32	西北诸河	内蒙古高原内陆河	内蒙古高原内陆区东部	−2.62	0
279	哈布特盖淖日	锡林郭勒盟	H33	西北诸河	内蒙古高原内陆河	内蒙古高原内陆区东部	−3.87	0
280	查干诺尔	锡林郭勒盟	H36	西北诸河	内蒙古高原内陆河	内蒙古高原内陆区东部	−1.15	0
281	柴达木淖日	锡林郭勒盟	H38	西北诸河	内蒙古高原内陆河	内蒙古高原内陆区东部	0.08	8
282	额吉淖日	锡林郭勒盟	H39	西北诸河	内蒙古高原内陆河	内蒙古高原内陆区东部	1.96	8
283	绍荣根诺尔	锡林郭勒盟	H40	西北诸河	内蒙古高原内陆河	内蒙古高原内陆区东部	−3.45	0
284	准日巴日	锡林郭勒盟	H42	西北诸河	内蒙古高原内陆河	内蒙古高原内陆区东部	−0.36	4
285	乌兰盖戈壁	锡林郭勒盟	H43	西北诸河	内蒙古高原内陆河	内蒙古高原内陆区东部	40.48	8
286	乌兰诺尔	锡林郭勒盟	H44	西北诸河	内蒙古高原内陆河	内蒙古高原内陆区东部	−0.18	4
287	巴润夏巴尔	锡林郭勒盟	H45	西北诸河	内蒙古高原内陆河	内蒙古高原内陆区东部	−5.67	0

续表

序号	湖泊名称	盟市	普查号	一级流域	二级流域	三级流域	2019年面积变幅/km^2	考核赋分
288	伊和沙巴尔	锡林郭勒盟	H47	西北诸河	内蒙古高原内陆河	内蒙古高原内陆区东部	−1.55	0
289	巴音高勒水库	锡林郭勒盟	HW09	西北诸河	内蒙古高原内陆河	内蒙古高原内陆区东部	−0.02	4
290	查干水库	锡林郭勒盟	HW10	西北诸河	内蒙古高原内陆河	内蒙古高原内陆区东部	−0.51	0
291	呼布尔淖	锡林郭勒盟	HW11	西北诸河	内蒙古高原内陆河	内蒙古高原内陆区东部	−0.06	4
292	布尔德淖日	锡林郭勒盟	HW17	西北诸河	内蒙古高原内陆河	内蒙古高原内陆区东部	−0.26	4
293	黄旗海	乌兰察布市	J02	西北诸河	内蒙古高原内陆河	内蒙古高原内陆区西部	−3.40	0
294	岱海	乌兰察布市	J03	西北诸河	内蒙古高原内陆河	内蒙古高原内陆区西部	−4.58	0
295	白音淖尔	乌兰察布市	J04	西北诸河	内蒙古高原内陆河	内蒙古高原内陆区西部	0.34	8
296	乌兰忽少(天鹅湖)	乌兰察布市	J06	西北诸河	内蒙古高原内陆河	内蒙古高原内陆区西部	−0.16	4
297	察汗淖	乌兰察布市	J13	西北诸河	内蒙古高原内陆河	内蒙古高原内陆区西部	20.96	8
298	七彩湖(田土沟湖)	乌兰察布市	JW04	西北诸河	内蒙古高原内陆河	内蒙古高原内陆区西部	0.88	8
299	四台坊淖	乌兰察布市	JW07	西北诸河	内蒙古高原内陆河	内蒙古高原内陆区西部	−0.31	4
300	西十大股淖	乌兰察布市	JW08	西北诸河	内蒙古高原内陆河	内蒙古高原内陆区西部	−0.01	4
301	巴润查干淖尔	锡林郭勒盟	HN07	西北诸河	内蒙古高原内陆河	内蒙古高原内陆区东部	−0.13	4
302	巴润达来	锡林郭勒盟	HN08	西北诸河	内蒙古高原内陆河	内蒙古高原内陆区东部	0.04	8
303	巴彦淖尔	锡林郭勒盟	HN09	西北诸河	内蒙古高原内陆河	内蒙古高原内陆区东部	−2.01	0
304	宝楞查干淖尔	锡林郭勒盟	HN10	西北诸河	内蒙古高原内陆河	内蒙古高原内陆区东部	0.13	8
305	德额得玛塔勒	锡林郭勒盟	HN11	西北诸河	内蒙古高原内陆河	内蒙古高原内陆区东部	0.72	8

续表

序号	湖泊名称	盟市	普查号	一级流域	二级流域	三级流域	2019年面积变幅/km^2	考核赋分
306	迪黑木音高毕	锡林郭勒盟	HN12	西北诸河	内蒙古高原内陆河	内蒙古高原内陆区东部	0.35	8
307	阿日毕图呼淖尔	锡林郭勒盟	HN16	西北诸河	内蒙古高原内陆河	内蒙古高原内陆区东部	0	4
308	达嘎淖日	锡林郭勒盟	HN17	西北诸河	内蒙古高原内陆河	内蒙古高原内陆区东部	−0.32	4
309	德德孙达拉淖尔	锡林郭勒盟	HN18	西北诸河	内蒙古高原内陆河	内蒙古高原内陆区东部	−0.92	0
310	敦达淖尔	锡林郭勒盟	HN23	西北诸河	内蒙古高原内陆河	内蒙古高原内陆区东部	−0.75	0
311	巴彦淖尔	锡林郭勒盟	HN24	西北诸河	内蒙古高原内陆河	内蒙古高原内陆区东部	0.01	8
312	准赛罕淖日	锡林郭勒盟	HN25	西北诸河	内蒙古高原内陆河	内蒙古高原内陆区东部	−0.91	0
313	道都夏日淖尔	锡林郭勒盟	HN28	西北诸河	内蒙古高原内陆河	内蒙古高原内陆区东部	−0.89	0
314	鸿图音淖尔	锡林郭勒盟	HN31	西北诸河	内蒙古高原内陆河	内蒙古高原内陆区东部	−0.39	4
315	陶森舒	锡林郭勒盟	HN34	西北诸河	内蒙古高原内陆河	内蒙古高原内陆区东部	0.01	8
316	阿尔善特	锡林郭勒盟	HN35	西北诸河	内蒙古高原内陆河	内蒙古高原内陆区东部	−4.06	0
317	查干诺尔	锡林郭勒盟	HN36	西北诸河	内蒙古高原内陆河	内蒙古高原内陆区东部	−1.07	0
318	额日根淖尔	锡林郭勒盟	HN37	西北诸河	内蒙古高原内陆河	内蒙古高原内陆区东部	−0.23	4
319	贺斯格淖日	锡林郭勒盟	HN39	西北诸河	内蒙古高原内陆河	内蒙古高原内陆区东部	−0.02	4
320	浑德仑诺尔	锡林郭勒盟	HN41	西北诸河	内蒙古高原内陆河	内蒙古高原内陆区东部	−15.33	0
321	塔日牙诺尔	锡林郭勒盟	HN45	西北诸河	内蒙古高原内陆河	内蒙古高原内陆区东部	0.20	8
322	乌兰诺尔	锡林郭勒盟	HN46	西北诸河	内蒙古高原内陆河	内蒙古高原内陆区东部	0.03	8
323	乌日图淖日	锡林郭勒盟	HN47	西北诸河	内蒙古高原内陆河	内蒙古高原内陆区东部	−1.73	0

续表

序号	湖泊名称	盟市	普查号	一级流域	二级流域	三级流域	2019年面积变幅/km^2	考核赋分
324	伊和宝德日根淖日	锡林郭勒盟	HN49	西北诸河	内蒙古高原内陆河	内蒙古高原内陆区东部	0.01	8
325	伊和诺尔	锡林郭勒盟	HN51	西北诸河	内蒙古高原内陆河	内蒙古高原内陆区东部	−3.94	0
326	伊和诺尔	锡林郭勒盟	HN52	西北诸河	内蒙古高原内陆河	内蒙古高原内陆区东部	−0.24	4
327	阿拉坦高勒	锡林郭勒盟	HN55	西北诸河	内蒙古高原内陆河	内蒙古高原内陆区东部	0.29	8
328	查干淖尔	锡林郭勒盟	HN59	西北诸河	内蒙古高原内陆河	内蒙古高原内陆区东部	−0.53	0
329	查干淖尔	锡林郭勒盟	HN60	西北诸河	内蒙古高原内陆河	内蒙古高原内陆区东部	−3.44	0
330	伊和达布斯	锡林郭勒盟	HN33	西北诸河	内蒙古高原内陆河	内蒙古高原内陆区东部	3.00	8
331	伊克尔	阿拉善盟	M01	西北诸河	河西走廊内陆区	河西荒漠区	0.13	8
332	艾伊特	阿拉善盟	M04	西北诸河	河西走廊内陆区	河西荒漠区	0.03	8
333	哈尔斯台(蚊子湖)	阿拉善盟	M05	西北诸河	河西走廊内陆区	河西荒漠区	0.06	8
334	通古楼淖尔	阿拉善盟	M06	西北诸河	河西走廊内陆区	河西荒漠区	0.15	8
335	巴彦霍勒(巴彦霍)	阿拉善盟	M08	西北诸河	河西走廊内陆区	河西荒漠区	0.07	8
336	珠斯朗	阿拉善盟	M09	西北诸河	河西走廊内陆区	河西荒漠区	0.09	8
337	图克木湖	阿拉善盟	M11	西北诸河	河西走廊内陆区	河西荒漠区	4.00	8
338	巴彦达来湖	阿拉善盟	M12	西北诸河	河西走廊内陆区	河西荒漠区	−1.45	0
339	乌尔塔查干柴达木	阿拉善盟	M16	西北诸河	河西走廊内陆区	河西荒漠区	−0.02	4
340	克尔森柴达木	阿拉善盟	M18	西北诸河	河西走廊内陆区	河西荒漠区	0.20	8
341	包尔达布苏	阿拉善盟	M19	西北诸河	河西走廊内陆区	河西荒漠区	−0.14	4

续表

序号	湖泊名称	盟市	普查号	一级流域	二级流域	三级流域	2019年面积变幅/km^2	考核赋分
342	吉兰泰盐湖1	阿拉善盟	M22	西北诸河	河西走廊内陆区	河西荒漠区	−3.29	0
343	巴音布尔都高勒	阿拉善盟	M24	西北诸河	河西走廊内陆区	河西荒漠区	−8.54	0
344	基龙通古哈格	阿拉善盟	M25	西北诸河	河西走廊内陆区	河西荒漠区	−3.75	0
345	克头湖	阿拉善盟	M27	西北诸河	河西走廊内陆区	河西荒漠区	5.66	8
346	和屯盐池	阿拉善盟	M29	西北诸河	河西走廊内陆区	河西荒漠区	−0.48	4
347	查汉布鲁格(查汗池)	阿拉善盟	M30	西北诸河	河西走廊内陆区	河西荒漠区	0.15	8
348	哈克图湖	阿拉善盟	M33	西北诸河	河西走廊内陆区	河西荒漠区	0.22	8
349	巴润吉浪	阿拉善盟	M34	西北诸河	河西走廊内陆区	河西荒漠区	0.02	8
350	黑盐湖	阿拉善盟	M35	西北诸河	河西走廊内陆区	河西荒漠区	0.05	8
351	那仁哈嘎湖(那仁哈)	阿拉善盟	M38	西北诸河	河西走廊内陆区	河西荒漠区	0.12	8
352	呼尔木图	阿拉善盟	M41	西北诸河	河西走廊内陆区	河西荒漠区	−0.30	4
353	图兰特高勒	阿拉善盟	M47	西北诸河	河西走廊内陆区	河西荒漠区	−2.42	0
354	巴润吉林	阿拉善盟	M51	西北诸河	河西走廊内陆区	河西荒漠区	0	4
355	巴兴高勒湖	阿拉善盟	M52	西北诸河	河西走廊内陆区	河西荒漠区	0.36	8
356	布尔德	阿拉善盟	M53	西北诸河	河西走廊内陆区	河西荒漠区	0.03	8
357	车日格勒	阿拉善盟	M54	西北诸河	河西走廊内陆区	河西荒漠区	−0.02	4
358	伊和高勒湖	阿拉善盟	M55	西北诸河	河西走廊内陆区	河西荒漠区	1.05	8
359	呼和吉林	阿拉善盟	M56	西北诸河	河西走廊内陆区	河西荒漠区	0.01	8

续表

序号	湖泊名称	盟市	普查号	一级流域	二级流域	三级流域	2019年面积变幅/km²	考核赋分
360	诺尔图湖	阿拉善盟	M57	西北诸河	河西走廊内陆区	河西荒漠区	−0.02	4
361	树贵湖	阿拉善盟	M58	西北诸河	河西走廊内陆区	河西荒漠区	−0.32	4
362	音德尔图(建设海子)	阿拉善盟	M59	西北诸河	河西走廊内陆区	河西荒漠区	0.01	8
363	伊和吉格德	阿拉善盟	M60	西北诸河	河西走廊内陆区	河西荒漠区	0.01	8
364	东居延海	阿拉善盟	M61	西北诸河	河西走廊内陆区	黑河	−61.99	0
365	河西新湖	阿拉善盟	M62	西北诸河	河西走廊内陆区	黑河	−0.04	4
366	毛布拉湖(东湖)	阿拉善盟	M63	西北诸河	河西走廊内陆区	河西荒漠区	−2.49	0
367	额很诺尔图	阿拉善盟	MW01	西北诸河	河西走廊内陆区	河西荒漠区	0.01	8
368	阿特格伊克尔	阿拉善盟	MW02	西北诸河	河西走廊内陆区	河西荒漠区	−0.07	4
369	乌兰霍图	阿拉善盟	MW03	西北诸河	河西走廊内陆区	河西荒漠区	0.08	8
370	额很伊克尔	阿拉善盟	MW04	西北诸河	河西走廊内陆区	河西荒漠区	0.13	8
371	哈特尔(月亮湖)	阿拉善盟	MW10	西北诸河	河西走廊内陆区	河西荒漠区	0	8
372	雅布赖盐湖	阿拉善盟	MW12	西北诸河	河西走廊内陆区	河西荒漠区	0.98	8
373	西居延海	阿拉善盟	MW15	西北诸河	河西走廊内陆区	黑河	26.72	8
374	天鹅湖(进素土海子)	阿拉善盟	MW17	西北诸河	河西走廊内陆区	黑河	−20.20	0
375	巴嘎乌兰高勒(天鹅湖)	阿拉善盟	MW19	西北诸河	河西走廊内陆区	河西荒漠区	0.06	8
376	中泉子盐湖	阿拉善盟	MW21	西北诸河	河西走廊内陆区	河西荒漠区	0.94	8
377	通湖	阿拉善盟	MW22	西北诸河	河西走廊内陆区	河西荒漠区	0.09	8

附表 3　　内蒙古自治区不同时期各二级区湖泊水面面积变化统计

单位：km^2

一级区	二级区	不同时期湖泊面积															
		1986 年	1987 年	1988 年	1989 年	1990 年	1991 年	1992 年	1993 年	1994 年	1995 年	1996 年	1997 年	1998 年	1999 年	2000 年	2001 年
松花江	额尔古纳	2974.39	2909.49	2990.65	2999.38	3088.26	3142.85	3133.07	3142.65	3122.65	3269.12	3274.87	3093.92	3494.34	3372.63	3163.94	3084.88
	嫩江	95.53	106.97	116.00	94.19	172.47	103.73	150.03	173.78	174.42	143.30	140.70	109.79	189.62	128.18	97.33	66.08
	小计	3069.92	3016.46	3106.64	3093.57	3260.73	3246.58	3283.10	3316.42	3297.07	3412.43	3415.57	3203.72	3683.97	3500.81	3261.27	3150.96
辽河	西辽河	195.95	180.99	135.60	130.96	143.93	170.81	169.76	164.49	215.09	185.59	162.89	151.59	235.96	118.85	154.74	121.15
	辽河干流	12.33	11.89	13.30	12.52	12.02	14.42	16.75	0	17.35	14.07	10.78	9.90	17.60	0	10.28	9.96
	小计	208.28	192.88	148.90	143.48	155.95	185.23	186.51	164.49	232.44	199.66	173.67	161.49	253.56	118.85	165.02	131.11
海河	滦河	2.22	1.46	0.64	0.47	0.57	0.68	0.91	0.93	0.82	0.88	0.68	0.77	0.74	0.72	0.66	0.57
	海河北系	2.97	6.14	4.86	5.03	5.83	3.43	5.82	4.21	5.83	6.15	5.82	3.43	4.27	5.08	3.05	4.65
	小计	5.18	7.60	5.50	5.50	6.40	4.12	6.72	5.14	6.65	7.04	6.50	4.20	5.02	5.80	3.70	5.21
黄河	兰州至河口	363.52	314.28	401.67	426.93	420.80	395.99	417.32	394.12	401.10	432.95	454.03	434.77	412.62	405.68	407.01	368.88
	河口至龙门	9.83	8.16	10.62	8.98	6.82	7.16	11.15	8.38	11.42	12.26	12.81	10.86	11.79	7.78	4.54	1.08
	内流区	239.35	222.38	281.93	272.91	176.95	192.92	274.62	243.26	290.21	283.51	280.43	243.18	264.91	171.38	167.20	111.49
	小计	612.70	544.82	694.22	708.82	604.56	596.08	703.09	645.76	702.73	728.72	747.27	688.81	689.32	584.84	578.75	481.45
西北诸河	内蒙古高原	774.78	872.90	1089.85	900.62	890.76	1322.29	1337.01	1324.27	1222.10	1403.03	1032.86	875.43	1675.36	1528.51	1239.55	1129.80
	河西走廊	157.40	172.46	131.18	352.02	323.73	376.25	317.75	191.04	326.28	339.53	439.32	292.85	196.34	230.05	198.75	248.41
	小计	932.19	1045.36	1221.03	1252.64	1214.50	1698.54	1654.77	1515.31	1548.38	1742.56	1472.19	1168.28	1871.69	1758.56	1438.30	1378.21
内蒙古自治区		4828.27	4807.12	5176.30	5204.01	5242.14	5730.55	5834.19	5647.12	5787.26	6090.41	5815.21	5226.50	6503.56	5968.86	5447.04	5146.95

续表

一级区	二级区	不同时期湖泊面积																
		2002年	2003年	2004年	2005年	2006年	2007年	2008年	2009年	2010年	2011年	2013年	2014年	2015年	2016年	2017年	2018年	2019年
松花江	额尔古纳	3034.04	2999.84	2859.53	2735.88	2724.95	2666.40	2629.20	2552.62	2554.33	2555.85	2794.40	2893.50	2885.06	2887.63	2856.77	2860.23	2882.89
	嫩江	53.48	118.12	74.39	168.65	173.92	128.60	164.53	177.09	153.60	188.22	214.21	191.15	194.81	152.66	150.99	176.43	183.79
	小计	3087.52	3117.96	2933.92	2904.53	2898.87	2795.00	2793.73	2729.71	2707.93	2744.07	3008.61	3084.65	3079.88	3040.29	3007.76	3036.66	3066.68
辽河	西辽河	89.45	116.08	86.37	132.01	112.95	93.90	108.12	68.38	92.37	85.11	135.62	120.35	115.50	118.84	110.23	98.47	90.68
	辽河干流	4.75	8.37	6.46	12.27	9.61	8.18	9.85	5.47	14.34	9.52	16.01	11.83	9.68	9.38	10.09	7.32	7.46
	小计	94.20	124.45	92.84	144.28	122.56	102.08	117.98	73.85	106.71	94.62	151.63	132.18	125.18	128.21	120.31	105.79	98.14
海河	滦河	0.52	0.51	0.56	0.49	0.47	0.53	0.49	0.46	0.45	0.48	0.73	0.75	0.82	0.84	0.78	0.67	0.56
	海河北系	4.75	4.35	4.32	2.44	2.10	3.58	3.33	1.26	4.91	2.40	1.28	0.72	0.52	1.92	0.66	1.89	0.81
	小计	5.27	4.86	4.89	2.93	2.57	4.11	3.81	1.71	5.36	2.88	2.01	1.47	1.34	2.76	1.44	2.55	1.36
黄河	兰州至河口	403.31	421.59	377.58	433.58	388.80	408.08	428.25	410.70	431.00	409.86	444.76	434.65	423.79	426.58	417.52	475.33	512.26
	河口至龙门	7.52	5.43	7.54	3.60	2.54	3.19	6.41	4.41	5.13	2.78	11.79	12.14	10.33	14.07	12.07	11.10	14.42
	内流区	242.45	237.98	257.34	180.73	168.66	210.66	265.27	183.69	156.83	68.56	192.11	169.15	134.77	235.60	192.94	222.72	241.92
	小计	653.28	665.00	642.46	617.91	560.00	621.93	699.94	598.80	592.97	481.19	648.66	615.93	568.89	676.25	622.53	709.16	768.61
西北诸河	内蒙古高原	883.50	1006.62	858.34	660.55	645.78	604.07	669.33	493.39	459.90	824.73	933.69	750.05	691.65	691.48	567.44	791.46	636.83
	河西走廊	231.19	384.28	422.95	270.79	338.04	407.51	547.83	268.17	189.28	239.59	199.71	196.94	224.92	331.25	266.77	451.69	269.80
	小计	1114.69	1390.90	1281.30	931.33	983.82	1011.58	1217.16	761.56	649.19	1064.31	1133.40	946.99	916.57	1022.73	834.20	1243.15	906.63
内蒙古自治区		4954.96	5303.18	4955.40	4600.98	4567.83	4534.70	4832.62	4165.63	4062.15	4387.08	4944.30	4781.23	4691.85	4870.25	4586.24	5097.31	4841.43

附表 4　**内蒙古自治区不同时期各盟市湖泊水面面积变化统计**　单位：km^2

二级区	不同时期湖泊面积															
	1986年	1987年	1988年	1989年	1990年	1991年	1992年	1993年	1994年	1995年	1996年	1997年	1998年	1999年	2000年	2001年
呼伦贝尔市	2971.07	2906.04	2987.49	2995.17	3085.71	3139.61	3129.96	3139.61	3118.76	3266.11	3269.01	3088.08	3488.72	3369.59	3160.39	3082.12
兴安盟	106.56	121.33	129.04	101.66	179.30	116.82	159.06	198.32	188.64	154.03	153.46	123.04	209.32	133.44	105.68	70.68
通辽市	144.59	129.86	125.51	99.42	104.56	123.11	132.59	86.17	167.77	142.95	116.85	103.97	183.24	68.62	116.84	88.13
赤峰市	300.43	296.11	255.65	276.95	286.42	294.85	294.71	303.71	300.48	292.10	294.86	294.91	304.29	296.29	289.37	282.27
锡林郭勒盟	466.03	394.14	565.50	476.20	363.46	824.24	833.71	847.36	741.80	898.46	624.39	382.09	1190.39	1040.05	826.82	718.19
乌兰察布市	69.32	242.15	264.39	185.53	271.53	257.60	262.74	234.65	210.57	268.47	168.22	248.20	240.71	230.60	169.79	175.39
呼和浩特市	17.84	25.46	24.97	26.43	27.07	26.42	26.40	22.23	22.89	30.07	25.83	19.26	25.14	21.08	14.19	0
包头市	5.21	6.40	31.41	14.37	28.69	6.65	5.62	5.63	35.96	5.44	9.35	9.15	6.06	19.47	4.85	0.31
鄂尔多斯市	256.85	237.78	303.18	291.32	187.36	206.65	293.93	259.90	310.31	304.76	302.57	261.55	285.92	182.29	177.90	115.51
巴彦淖尔市	332.96	274.57	357.27	384.05	383.37	357.29	376.48	357.53	362.02	386.94	409.40	401.30	371.47	375.31	380.05	363.40
阿拉善盟	157.40	173.27	131.88	352.91	324.68	377.31	318.99	191.99	328.05	341.07	441.26	294.93	198.28	232.11	201.15	250.95
内蒙古自治区	4828.27	4807.12	5176.30	5204.01	5242.14	5730.55	5834.19	5647.12	5787.26	6090.41	5815.21	5226.50	6503.56	5968.86	5447.04	5146.95

续表

二级区	不同时期湖泊面积																
	2002年	2003年	2004年	2005年	2006年	2007年	2008年	2009年	2010年	2011年	2013年	2014年	2015年	2016年	2017年	2018年	2019年
呼伦贝尔市	3031.04	2997.06	2854.52	2732.62	2721.97	2663.43	2626.35	2549.92	2551.50	2553.00	2793.65	2889.97	2881.92	2884.96	2853.13	2857.81	2879.81
兴安盟	57.77	128.32	83.42	175.63	183.20	133.60	175.09	184.24	160.38	198.19	224.57	203.68	206.92	167.34	161.22	184.40	191.86
通辽市	52.20	72.16	46.38	99.85	78.94	63.07	74.60	44.97	78.64	67.51	105.37	88.90	85.83	86.52	82.78	71.62	66.32
赤峰市	275.90	278.38	282.41	271.61	263.16	259.92	257.41	239.87	237.92	232.55	254.56	251.65	247.21	246.88	243.07	239.47	232.91
锡林郭勒盟	483.32	559.14	411.86	277.75	285.34	267.39	341.48	180.70	196.93	532.04	544.62	446.45	394.60	361.10	253.12	414.57	256.29
乌兰察布市	164.80	216.60	210.04	154.84	121.94	116.99	108.68	98.79	53.38	82.17	164.50	86.40	79.12	113.14	102.95	121.16	140.98
呼和浩特市	21.45	19.82	22.34	19.91	19.14	19.30	24.99	17.68	18.40	18.32	19.40	18.70	18.45	21.33	19.07	19.16	20.15
包头市	10.09	7.27	6.50	4.02	20.50	5.63	6.46	4.55	5.59	5.24	13.92	7.29	8.25	8.80	5.77	52.43	41.66
鄂尔多斯市	258.20	251.98	274.09	191.11	177.84	220.54	280.65	195.13	169.49	74.83	211.80	188.75	151.43	258.09	212.43	241.11	273.48
巴彦淖尔市	366.21	385.38	338.17	400.18	355.33	375.14	386.43	379.21	398.28	379.05	409.97	400.63	391.28	388.78	384.08	440.12	462.60
阿拉善盟	233.96	387.08	425.66	273.48	340.49	409.70	550.05	270.56	191.64	244.18	201.95	198.82	226.85	333.31	268.62	455.44	275.37
内蒙古自治区	4954.96	5303.18	4955.40	4600.98	4567.83	4534.70	4832.62	4165.63	4062.15	4387.08	4944.30	4781.23	4691.85	4870.25	4586.24	5097.31	4841.43